建筑设备安装技术

JIANZHU SHEBEI
ANZHUANG JISHU

袁家普　刘春花　编著

化学工业出版社

·北京·

内 容 简 介

本书从应用的角度出发，依据建筑环境与能源应用工程、新能源应用工程专业特点和发展趋势，重点介绍了建筑内通风空调系统安装及制冷系统安装技术。全书共分 9 章，内容包括建筑工程材料、建筑工程常用通风配件、锅炉安装、给水管道及设备安装、室内采暖系统、室外供热管道安装、通风空调系统安装、制冷系统安装、燃气管道安装。

本书适合高等院校建筑环境与能源应用工程专业和新能源应用工程专业的师生使用，也适合从事建筑环境、能源应用行业的工程技术人员、管理人员阅读。

图书在版编目（CIP）数据

建筑设备安装技术 / 袁家普，刘春花编著. -- 北京 ：化学工业出版社，2025. 8. -- ISBN 978-7-122-48108-5

Ⅰ. TU8

中国国家版本馆 CIP 数据核字第 2025HB3870 号

责任编辑：左晨燕　　　　　　　　装帧设计：刘丽华
责任校对：李雨晴

出版发行：化学工业出版社
　　　　　（北京市东城区青年湖南街 13 号　邮政编码 100011）
印　　装：北京天宇星印刷厂
787mm×1092mm　1/16　印张 16¾　字数 411 千字
2025 年 9 月北京第 1 版第 1 次印刷

购书咨询：010-64518888　　　　　售后服务：010-64518899
网　　址：http://www.cip.com.cn
凡购买本书，如有缺损质量问题，本社销售中心负责调换。

定　　价：88.00 元　　　　　　　　版权所有　违者必究

前言

深化教育教学改革，提高教育教学质量，培养新时代的应用型本科人才，全面推进应用型本科教育发展，是时代赋予应用型本科高校的重要责任。本书从应用的角度出发，依据建筑环境与能源应用工程、新能源科学与工程专业的特点和发展趋势编写而成。

本书全面介绍了工程材料、锅炉、管道安装操作基本技术、供热系统安装、建筑给排水管道安装、通风空调系统安装、燃气管道安装等内容。重点介绍了通风空调系统安装及制冷系统安装技术。本书适合高等院校建筑环境与能源应用工程专业和新能源科学与工程专业学生使用，也适合从事建筑环境、能源应用专业的工程技术人员、管理人员阅读。

建环专业的学生要具备参与暖通空调工程施工、调试、运行和维护管理的能力，要具备产品开发、设计、技术改造的初步能力；而本教材充分考虑人才培养的需求，从学生专业特色的角度出发，重点介绍了洁净空调、工艺空调、舒适性空调、空调水系统、空调风系统、多联机系统、空调主机、空调末端、冷库等空调范围内详细全面的施工安装技术，突出空调特色，深度结合专业教学改革和课程建设情况，培养高、精、特、专的空调应用型人才。本书将是指导学生进行空调工程施工、运维方面的一部好教材。

本书主要由袁家普、刘春花、李玉苹、刘宝君、车建成、康金荣、潘锋泉编著，参与本书编写的还有郭仁东、魏丰君、相培、温志梅、曲壮壮、张凤霞、王雅静、李红、李宾、邓敬莲、韩帅（德州亚太集团有限公司）、王清海（德州亚太集团有限公司）、李美月、李佳，在编写过程中郭仁东教授给予了很多指导性建议。本书由魏丰君、相培审稿。郭仁东教授、张连顺教授审核了本书，并提出了修改意见。德州亚太集团有限公司对本书的编写给予大力支持。在此对参与本书编写工作的老师和企业技术人员表示衷心的感谢！

编著者

2025 年 6 月

目录

第1章
建筑工程材料

1.1 常用工程金属材料及管材

1.1.1 镀锌板

镀锌板是指表面镀有一层锌的钢板，如图 1-1 所示。镀锌钢板是为防止钢板表面遭受腐蚀，延长其使用寿命，在钢板表面涂以一层金属。

（1）分类

① 按生产及加工方法可分为：a. 热浸镀锌钢板；b. 合金化镀锌钢板；c. 电镀锌钢板；d. 单面镀和双面镀锌钢板；e. 执行合金、复合镀锌钢板。

② 按用途又可分为一般用、屋顶用、建筑外侧板用、结构用、瓦垄板用、拉伸用和深冲用镀锌钢板等。

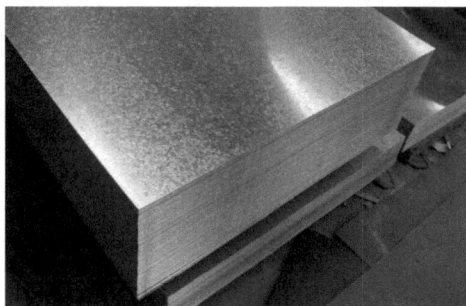

（2）执行标准

图 1-1　镀锌板

①《连续热镀锌和锌合金镀层钢板及钢带》（GB/T 2518—2019）；

②《冷轧钢板和钢带的尺寸、外形、重量及允许偏差》（GB/T 708—2019）。

（3）应用区域

① 普通通风、空调用风管，厨房送风和补风风管；

② 消防排烟风管。

1.1.2 无缝钢管

无缝钢管是一种具有中空截面，采用轧制、拉拔、挤压或穿孔等方法生产的整根表面没有接缝的钢管，如图 1-2 所示。

（1）分类

按生产及加工方法可分为以下几类：圆形；方形；矩形。

（2）执行标准

$DN100$mm 及以上口径，或工作压力大于 1.2MPa 的 $DN40$mm 以上的管道的执行标准：

①《输送流体用无缝钢管》（GB/T 8163—2018）；

②《优质碳素结构钢》（GB/T 699—2015）；

③《沟槽式连接管道工程技术规程》（T/CECS 151—2019）。

（3）应用区域

主要应用于空调冷冻水管、采暖水管、厨房冷库冷却水系统水管、蒸汽管道凝结水管道、喷淋系统管道、消火栓系统管道、气体灭火系统。

（4）其他用途

① 地下管道流体输送、盖楼时抽取地下水、锅炉热水输送用等；

② 机械加工、轴承套、加工机械配件等；

③ 燃气输送、水力发电输送水流；

④ 风力发电厂防静电管等。

1.1.3　焊接管、螺旋焊接钢管

焊接钢管是用钢板或钢带经过弯曲成型，然后经焊接制成，如图 1-3 所示。

图 1-2　无缝钢管

图 1-3　焊接钢管

螺旋焊接钢管是指用钢带或钢板弯曲变形为圆形、方形等形状后再焊接成的、表面有接缝的钢管。

（1）分类

① 按焊缝形状分类：可分为直缝焊管和螺旋焊管。

② 按端部形状分类：可分为圆形焊管和异型（方、扁等）焊管。

③ 按用途分类：可分为一般焊管、镀锌焊管、螺旋焊管。

（2）执行标准

$DN80$mm 及以下口径，同时工作压力小于 1.2MPa 或 $DN40$mm 及以下口径，同时工作压力大于 1.2MPa 的执行标准：

①《低压流体输送用焊接钢管》（GB/T 3091—2015）；

②《碳素结构钢》（GB/T 700—2006）。

（3）应用区域

主要应用于空调冷冻水管、采暖水管、厨房冷库冷却水系统水管、排汽管、泄压管、雨

水管道、喷淋系统管道、消火栓系统管道。

（4）应用情况

主要用于输送水、煤气、空气、油和取暖热水或蒸汽等一般压力较低的流体和其他用途管。其代表材质为 Q235A 级钢。

1.1.4 塑料管道

1.1.4.1 PPR 管

PPR 管正式名称为无规共聚聚丙烯管，如图 1-4 所示，是目前家装工程中采用最多的一种供水管道。

图 1-4 PPR 管

（1）PPR 管优点

PPR 管除了具有一般塑料管重量轻、耐腐蚀、不结垢、使用寿命长等特点外，还具有以下主要优点：a. 无毒、卫生；b. 耐热性能好；c. 耐腐蚀性能；d. 导热性低；e. 管道阻力小；f. 管道连接牢固。

（2）执行标准

《冷热水用聚丙烯管道系统》（GB/T 18742—2017）。

（3）应用领域

① 建筑物的冷热水系统，包括集中供热系统；

② 建筑物内的采暖系统，包括地板、壁板及辐射采暖系统；

③ 可直接饮用的纯净水供水系统；

④ 中央（集中）空调系统；

⑤ 输送或排放化学介质等的工业用管道系统。

⑥ 用于气缸传送气路等的管道系统。

1.1.4.2 PE-RT 管

PE-RT 即耐热聚乙烯，是一种可以用于热水管的非交联的聚乙烯，也有人突出了其非交联的特性，叫它"耐高温非交联聚乙烯"，见图 1-5。

（1）产品特点

① 良好的稳定性和长期的耐压性能；

② 管道易于弯曲，方便施工；

③ 抗冲击性能好，安全性高，低温脆裂温度可达 70℃，可在低温环境下运输、施工；

④ 耐老化、寿命长；

⑤ 加工工艺方便，质量易于控制；

⑥ 废管可熔化，可回收。

（2）执行标准

①《冷热水用耐热聚乙烯（PE-RT）管道系统　第1部分：总则》（GB/T 28799.1—2020）；

②《辐射供暖供冷技术规程》（JGJ 142—2012）。

（3）应用领域

① 地板采暖系统；

② 建筑物内冷热水管道系统；

③ 工业厂房给水管系统；

④ 热回收系统；

⑤ 中央空调系统用管材。

1.1.4.3　PB管

PB管即聚丁烯管，是一种高分子惰性聚合物，如图1-6所示，诞生于20世纪70年代，PB树脂是由丁烯-1合成的高分子综合体，是具有特殊密度（0.937g/cm³）的结晶体，以及具有柔软性的异性质体。

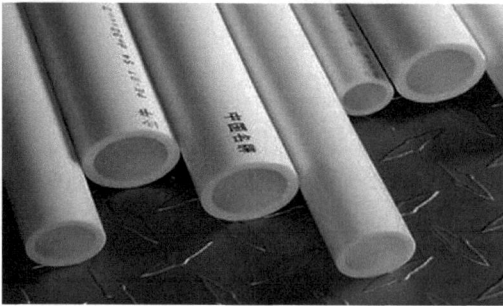

图1-5　PE-RT管

图1-6　PB管

（1）性能特点

包括：a. 重量轻，柔软性好；b. 耐久性能好，无毒无害；c. 抗紫外线、耐腐蚀；d. 抗冻耐热性好；e. 管壁光滑，不结垢；f. 热伸缩性好，连接方式先进；g. 节约能源；h. 易于维修、改造。

（2）PB管的七个"最"

包括：a. 卫生性最好；b. 耐用性最好；c. 对化学反应最稳定；d. 抗紫外线和抗冻裂性能最好；e. 高冲击性最好；f. 最耐腐蚀、不结垢；g. 最耐高水压。

（3）执行标准（PB管产品标准）

①《冷热水用聚丁烯（PB）管道系统　第1部分：总则》（GB/T 19473.1—2020）；

②《冷热水用聚丁烯（PB）管道系统　第2部分：管材》（GB/T 19473.2—2020）；

③《冷热水用聚丁烯（PB）管道系统　第3部分：管件》（GB/T 19473.3—2020）。

（4）应用领域

可用于：给水（卫生管）及热水管、供暖用管、空调用工业用管、农业用及园艺用管、除雪用管、温泉用管、消防用自动喷淋系统用管。

1.1.4.4 PVC-U 管

PVC-U 管是一种以聚氯乙烯（PVC）树脂为原料，不含增塑剂的塑料管材，如图 1-7 所示。

图 1-7　PVC-U 管

（1）性能特点

包括：a. 耐腐蚀性和柔软性好；b. 不需要外防腐涂层和内衬；c. 有较小的弹性模量；d. 管内壁光滑，阻力小；e. 具有重量轻。运输方便。

（2）执行标准

① 进水管标准 a.《给水用硬聚氯乙烯（PVC-U）管件》（GB/T 10002.2—2023）；b.《低压灌溉用硬聚氯乙烯 PVC-U 管材》（GB/T 13664—2023）；c.《给水用硬聚氯乙烯 PVC-U 管材》（GB/T 10002.1—2023）。

② 排水管标准 a.《建筑排水用硬聚氯乙烯（PVC-U）管材》（GB/T 5836.1—2018）；b.《建筑给水硬聚氯乙烯管管道工程技术规程》（CECS 41—2004）。

（3）应用领域

① 自来水配管工程；

② 节水灌溉配管工程；

③ 建筑用配管工程；

④ 邮电通信电缆导管；

⑤ 凿井工程、医药配管工程、矿物盐水输送配管工程、电气配管工程等。

1.1.4.5 PVC 管

PVC 管是由聚氯乙烯（PVC）树脂与稳定剂、润滑剂等配合后用热压法挤压成型的，是最早得到开发应用的塑料管材，如图 1-8 所示。

（1）分类

PVC 可分为软 PVC 和硬 PVC。

（2）优点

包括：a. 具有较好的抗拉、抗压强度；b. 流体阻力小；c. 耐腐蚀性、耐药品性优良；d. 具有良好的水密性；e. 防咬啮。

（3）执行标准

①《悬浮法通用型聚氯乙烯树脂》（GB/T 5761—2018）；

②《电线电缆用软聚氯乙烯塑料》（GB/T 8815—2008）。

图 1-8　PVC-U 管

（4）应用范围

PVC管实际上是一种真空吸塑膜，用于各类面板的表层包装，所以又被称为装饰膜、附胶膜，应用于建材、包装、医药等诸多行业。其中建材行业占的比重最大，约为 60%，其次是包装行业，还有其他若干小范围应用的行业。

PVC管分为PVC给水管和排水管两种，用于市政给排水、工业给排水、民用给排水、灌溉、植被浇水等。

1.2　保温材料

保温材料是指对热流具有显著阻抗性的材料和材料复合体。材料保温性能的好坏由材料导热系数的大小所决定，导热系数越小，保温性能越好。

（1）分类

保温材料可分为预制离心玻璃纤维保温管壳、离心玻璃棉毡、橡塑闭泡隔热保温材料和岩棉，如图 1-9～图 1-12 所示。

图 1-9　预制离心玻璃纤维保温管壳

图 1-10　离心玻璃棉毡

（2）特点

保温材料的主要特点有：a. 导热系数低；b. 阻燃性能好；c. 安装方便，外形美观；d. 具有很高的弹性；e. 使用安全，不刺激皮肤，不危害健康。

另外，其还具有容重轻、不透湿、吸水率小、不霉变、机械强度高、耐化学腐蚀（氢氟酸除外）、本身无毒、性能稳定、既是保冷材料又是保温材料，能适应深冷到较高温度范围等特点。

图 1-11 橡塑闭泡隔热保温材料

图 1-12 岩棉

（3）执行标准

①《工业设备及管道绝热工程施工质量验收标准》（GB/T 50185—2019）；

②《设备及管道绝热设计导则》（GB/T 8175—2008）。

（4）适用范围

① 工业、民用建筑：高层建筑内外墙及屋顶保温层，各种管道保温，空调风道保温层，防火门、墙之芯层，易燃品库房、冷库保温等。

② 石油、化学工程：石油化学品输送管道、热力管道、冷热风道保温，化工容器保温。

③ 车辆、船舶：乘用车、冷藏车、特种车的保温隔热；民用和军用船舶、船体、舱室的隔热、保温、隔声、防火。

1.3 型钢类材料

型钢类材料有以下几种：角钢、扁钢、槽钢、工字钢、H 型钢、C 型钢。

1.3.1 角钢

角钢俗称角铁、是两边互相垂直成角形的长条钢材，如图 1-13 所示。有等边角钢和不等边角钢之分。

（1）执行标准

①《型钢验收、包装、标志及质量证明书的一般规定》（GB/T 2101—2017）；

②《热轧型钢》（GB/T 706—2016）。

（2）应用情况

角钢属建造用碳素结构钢，是简单断面的型钢钢材，主要用于金属构件及厂房的框架等。

1.3.2 扁钢

扁钢是指宽 12～300mm、厚 4～60mm、截面为长方形并稍带纯边的钢材，如图 1-14 所示。扁钢可以是成品钢材，也可以做焊管的坯料和叠轧薄板用的薄板坯。

（1）执行标准

《热轧钢棒尺寸、外形、重量及允许偏差》（GB/T 702—2017）

（2）应用情况

扁钢作为成材可用于制箍铁、工具及机械零件，建筑上用作房架结构件、扶梯。

图 1-13　角钢

图 1-14　扁钢

1.3.3　槽钢

槽钢是截面形状为凹槽形的长条钢材，如图 1-15 所示，也分普通槽钢和轻型槽钢两种。槽钢的规格范围为 5♯～40♯。

图 1-15　槽钢

（1）执行标准

《热轧型钢》（GB/T 706—2016）。

（2）主要用途

普通槽钢主要用于建筑结构、车辆制造和其他工业结构，常与工字钢配合使用。

（3）热轧轻型槽钢

热轧轻型槽钢是一种腿宽壁薄的钢材，比普通热轧槽钢有较好的经济效果。其规格型号范围为 5♯～40♯。主要用于建筑和钢架结构等。

1.3.4　工字钢

工字钢也称为钢梁，是截面为工字形状的长条钢材，如图 1-16 所示。工字钢分普通工字钢和轻型工字钢、H 型钢三种。

（1）执行标准

《热轧型钢》（GB/T 706—2016）。

（2）适用范围

普通工字钢、轻型工字钢由于截面尺寸均相对较高、较窄，故对截面两个主袖的惯性矩相差较大，因此，一般仅能直接用于在其腹板平面内受弯的构件或将其组成格构式受力构件。

1.3.5　H型钢

H型钢是一种截面面积分配更加优化、强重比更加合理的经济断面高效型材，因其断面与英文字母"H"相同而得名，如图1-17所示。

图1-16　工字钢

图1-17　H型钢

（1）分类

H型钢分为热轧H型钢和焊接H型钢（H）两种，热轧H型钢又分为宽翼缘H型钢（HW）、中翼缘H型钢（HM）和窄翼缘H型钢（HN）三种。

（2）特点

H型钢的特点包括：a. 结构强度高；b. 结构自重轻；c. 结构稳定性高；d. 增加结构有效使用面积；e. 省工省料；f. 便于机械加工；g. 环保；h. 工业化制作程度高；i. 工程施工速度快。

（3）执行标准

《热轧H型钢和剖分T型钢》（GB/T 11263—2024）。

（4）应用范围

H型钢主要用于工业与民用结构中的梁、柱构件。具体如下：

① 工业构筑物的钢结构承重支架；

② 地下工程的钢桩及支护结构；

③ 石油化工及电力等工业设备结构；

④ 大跨度钢桥构件；

⑤ 船舶、机械制造框架结构；

⑥ 火车、汽车、拖拉机大梁支架；

⑦ 港口传送带、高速挡板支架。

（5）应用情况

用于工业、建筑、桥梁、石油钻井平台等方面。

1.4　圆钢类材料

圆钢是指截面为圆形的实心长条钢材，如图1-18所示。按生产工艺分为热轧、锻制和冷拉三种。

图 1-18　圆钢

（1）分类

① 按钢的品质分类：a. 普通碳素结构钢；b. 优质碳素结构钢。

② 按用途分类：a. 碳素结构钢；b. 碳素工具钢。

（2）执行标准

①《优质碳素结构钢》（GB/T 699—2015）；

②《碳素结构钢》（GB/T 700—2006）；

③《合金结构钢》（GB/T 3077—2015）；

④《热轧钢棒尺寸、外形、重量及允许偏差》（GB/T 702—2017）。

（3）应用范围

主要用于普通机械零件加工，一般的杆类钢件，CD 杆、螺栓、螺母。

1.5　法兰、盲板类材料

1.5.1　法兰

法兰又叫法兰盘或突缘，是使管道与管道相互连接的零件，连接于管端，如图 1-19 所示。

图 1-19　法兰

（1）分类

按结构型式分，有整体法兰、活套法兰、螺纹法兰和焊接法兰。常见的整体法兰有平焊法兰及对焊法兰。

（2）常用法兰标准

《钢制管法兰　第 1 部分：PN 系列》（GB/T 9124.1—2019）。

（3）应用范围

应用于工业管道中。

1.5.2 盲板

盲板的正规名称叫法兰盖，有的也叫做盲法兰，如图1-20所示。它是中间不带孔的法兰，用于封堵管道口。密封面的形式种类较多，有平面、凸面、凹凸面、榫槽面和环连接面。材质有碳钢、不锈钢、合金钢、PVC及PPR等。

图1-20　盲板

（1）分类

盲板从外观上看，一般分为板式平板盲板、8字盲板、插板以及垫环（插板和垫环互为盲通）。

（2）执行标准

《钢制管法兰盖》（JB/T 86—2015）。

（3）应用范围

用于阻隔，多数用在阀门的后部法兰处。特别是当阀门内漏的时候，盲板可以阻止物料泄漏到要处理的地方。

1.6　螺栓类材料

由头部和螺杆（带有外螺纹的圆柱体）两部分组成的一类紧固件，需与螺母配合，用于紧固连接两个带有通孔的零件。

（1）分类

螺栓类材料有地脚螺栓、膨胀螺栓和高强螺栓。

按形状分类，有六角头的、圆头的、方形头的、沉头的等。

（2）受力方式

普通的螺栓主要承载轴向的受力，也可以承载要求不高的横向受力。铰制孔用的螺栓要和孔的尺寸配合，用在受横向力时。

（3）执行标准

《紧固件机械性能　螺栓、螺钉和螺柱》（GB/T 3098.1—2010）。

1.6.1　地脚螺栓

地脚螺栓的抗拉能力就是圆钢本身的抗拉能力，大小等于截面面积乘以抗拉强度设计值，就是设计时的允许抗拉承载力。地脚螺栓一般用Q235钢，即为光圆的，如图1-21所示。

图 1-21　地脚螺栓

（1）分类

地脚螺栓可分为固定地脚螺栓、活动地脚螺栓、胀锚地脚螺栓和黏结地脚螺栓。

（2）应用情况

① 用来固定没有强烈振动和冲击的设备；

② 用于固定工作时有强烈振动和冲击的重型机械设备；

③ 胀锚地脚螺栓往往被用于固定静置的简单设备或辅助设备。

1.6.2　膨胀螺栓

膨胀螺栓如图 1-22 所示，是将管路支/吊/托架或设备固定在墙上、楼板上、柱上所用的一种特殊螺纹连接件。膨胀螺栓由沉头螺栓、胀管、平垫圈、弹簧垫和六角螺母组成。

图 1-22　膨胀螺栓

（1）分类

可分为碳钢螺栓和不锈钢螺栓。

（2）膨胀螺栓的原理

把膨胀螺栓打到地面或墙面上的孔中后，用扳手拧紧膨胀螺栓上的螺母，螺栓往外走，而外面的金属套却不动，于是，螺栓下面的大头就把金属套涨开，使其涨满整个孔，此时，膨胀螺栓就抽不出来了。

（3）应用情况

应用于幕墙安装中。

1.6.3　高强螺栓

高强螺栓就是高强度的螺栓，属于一种标准件。高强度螺栓可承受的载荷比同规格的普通螺栓要大。

（1）分类

① 按受力状态分为摩擦型和承压型。摩擦型高强螺栓以板层间出现滑动作为承载能力极限状态；承压型高强螺栓以板层间出现滑动作为正常使用极限状态，而以连接破坏作为承载能力极限状态。

② 按施工工艺分为扭剪型高强螺栓和大六角高强螺栓，如图 1-23 所示。大六角高强螺栓属于普通螺丝的高强度级，而扭剪型高强螺栓则是大六角高强螺栓的改进型，为了更好施工。大六角高强螺栓由一个螺栓，一个螺母，两个垫圈组成。扭剪型高强螺栓由一个螺栓，一个螺母，一个垫圈组成。

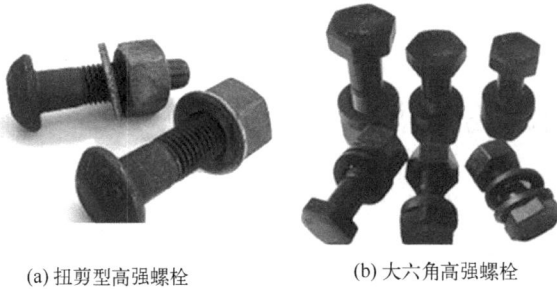

(a) 扭剪型高强螺栓　　　　(b) 大六角高强螺栓

图 1-23　高强螺栓

（2）应用情况

主要应用在钢结构工程上，用来连接钢结构钢板的连接点。

第2章
建筑工程常用通风配件

2.1 常用空调水系统阀门

常用空调水系统阀门见图 2-1。

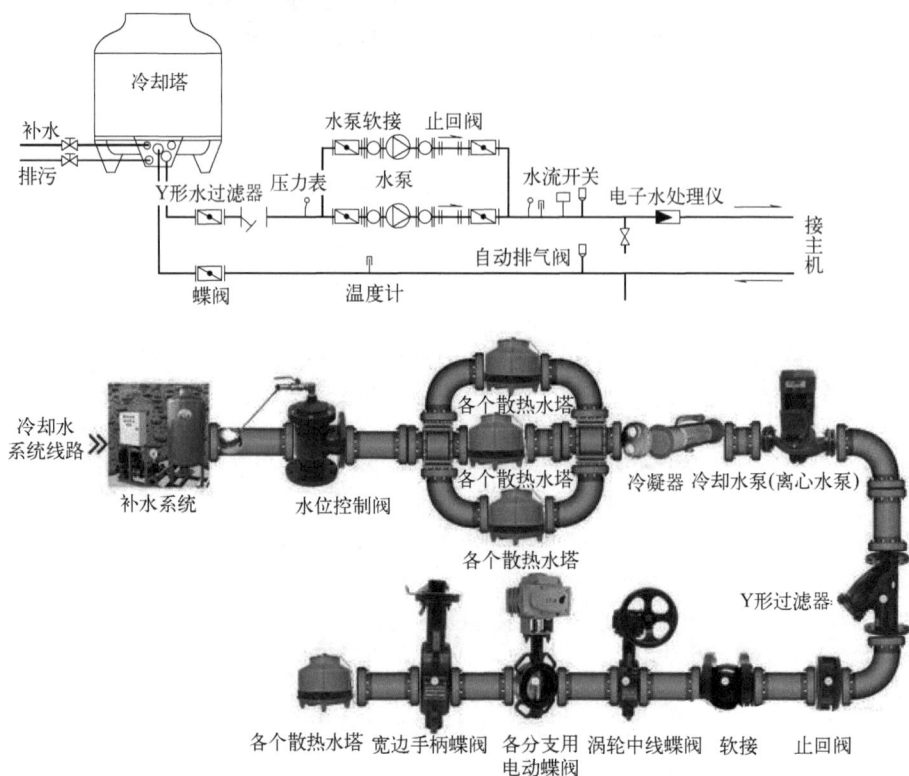

图 2-1 常见空调水系统阀门

2.1.1 常见的阀门和过滤器

2.1.1.1 闸阀

闸阀也叫闸板阀，是一种广泛使用的阀门，如图2-2所示。闭合原理是闸板密封面与阀座密封面高度光洁、平整一致，相互贴合，可阻止介质流过，并依靠顶模、弹簧或闸板的模形，来增强密封效果。它在管路中主要起切断作用。

优点：流体阻力小，启闭省劲，可以在介质双向流动的情况下使用，没有方向性，全开时密封面不易冲蚀，结构长度短，不仅适合做小阀门，而且适合做大阀门。

闸阀按阀杆螺纹分两类：明杆式和暗杆式。按闸板构造也分两类：平行式和楔式。

2.1.1.2 截止阀

截止阀，如图2-3所示，也叫截门，是使用最广泛的一种阀门。不仅适用于中低压，而且适用于高压。

图2-2 闸阀

图2-3 截止阀

截止阀的闭合原理是，依靠阀杠压力，使阀瓣密封面与阀座密封面紧密贴合，阻止介质流通，如图2-4所示。

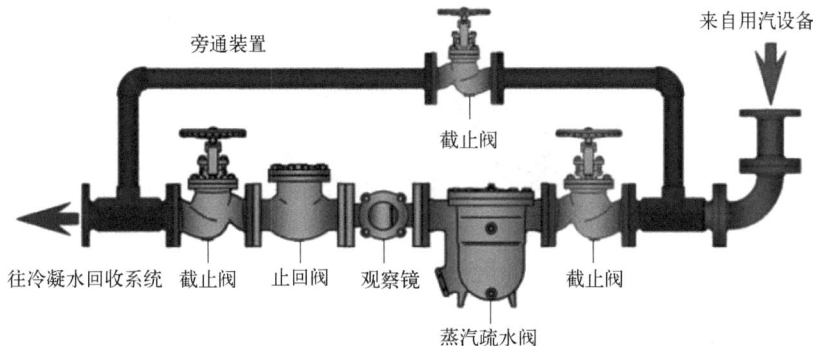

图2-4 闭式循环水冷凝水回收系统

截止阀只许介质单向流动，安装时有方向性。它的结构长度大于闸阀，同时流体阻力大，长期运行时，密封可靠性不强。

截止阀分为三类：直通式、直角式及直流式斜截止阀。

2.1.1.3 蝶阀

蝶阀启闭件是一个圆盘形的蝶板，在阀体内绕其自身的轴线旋转，从而达到启闭或调节的阀门，如图2-5所示。

蝶阀的阀瓣是圆盘，围绕阀座内的一个轴旋转，旋角的大小便是阀门的开闭度。

蝶阀具有轻巧的特点，比其他阀门要节省材料，且其结构简单，开闭迅速，切断和节流都能用，流体阻力小，操作省力。

工作原理：是根据旋转阀杆同时带动碟板转动来做启闭的一种阀门，主要是旋转碟板90°来做流量控制，当碟板到达90°时阀门处于全开状态，同时可以改变碟板的角度来调节流量。

2.1.1.4　球阀

球阀启闭件（球体）是由阀杆带动，并绕阀杆的轴线作旋转运动的阀门，如图2-6所示。主要用于截断或接通管路中的介质，亦可用于流体的调节与控制。

图2-5　蝶阀

图2-6　球阀

工作原理：是靠旋转阀杆来使阀门畅通或闭塞。球阀开关轻便，体积小，可以做成很大口径，密封可靠，结构简单，维修方便，密封面与球面常在闭合状态，不易被介质冲蚀。

球阀分两类：浮动球式和固定球式。

2.1.1.5　止回阀

止回阀是指依靠介质本身流动而自动开、闭阀瓣，用来防止介质倒流的阀门，又称逆止阀、单向阀、逆流阀和背压阀，如图2-7所示。

图2-7　止回阀

按结构可分两类：

① 升降式（沿轴线移动）：阀瓣沿着阀体垂直中心线移动。这类止回阀有两种：a. 卧式，装于水平管道，阀体外形与截止阀相似；b. 立式，装于垂直管道。

② 旋启式（依重心旋转）：阀瓣围绕座外的销轴旋转，这类阀门有单瓣、双瓣和多瓣之分，但原理是相同的。

水泵吸水管的吸水底阀是止回阀的变形，它的结构与上述两类止回阀相同，只是它的下端是开敞的，以便可使水进入。

2.1.1.6　Y形过滤器

Y形过滤器是输送介质的管道系统不可缺少的一种过滤装置，如图2-8所示，Y形过滤器通常安装在减压阀、泄压阀、定水位阀或其他设备的进口端，用来清除介质中的杂质，以保护阀门及设备的正常使用。

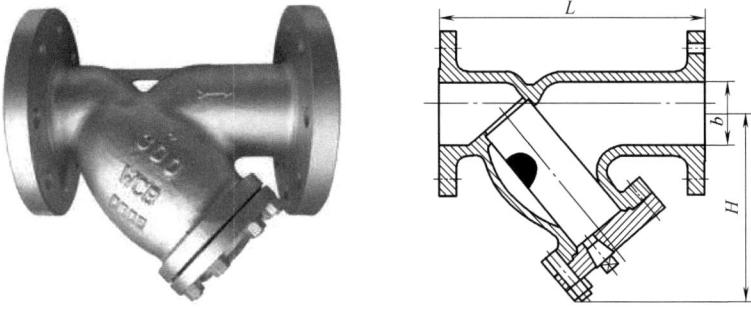

图 2-8　Y 形过滤器

工作原理：当杂质孔径大于 Y 形过滤器孔径的时候，杂质便会被滤网拦截下来附着在滤网上，洁净的流体在滤网中，之后只需定期清理滤网即可。

2.1.2　常见的压力、温度、安全控制阀

2.1.2.1　减压阀

减压阀是通过调节，将进口压力减至某一需要的出口压力，并依靠介质本身的能量，使出口压力自动保持稳定的阀门，如图 2-9 所示。

工作原理：主要是通过节流膨胀的作用将高压的流体减压至低压，并在调节范围内利用感应元件，可以进行一定程度的稳压。

2.1.2.2　自力式温控阀

自力式温控阀不需外界能源而进行温度自动调节，如图 2-10 所示。它适用于以蒸汽、热水、热油等为介质的各种换热工况，应用于供暖、空调、生活热水中的温度自动调节。

工作原理：自力式温控阀利用液体受热膨胀及液体不可压缩的原理实现自动调节。温度传感器内的液体膨胀是均匀的，其控制作用为比例调节。被控介质温度变化时，传感器内的感温液体体积随着膨胀或收缩。被控介质温度高于设定值时，感温液体膨胀，推动阀芯向下关闭阀门，减少热媒的流量；被控介质的温度低于设定值时，感温液体收缩，复位弹簧推动阀芯开启，增加热媒的流量。

2.1.2.3　安全阀

安全阀又称泄压阀，如图 2-11 所示。是根据压力系统的工作压力（工作温度）自动启闭，一般安装于封闭系统的设备或管路上保护系统安全。

图 2-9　减压阀　　　　图 2-10　自力式温控阀　　　　图 2-11　安全阀

工作原理：当设备或管道内压力或温度超过安全阀设定压力时，自动开启泄压或降温，保证设备和管道内介质压力（温度）在设定压力（温度）之下，保护设备和管道正常工作，防止发生意外，减少损失。

2.1.3 常见的特定阀门

2.1.3.1 静态平衡阀

静态平衡阀是一种具有数字锁定特殊功能的调节型阀门，如图 2-12 所示。采用直流型阀体结构，具有更好的等百分比流量特性，能够合理地分配流量，有效地解决供热（空调）系统中存在的室温冷热不均问题。

工作原理：在管道系统中安装静态平衡阀，通过对其的调节来改变系统管道特性阻力数比值，达到与设计要求一致的流量分配。系统调试合格后，不存在静态水力失衡问题。

2.1.3.2 动态平衡阀

动态平衡阀，如图 2-13 所示，用于需要进行流量控制的水系统中，尤其适用于供热、空调等非腐蚀性液体介质的流量控制。

图 2-12　静态平衡阀

图 2-13　动态平衡阀

工作原理：通过改变平衡阀门阀芯的过流面积来适应阀门前后的变化，从而达到控制流量的目的。

2.1.3.3 电磁阀

电磁阀是用电磁控制的工业设备，如图 2-14 所示。是用来控制流体的自动化基础元件，属于执行器，并不限于液压、气动。

图 2-14　电磁阀

工作原理：电磁阀里有密闭的腔，在不同位置开有通孔，每个孔都通向不同的油管，腔中间是阀，两面是两块电磁铁，哪面的磁铁线圈通电阀体就会被吸引到哪边，然后通过控制阀体的移动来挡住或漏出不同的排油的孔，而进油孔是常开的，液压油就会进入不同的排油管，通过油的压力来推动油缸的活塞，活塞又会带动活塞杆，活塞杆带动机械装置。

2.1.3.4　电动阀

电动阀是用电动执行器控制阀门，从而实现阀门的开和关，它可以安装在风机盘管的进出管道上，通过控制水流以调节空气流通量，如图 2-15 和图 2-16 所示。其可分为上下两部分，如图 2-17 所示，上半部分为电动执行器，下半部分为阀门。

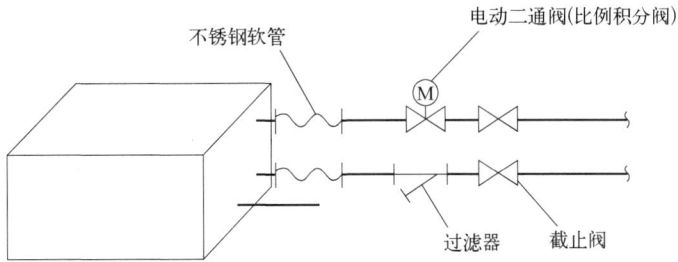

图 2-15　风机盘管安装方式

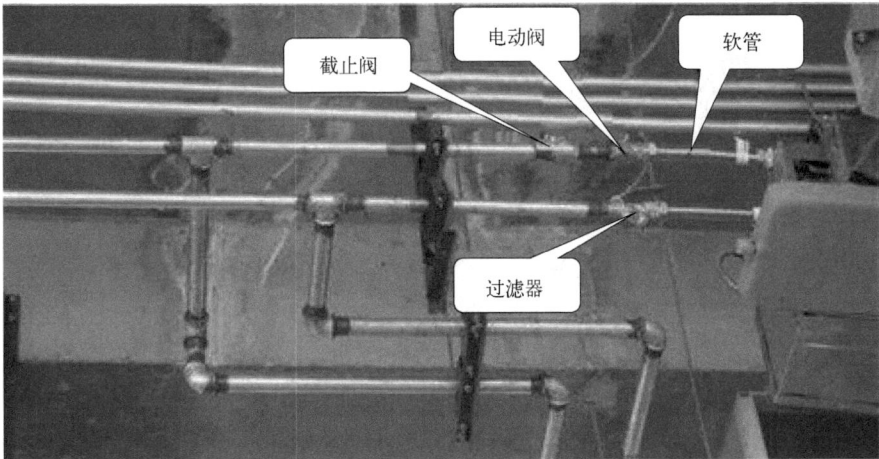

图 2-16　风机盘管安装

工作原理：是电机带动齿轮，齿轮再带动螺杆。

2.1.3.5　电动三通阀

电动三通阀用于空气调节、热通风、热处理厂等工业和化工行业的流体控制，如图 2-18 所示。还用于空调、供暖、通风、生活热水等民用系统的流体自动控制。

工作原理：以空调系统的新风机组冬、夏季温度控制为例，由温度传感器、比例积分温度控制器和电动三通阀组成送风温度控制系统，安装在送风管道上，把检测到的温度信号传送至比例积分温度控制器，由比例积分温度控制器将风管式温度传感器的检测值与设定值不断比较，同时不断地输出信号，控制电动调节阀的开度连接可调，最终使温度传感器测量的环境温度保持在设定的环境范围内。

2.1.3.6　电动压差旁通阀

电动压阀旁通阀，如图 2-19 所示。是通过控制压差旁通阀的开度控制冷冻水的旁通流

图 2-17　电动阀

图 2-18　电动三通阀

量，从而使供回水干管两端的压差恒定。

工作原理：压差控制器通过检测供/回水主管的压力差，与设定值相比较，通过控制电动两通阀的开度，使供水与回水间实现旁通，以保持所需的压力差值。

压力差增大时，红触点与黄触点接通；压力减少时，红触点与蓝触点接通，红触点可以停留在中间位置，与其他触点没有电气连接。

2.1.3.7　疏水器

疏水器又名疏水阀、疏水门、阻汽排水阀，如图 2-20 所示。它是能自动地从蒸汽管道和设备中排除凝结水、空气及其他不可凝气体，并能防止蒸汽泄漏的一类自动阀门。

图 2-19　电动压差旁通阀

图 2-20　疏水阀

工作原理：一般分为机械型、热静力型、热动力型三种类型，是利用浮力原理开关的。可以自动辨别汽、水，已经广泛适用于需连续排水、流量较大、排出的水进行收集后再利用的场所中。常见的安装位置见图 2-21。

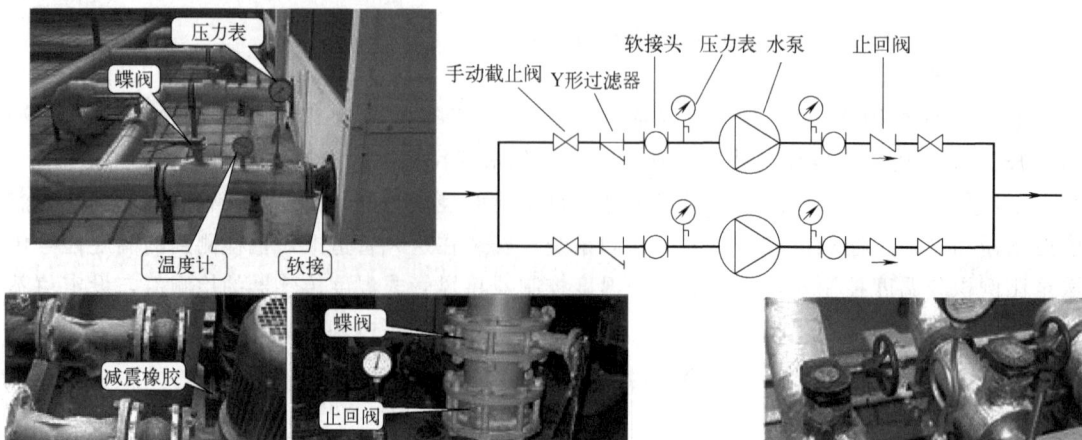

图 2-21　阀门位置示意图

2.2 空调风系统常用阀门风口

2.2.1 风量调节阀

风量调节阀，如图 2-22 所示，是工业厂房民用建筑的通风、空气调节及空气净化工程中不可缺少的中央空调末端配件，一般用在空调、通风系统管道中，用来调节支管的风量，也可用于新风与回风的混合调节。

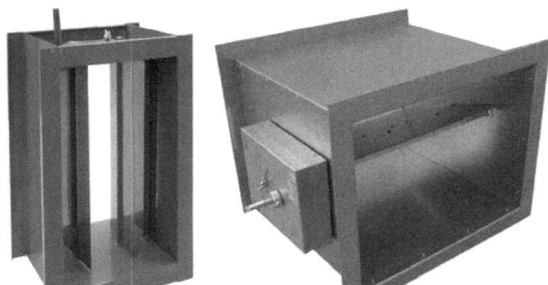

图 2-22　风量调节阀

工作原理：风量调节阀控制风量不需要外加动力，它依靠风管内气流压力来定位控制阀门的位置，从而在整个压力差范围内将气流保持在预先设定的流量上。

2.2.2 防火阀

防火阀，如图 2-23 所示，是用来阻断来自火灾区烟气及火焰，并一定时间内能满足耐火稳定性和耐火完整性要求的阀门。

工作原理：当管道内所输送气体温度达到易熔金属片熔化温度时，易熔片熔断，其芯轴上压缩弹簧和弹簧销钉迅速打下离合器垫板，这时，离合器和叶片调节机构脱开，阀体上装有两个扭转弹簧，使叶片受到扭力而发生转动。

2.2.3 防烟阀

防烟阀，如图 2-24 所示，一般应用于排烟系统中，可在排烟风机吸入口安装一个，火灾时由消控室控制开启，关闭时也可连锁关闭该排烟风机。

图 2-23　防火阀

图 2-24　防烟阀

工作原理：正常工作时，防烟阀的叶片常开启；火灾时防烟阀的叶片关闭。

2.2.4 防烟防火阀

防烟防火阀，如图 2-25 所示，主要应用于通风和空调系统，防烟防火阀一般安装在通风系统和空调系统机房的防火分隔处，是 70℃ 防火阀，平时常开，当风管中烟气温度达到 70℃ 时自动关闭。

工作原理：是利用易熔合金进行温度控制，利用重力作用和弹簧机构的作用关闭阀门。当火灾发生时，火焰入侵风道，高温使阀门上的易熔合金熔解，或使记忆合金产生形变使阀门自动关闭，用于风道与防火分区贯穿的场合。

2.2.5 排烟阀

排烟阀应该称作"排烟防火阀"，如图 2-26 所示。平时常闭，当系统内的烟感设备检测到烟雾信号时，控制系统传送指令到排烟防火阀，阀门打开，同时启动排烟风机，进行排烟。

图 2-25 防烟防火阀　　　　　　　　图 2-26 排烟阀

工作原理：应用于机械排烟系统中，是 280℃ 防火阀，平时为常闭，火灾发生时受火灾自动报警联动信号自动开启，同时具备手动执行机构，可手动开启，也可在消防控制中心远程开启，一般安装于排烟口和风管穿越防火、防烟分区分隔处和排烟机房风管穿墙处，当风管中烟气温度达到 280℃ 时关闭。

2.2.6 电动阀

电动阀，如图 2-27 所示，是用电动执行器控制阀门，从而实现阀门的开和关。

工作原理：通常由电动执行机构和阀门连接起来，经过安装调试后成为电动阀。电动阀使用电能作为动力来接通电动执行机构驱动阀门，实现阀门的开关、调节动作，从而达到对管道介质的开关或是调节目的。

2.2.7 电动调节阀

电动调节阀，如图 2-28 所示，是一种机械式自动装置，适用于定风量的管道系统，是压力无关型的风量调节装置。

工作原理：配以电子驱动控制装置后，能调节冷、热水流量，广泛用于中央空调、采暖、水处理、工业行业等系统的流体控制。

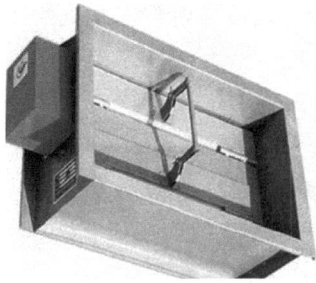

图 2-27　电动阀

图 2-28　电动调节阀

2.3　空调通风系统末端风口形式

2.3.1　方形散流器

方形散流器，如图 2-29 所示，是空调系统中常用的送风口，具有均匀散流特性及简洁美观的外形，可根据使用要求制成正方形或长方形，能配合任何天花板的装修要求。散流器的内芯部分可从外框拆离，方便安装及清洗。后面可配风口调节阀以控制调整风量。

散流器的材质主要有塑料、钢制和铝合金三类。适用于播音室、医院、剧场、教室、音乐厅、图书馆、游艺厅、剧场休息厅、一般办公室、商店、旅馆、饭店及体育馆等。

工作原理：可以让出风口出风方向成多向流动，一般用在大厅等大面积地方的送风口设置，以便新风分布均匀。

2.3.2　单层百叶风口

单层百叶风口，如图 2-30 所示。常用于管道中的吸、送风，用以控制风量或安装铝合金过滤器进行配套使用。叶片可分为横放和竖放两种，可灵活地左右或者上下转动，以控制气流方向。

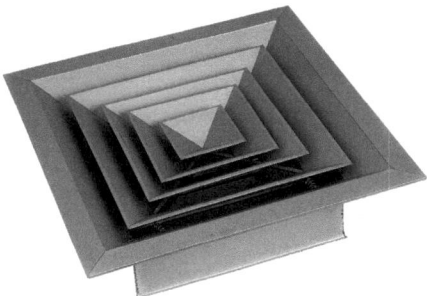

图 2-29　方形散流器

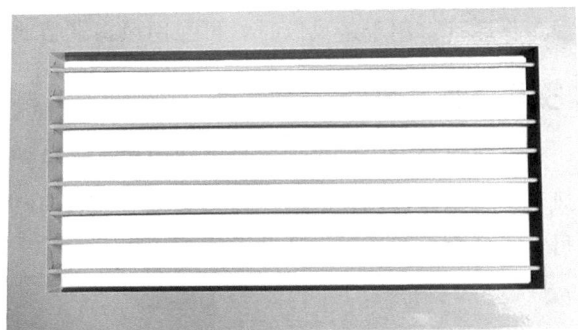

图 2-30　单层百叶风口

工作原理：可调上下风向，回风口可与风口过滤网合用，叶片角度可以调节，叶片间有 ABS 塑料固定支架。固定式过滤网在清洗时可由滑道上取出，清洗后再从滑道推入后继续使用。

2.3.3　双层百叶风口

双层百叶风口，如图 2-31 所示，用于空调系统中作送风口。双层百叶风口具有两层相互垂直叶片调节水平和垂直叶片的角度，调整气流扩散面，以改变射程，风口的外框宽度有宽边框和窄边框两种，可用于特殊要求的通风系统中。

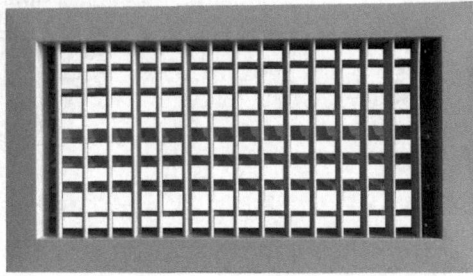

图 2-31　双层百叶风口

工作原理：一般作为送风口，也可直接与风机盘管配套使用，广泛用于集中空调系统的末端，还可以根据使用要求配置铝制风量调节阀，用以调整风量。

2.3.4　斜百叶风口

斜百叶风口，如图 2-32 所示，根据使用场所可采用单向斜送风或双向斜送风形式，叶片布置形式分为两种。既可用做送风也可用做回风，因而颈部可配套多叶对开调节阀，又可配过滤器。

图 2-32　斜百叶风口

适用场所：常用于室内大厅环形分布的送风口或回风口。

工作原理：用于送风口时，可配用风口调节阀；用于回风口时，可配用风口过滤器。

2.3.5　旋流风口

旋流风口送出旋转射流，具有诱导比大，风速衰减快的特点，在空调通风系统中可用作大风量、大温差送风，以减少风口数量。安装在天花板或顶棚上，可用于 3m 以内低空间，也可在高处大面积送风，高度可达 10m 以上，如图 2-33 所示。

图 2-33　旋流风口

工作原理：工作时利用出风的旋转，将空气以螺旋状送出，产生相当高的诱导比，使送风与周围室内空气迅速混合。出风槽呈径向排列，风道中的送风经风口出风槽的导向，形成沿切线方向的射流，整个风口的送风在多股射流的作用下，产生一团如台风状的涡流，涡流的中心区域形成一个负压区，诱导周围室内空气迅速地与送风混合，整个送风气流呈稳定的水平扩散流态。

2.3.6　射流风口

射流风口出风比较集中，风量较大。不像散流风口出风比较分散。一般用于体育场、火车站、候客站等人多且空间比较大、比较高的地方，如图 2-34 所示。

图 2-34　射流风口

工作原理：运用了声波全反射临界角、喉部声阻抗、90°角相位延迟频率和隔振消声的原理，风口消声效果显著。在余压的作用下，射流元件可将气流通过时 95% 的静压转化成动压，使射流喷速明显提高，与此同时，其内部的阻力也成倍增长，由此又平衡了各射流元件之间的喷速。

2.3.7　鼓型风口

鼓型风口具有双向调整送风角度的特点，用作空调系统和通风系统的送风口，如图 2-35 所示。

图 2-35　鼓型风口

工作原理：风口具有矩形外框结构，在外框内套装鼓壳，鼓壳内装有联动的流线形活动叶片。鼓壳可沿水平轴在俯仰方向进行 ±30° 角范围的调整。联动叶片可在水平方向进行 ±45° 角范围的调整，以改变送风的方向。可配风量调节阀调节风量。

第3章
锅炉安装

3.1　适用范围

　　本章内容是以额定工作压力不大于 1.3MPa、热水温度不超过 130℃ 的整装、组装热水锅炉和额定工作压力不大于 1.6MPa、蒸发量不大于 10t/h 的整装、组装蒸汽锅炉为例介绍其本体安装及试运行。

3.2　施工准备

3.2.1　锅炉开箱检查验收

　　① 锅炉必须符合设计要求，具有产品合格证、焊接检验报告、安装使用说明书、劳动部门的检验证书。

　　② 所有实物应与技术资料相符。锅炉名牌上的名称、型号、出厂编号、主要技术参数应与质量证明书一致。

　　③ 锅炉设备外观应完好无损，炉墙、绝热层无空鼓、无脱落，炉拱无裂纹、无松动，受压组件可见部位无变形无损坏，焊缝无缺陷，人孔、手孔、法兰结合面无凹陷、撞伤、径向沟痕等缺陷，且配件齐全完好。

　　④ 锅炉配套件应齐全完好，规格、型号、数量应与图纸相符，阀门、安全阀、压力表有出厂合格证。设备开箱资料应逐份登记，妥善保管。

　　⑤ 根据设备清单对所有设备及零部件进行清点验收，并办理移交手续。对缺件、损坏件以及检查出来的设备缺陷要作好详细记录，并协商好解决办法和解决时间。

3.2.2　机具设备

　　① 机具：电焊机、卷扬机、倒链、千斤顶、载重汽车、吊车、套丝机、弯管机、台钻、

手电钻、冲击钻、砂轮机、试压泵等。

②工具：各种扳手、管钳、压力钳、手锯、手锤、胀管器、剪子、划规、滑轮、枕木、滚杠、钢丝绳、卸扣、麻绳、气焊工具等。

③量具：钢板尺、钢卷尺、塞尺、百分表、经纬仪、水准仪、水平仪、水平尺、游标卡尺、焊缝检测器、温度计、压力表、线坠等。

3.2.3 作业条件

① 施工人员应熟悉锅炉及附属设备图纸、安装使用说明书、锅炉房设计图纸，并核查技术文件有无当地质量技术监督、环保等部门关于设计、制造、安装等方面的审查批准签章。

② 施工现场应具备满足施工条件的水源、电源、大型设备运输车进出的道路，以及材料、设备、机具存放场地和仓库等。

③ 施工现场应有安全消防措施，冬雨季施工时应有防寒防雨措施。

④ 设备基础已完工，其强度应达到设计强度的70％以上，否则不得承重。

⑤ 检验土建施工中的预留孔洞、沟槽及各种预埋铁件的位置、尺寸数量是否符合设计要求。

⑥ 锅炉基础尺寸、位置应符合设计图纸要求，允许偏差应符合表3-1的要求。

表 3-1　锅炉基础的允许偏差和检验方法

项次	项目		允许偏差/mm	检验方法
1	基础坐标位置		±20	经纬仪、拉线和测量
2	基础各不同平面的标高		0，−20	水准仪、拉线尺量
3	基础平面外形尺寸		±20	尺量检查
4	凸台上平面外形尺寸		0，−20	
5	凹穴尺寸		＋20，0	
6	基础上平面水平度	每米	5	水平仪（水平尺）和塞尺检查
		全长	10	
7	竖向偏差	每米	5	经纬仪或吊线尺量
		全长	10	
8	预埋地脚螺栓	标高（顶端）	＋20，0	水准仪、拉线和尺量
	中心距（根部）		±2	尺量
9	预留地脚螺孔	中心位置	10	尺量
	深度		0，−20	尺量
	孔壁垂直度		10	吊线和尺量
10	预埋活动地脚螺栓锚板	中心位置	5	拉线和尺量
	标高		＋20，0	
		水平度（带槽锚板）	5	水平尺和塞尺检查
		水平度（带螺孔锚板）	2	

3.3 操作工艺

3.3.1 工艺流程

基础验收与放线→锅炉就位找正→省煤器安装→预热器安装→本体管路与仪表→水压试验→筑炉→烘炉→煮炉与冲洗→试运行

3.3.2 操作方法

3.3.2.1 基础验收与放线

① 将锅炉房内清扫干净，清除地脚螺孔内及灰坑内的杂物。

② 基础尺寸、位置及基础外观、强度符合设计要求方可进行安装。

③ 根据锅炉房平面图和基础图放出锅炉纵向中心线和前轴中心线、锅炉基础标高基准点，在锅炉基础上或基础四周选择若干个点分别作出标记，各标记间与基准点的偏差不应超过 3mm。

④ 基础放线验收应有记录，并作为归档竣工资料保存。

3.3.2.2 锅炉就位找正

（1）锅炉水平运输

① 运输前应先选好运输路线，确定锚点位置，固定好卷扬机，铺好枕木。当牵引力大于卷扬机的额定负载时应加设滑轮组。

② 用千斤顶将锅炉前端顶起，放进滚杠，用卷扬机或倒链牵引前进，在前进过程中随时拨正滚杠，防止拉偏。枕木应稍高于锅炉基础，确保基础不受损坏。

（2）找正

当锅炉运到基础上后，先找正后拆滚杠，找正应达到下列要求：

① 锅炉炉排中心线应与基础中心基准线相吻合，允许偏差±2mm。

② 锅炉纵向中心线与基础纵向中心基准线相吻合，或锅炉底座横向外边缘与基础横向轮廓线相吻合，允许偏差±10mm。

③ 锅炉标高允许偏差±5mm，可根据基础放线验收时，基础上平面标高的差值预先制作垫铁，把标高调整到允许范围。

（3）撤出滚杠使锅炉就位

① 撤滚杠时用枕木或木方将锅炉一端垫好，防止炉体滑动。用两个千斤顶将锅炉的另一端顶起，撤出滚杠落下千斤顶，使锅炉一端落在基础上，再用千斤顶将锅炉另一端顶起，撤出其余的滚杠和木方，落下千斤顶使锅炉完全落到基础上。

② 锅炉就位后应进行校正，因锅炉在就位过程中可能产生一些位移，如有位移，可用千斤顶校正，使其在允许偏差以内。

（4）锅炉找平

① 纵向找平。用 600mm 以上长的水平尺放在炉排面的纵方向，检查炉排面的纵向水平度，检查点至少为炉排前后两处，要求炉排纵向应水平或略坡向炉膛后部，但最大倾斜度不大于 10mm。

当锅炉纵向不平时，可用千斤顶将过低的一端顶起，在锅炉的底座下垫以适当厚度的钢板，使之达到水平度的要求，垫铁长度等于锅炉底座宽度，垫铁宽度为 100～150mm，垫铁间距一般为 500～1000mm。

② 横向找平。打开前烟箱，在平封头上找出并核对原制造时的水平中心线，用玻璃管水平度测定器测定水平线的两端点，其水平度全长应小于 2mm。

用 600mm 以上长的水平尺放在炉排面的横方向，检查炉排面的横向水平度，检查点至少为炉排前后两处，炉排的横向倾斜度应不大于 5mm，且前后倾斜方向应一致，即不允许存在扭斜。

当锅炉横向不水平时，用千斤顶将锅炉低的一侧底座顶起，在底座下垫以适当厚度的钢板，垫铁长度为底座宽度，垫铁宽度为 100～150mm，垫铁间距一般为 500～1000mm。

用玻璃管水平测定器校测锅炉两侧水位计的高差，两水位计的可见水位最低点高度应一致，偏差不应超过 2mm。当两侧水位计高低不一致时，应查明原因，如水位计引出管没有问题，则应在允许偏差范围内重调锅炉横向水平，使之均在合格范围内。

③ 复测前、后轴水平度，其偏差不应超过其长度的 1/1000，如超差，应予以调整。

④ 锅炉底座下垫铁应接触严密，用手锤轻敲不松动，而后应将垫铁与底座进行点焊。

（5）组装式锅炉吊装组合就位

组装式锅炉一般重量较大，安装时需要上下体合拢，如锅炉房建筑结构已完成，在厂房内合拢困难较大，吊装设施也较复杂，因此提出两种合拢就位方案供选择。

① 与土建配合交叉施工：土建先施工到 ±0.0m 标高并完成锅炉基础工程，利用汽车吊就位合拢。

a. 将锅炉下体吊放在锅炉基础上，再将上体吊放在下体上，结合位置应符合图纸要求。

b. 按技术文件或图纸要求的方式进行上下体焊接。

c. 找正找平与整装锅炉相同。

d. 用帆布封闭进行成品保护，待锅炉房主体完工后继续施工。

② 锅炉房已封顶完工时施工：在室外利用汽车吊合拢，再水平滚运至基础上。但要求设备入口正对锅炉就位位置。当同时安装两台以上锅炉时，每台锅炉都要预留设备入口，预留口的高度和宽度应满足设备运输要求。

a. 平整运输场地，铺设枕木；

b. 在枕木上铺设钢轨；

c. 在钢轨上布设滚杠；

d. 用汽车吊将下体吊放在滚杠上，并将下体暂时用方木和木楔固定在钢轨上，防止与上体合拢时滑动；

e. 用吊车将上体吊装在下体上，按图纸要求合拢、焊接；

f. 位置（一般在底座两端各设有牵引点），应从底座左右两点牵引，以便前进时找正；

g. 锅炉找正找平与整装锅炉相同。

3.3.2.3 省煤器安装

（1）安装前检查

省煤器为整体组件出厂，安装前要认真检查省煤器管周围嵌填的石棉绳是否严密牢固，外壳箱板是否平整，肋片有无损坏。

（2）支架安装

① 清理地脚螺栓孔：将孔内杂物清理干净并用水冲洗；

② 将支架放在基础上并穿上地脚螺栓，调整支架位置、标高和水平后临时固定。

（3）省煤器安装

① 安装前应进行水压试验，试验压力为 $1.25P+0.49\mathrm{MPa}$（P 为锅炉工作压力），无渗漏为合格，同时进行安全阀的调整，安全阀的开启压力应为安装地点工作压力的 1.1 倍。

② 将省煤器吊装到支架上，并检查省煤器的烟气进口位置、标高是否与锅炉烟气出口相符合，以及两接口的距离和螺栓孔是否相符，通过调整支架的位置和标高，达到烟管的安装要求。

③ 最后将下部型钢与支架焊在一起。

（4）二次灌浆

支架的位置和标高调整合格后即可浇灌混凝土，混凝土强度应比基础混凝土强度高一级，待混凝土强度达到设计强度的 75% 以上时将地脚螺栓拧紧。

3.3.2.4 预热器安装

① 预热器体积和重量都较大，吊装时一般采用钢架内垂直起吊。预热器分上下多层布置时，安装宜为先上层后下层。

② 根据预热器的重量大小，在钢架上部设置吊装梁，在预热器中心位置上方垂直起吊。

③ 在钢架立柱上确定支承座的标高位置，焊接支承座托架（也有预热器的支承架搁置在钢架上，也要复核标高位置），将支承梁进行试装找正，符合要求后，做好支承梁位置标记。

④ 将预热器缓慢吊起高于支承梁位置，按试装标记将支承梁就位组装焊接。按设计要求在支承架上放置好石棉垫片，最后将预热器缓慢落在支梁上，同时进行预热器与中心线的找正。

⑤ 安装在地面基础上的预热器，应先将基础表面处理好，各部分尺寸符合安装要求，按基础与预热器的中心线标记吊装找正就位。

⑥ 预热器附件安装。

a. 伸缩节组焊：预热器找正后，进行伸缩节与预热器对口组焊，组对时应将边缘对齐，间隙符合焊接要求，再用卡具夹紧点焊，宜采用对称、跳焊法进行焊接。

b. 预热器进出风口组对安装：组装法兰连接口时，应按螺栓内外交替方式垫好石棉绳。

⑦ 漏风试验：可与鼓风机单机试运行同时进行，用皂液在伸缩节接口、进出口等处进行检查，无泄漏现象为合格。

3.3.2.5 锅炉本体管路、阀门与仪表安装

① 本体管道焊接作业应由合格焊工担任。

② 本体管道、阀门和仪表应按随机图纸和锅炉房设计图进行安装。

③ 安全阀应经校验和单独水压试验后安装，安全阀应安装排汽管，且应直通室外，安全阀排汽管底部应安装排至安全地点的泄水管。

④ 各类阀门在安装前应清洗干净，检查阀座及阀瓣是否严密，填料应无损伤，动作灵活。

⑤ 锅炉排污管应接至降温池，管道固定应牢固，防止发生振动、位移或其他意外。

⑥ 左右两侧水位计高差不应超过 $\pm2\mathrm{mm}$，在水位计上应正确标示"最高水位""最低水

位"的红色标记。水位计下部泄水管必须接至安全处，水位计旋塞应转动灵活，不漏水。水位计处必须安装照明灯。

⑦ 压力表应先校验合格，安装时应使刻度盘面垂直或倾斜角不大于 30°。于刻度盘上，在锅炉最大工作压力处用红色明确标示。

3.3.2.6 锅炉本体水压试验

（1）试验时对环境温度的要求

① 水压试验应在环境温度高于 5℃时进行；

② 在环境温度低于 5℃进行水压试验时，必须有可靠的防冻措施。

（2）试验时对水温的要求

① 水温一般应在 20～70℃；

② 如水温较低，与室温相差较大时，应提前向锅炉注水，使水温自然升到接近室温或无结露时，方可进行水压试验。

（3）水压试验的压力

应符合表 3-2 的规定。

表 3-2　锅炉水压试验的压力　　　　　　　　　　　　　　　　　　单位：MPa

名称	锅筒工作压力 P	试验压力
锅炉本体	＜0.8	$1.5P$，且不小于 0.20
	0.8～1.6	$P+0.4$
可分式省煤器	1.25P+0.5	

（4）水压试验步骤

① 向锅炉进水，炉顶放空阀见水无空气后将放空阀关闭，满水后关闭进水阀。

② 用试压泵缓慢升压至 0.3～0.4MPa 时，应暂停升压，进行一次全面检查，必要时可紧固螺栓，如无渗漏或异常现象，则继续升压至工作压力，再进行一次检查，如无问题，将压力升至试验压力，保持 20min，然后降到工作压力进行检查，检查期间压力应保持不变。

（5）锅炉水压试验合格要求

符合下列要求为合格：

① 试验压力下保持 20min，期间压力降不应超过 0.05MPa；

② 在受压组件金属壁和焊缝上无水珠和水雾；

③ 水压试验后，无可见的残余变形。

3.3.2.7 锅炉砌筑

锅炉砌筑工程的施工参见《工业炉砌筑工程施工与验收规范》（GB 50211—2014）。

3.3.2.8 烘炉

（1）准备工作

① 锅炉本体及工艺管道全部安装完毕，水压试验合格。

② 锅炉的附属设备、软水设备、化验设备、水泵等已达到使用要求。

③ 锅炉辅机包括鼓风机、引风机、出渣机除尘器及电气控制设备以及仪表均已安装完毕且调试合格，并已根据要求注润滑油。

④ 编制烘、煮炉方案及烘炉升温曲线，选好测温点装好测温仪表，准备好烘煮炉记录表。

⑤ 关闭排污阀、主汽阀或出水阀、开启一只安全阀，当有省煤器时开启省煤器再循环阀。然后将合格的软化水注至略低于正常水位。

⑥ 准备好适当的木柴和燃煤，木柴不能带有铁钉或其他金属物。

（2）烘炉方法及要求

① 整装锅炉均采用轻型炉墙，根据炉墙潮湿程度，一般烘炉时间为 4～6d，整装炉时间应短一些；组装炉因在现场有部分砌筑量，烘炉时间相对要长一些。

② 初期木柴烘炉：打开炉门、烟道闸板，开启引风机强制通风 5min，排除炉膛的潮气和灰尘，然后关闭引风机，打开炉门和点火门，在炉排前部 1.5m 左右范围内铺上厚度约 30～50mm 的炉渣，在炉渣上放置木柴和引燃物，点燃后小火烘烤，自然通风，缓慢升温。第一天排烟温度不得超过 80℃，随后烟温不得超过 160℃，烘烤约 2～3d。

③ 后期煤炭烘炉：木柴烘烤后期逐渐添加煤炭，并间断引风和适当送风，使炉膛温度逐步上升，但最终烟气温度不得超过 160℃，同时间断开动炉排，防止炉排烧坏，注意将未燃完的木柴拨回燃烧区，防止落入灰斗卡住出渣机。烘烤约 1～3d。

④ 烘炉期间要注意观察炉墙、炉拱情况，一般每 2h 记录一次温度，最后画出实际的升温曲线图。

（3）注意事项

① 火焰应保持在炉膛中央，燃烧均匀，升温缓慢，不可时旺时弱。烘炉时锅炉不升压。

② 烘炉期间应及时补给软水，保持锅炉正常水位。

③ 烘炉的中后期应适量排污，一般每 6～8h 排污一次，排污后应及时补水。

④ 煤炭烘炉时应尽量少开炉门，防止冷空气进入炉膛，造成炉内温度骤变，导致炉墙炉拱开裂。

3.3.2.9 煮炉与冲洗

① 为节省时间和燃料，可在烘炉后期进行煮炉，一般采用碱性溶液进行煮炉，加药量依锅炉锈蚀、油污情况及锅炉水容量而定，如出厂随机文件未作规定，可按表 3-3 的规定计算加药量。

表 3-3　炉的加药配方

药品名称	加药量/（kg/m³ 炉水）	
	铁锈较薄	铁锈较厚
氢氧化钠（NaOH）	2～3	3～4
磷酸三钠（$Na_3PO_4 \cdot 12H_2O$）	2～3	3～4

注：1. 表中药品按 100％纯度计算。

2. 无磷酸三钠时，可用碳酸钠代替，用量为磷酸三钠的 1.5 倍。

3. 单独使用碳酸钠时，炉水中加 6kg/m³ 碳酸钠。

② 药品应溶化成溶液加入锅筒内，配制和加入药液要注意安全。

③ 应在低水位时加药。

④ 煮炉末期应使锅炉压力保持在工作压力的 75％左右；煮炉时间一般为 2～3d。如在较低压力下煮炉，则应适当延长煮炉时间。

⑤ 煮炉结束后，待锅炉压力降至零，水温低于 70℃时，方可将炉水放掉，待锅炉冷却后，打开人孔和手孔，彻底清除锅筒和集箱内的沉积物，并用清水冲洗干净，排污阀应无堵塞现象。

⑥ 煮炉冲洗后符合下列要求为合格：a. 锅炉和集箱内壁无油垢；b. 擦去附着物后金属表面无锈斑。

⑦ 经甲乙方检验确认合格并在检验记录上签字后，方可封闭人孔和手孔。

3.3.2.10 试运行

锅炉在正式投用前应进行 48h 试运行，开始时首先应进行安全阀定压。

① 将合格的软水注入锅炉至安全水位，打开炉膛门、烟道门自然通风 10～15min；添加木柴煤炭生火。

② 间断开启引风机、鼓风机使逐渐燃烧旺盛。

③ 根据燃烧情况间断开动炉排，并观察燃烧情况适当拨火，使煤能连续燃烧。同时调整送风量、引风量，使炉膛内维持 2～3mmH$_2$O（1mmH$_2$O＝9.8Pa）的负压，使煤逐渐正常燃烧。

④ 升火时炉膛温升不宜太快，避免锅炉受热不均而产生较大的热应力，影响锅炉寿命。一般从点火到燃烧正常，时间不得少于 3～4h。

⑤ 蒸汽锅炉运行正常后应时刻注意水位变化，超过最高水位时应及时排污，使水位保持正常。

⑥ 当锅炉压力升至 0.05～0.1MPa 时，冲洗压力表管和水位计的工作就会开始。以后每班冲洗一次。

⑦ 当锅炉压力升到 0.3～0.4MPa，对锅炉范围内的法兰、人孔、手孔和其他连接螺栓进行一次热状态下的紧固，并注意观察锅筒、集箱、管道及支架的热膨胀是否正常。

⑧ 安全阀定压。

a. 试运行正常后，应进行安全阀的调整定压工作，安全阀开启压力见表 3-4 及表 3-5。

表 3-4　锅炉安全阀开启压力

起座压力的高低	开启压力
较低	1.12 倍工作压力，且不小于 0.07MPa＋工作压力
较高	1.14 倍工作压力，且不小于 0.10MPa＋工作压力

注：1. 锅炉上必须有一个安全阀按表中较低的开启压力进行整定。

2. 这里的工作压力是指安全阀直接连接部件的工作压力。

表 3-5　锅炉安全阀的开启压力

额定蒸汽压力/MPa	安全阀的开启压力/MPa
＜0.8	工作压力＋0.03
	工作压力＋0.05
0.8～1.6	1.04 倍工作压力
	1.06 倍工作压力
可分式省煤器	1.10 倍工作压力

注：1. 锅炉上必须有一个安全阀按表中较低的开启压力进行调整。

2. 工作压力系指安全阀装置地点的工作压力。

b. 定压工作完成后，应做一次安全阀起跳试验，合格后加锁或铅封。

c. 安全阀整定时应将安全阀的开启压力、起座压力、回座压力准确记录在《锅炉安装工程质量证明书》中。

⑨ 安全阀整定完毕后,锅炉应连续运行48h,以锅炉及全部附属设备运行正常为合格。

3.3.2.11 燃气、燃油锅炉调试

(1) 联锁保护

发生下列情况时应自动切断燃气供应:

① 燃烧器的鼓风机故障或断电时;

② 燃气压力低于最低允许值或高于最高允许值时;

③ 燃烧室火焰熄灭时;

④ 燃烧用空气中断或空气压力低于最低允许值时;

⑤ 安全联锁装置中断时;

⑥ 蒸汽锅炉压力超过最高允许值时;

⑦ 热水锅炉超温或压力低于最低允许值时;

⑧ 蒸汽锅炉达到最低安全水位时;

⑨ 热水锅炉循环水泵停止时。

(2) 报警装置

① 燃气压力低限、高限报警;

② 燃气切断报警;

③ 空气压力低限报警;

④ 蒸汽锅炉高低水位报警;

⑤ 热水锅炉超温报警;

⑥ 锅炉房燃气泄漏报警,并与锅炉房排风机联锁启动。

(3) 点火程序控制系统

应具有可靠的点火程序控制系统。

3.4 成品保护

① 锅炉安装过程中要遮盖好敞开部位。

② 锅炉设备安装完工后进行地面施工时,土建施工人员不得损坏地下管线及已安装好的设备。

③ 土建需搭架子进行工程修补或抹灰喷浆时,不得把架子搭在设备或管道上,并对设备加以覆盖,防止损坏已安装好的设备、管道、阀门、仪表。

④ 锅炉房安装时,锅炉房门窗应齐全并能上锁,防止设备、阀门、仪表损坏和丢失。

⑤ 锅炉试压后要及时放尽存水。

⑥ 冬季施工时要有防冻措施,防止设备及管道冻坏。

3.5 应注意的质量问题

(1) 风、烟道跑风

① 原因:主要是法兰填料加得不正确,石棉绳加在法兰连接螺栓的外边,造成螺栓孔漏风,或不易操作的螺栓拧得不紧,造成接口漏风。

② 解决办法:将法兰填料加在法兰连接螺栓的内侧;螺栓应拧紧,漏加的螺栓应补齐。

（2）锅炉坐标及标高出现误差造成相对位置连接不上

① 原因：未严格执行质量标准。

② 解决办法：基础施工前，土建与安装认真互相核对基础尺寸；严格按操作程序施工。

（3）两个水位计水位相差过大

① 原因：因锅炉安装不垂直；锅炉制造时孔距不水平和管座不水平。

② 解决办法：锅炉安装时应用垫铁找直；管座不水平应用氧乙炔加热调平；制造孔距不水平应与制造厂联系解决。

第4章
给水管道及设备安装

4.1 给水设备安装

4.1.1 适用范围

本节内容以金属水箱和离心式水泵为例进行安装介绍。

4.1.2 参考标准

本节内容参考《建筑给水排水及采暖工程施工质量验收规范》（GB 50242—2002）进行介绍。

4.1.3 施工准备

4.1.3.1 材料准备

（1）金属水箱

按设计要求订制或现场制作，一般设计指定按标准图集加工。

（2）离心式水泵

常用离心式水泵分类如下：

① 按工作叶轮数目可分为：单级泵、多级泵。

② 按工作压力可分为：低压泵、中压泵、高压泵。

③ 按叶轮进水方式可分为：单吸泵、双吸泵。

④ 按泵壳结合缝形式可分为：水平中开式泵、垂直结合面泵。

⑤ 按泵轴位置可分为：卧式泵、立式泵。

⑥ 按叶轮出来的水引向压出室的方式可分为：蜗壳泵、导叶泵。

4.1.3.2 机具准备

① 机械：电焊机、手电钻、台钻、电动葫芦、手动葫芦等。

② 工具：活动扳手、绞刀、锉刀、管钳、手锤、钢锯、管子台虎钳、螺丝刀、木榔头等。

③ 量具：水平尺、角尺、线坠、钢卷尺、游标卡尺、塞尺等。

4.1.3.3 作业条件

① 设计方案图纸必须齐全（包括标准图集），并已通过图纸会审及设计交底。

② 施工方案已经编制，特别是水箱的安装就位方案，要紧密配合土建进行。设备要具备出厂合格证和技术资料，并检查是否符合设计要求。

③ 施工技术人员向班组作了施工方案和设计图纸交底，水泵、水箱的设备基础验收必须合格，混凝土基础的强度必须达到60%以上。

④ 施工运输和消防道路畅通，施工用照明、水源、电源已具备连续正常施工的条件。

4.1.4 施工工艺

4.1.4.1 工艺流程

（1）水泵安装（图4-1）

基础验收 → 水泵就位与初平 → 精平与抹面 → 加油盘车 → 试运转

图4-1 水泵安装流程

（2）水箱安装（图4-2）

核验水箱基础 → 水箱安装 → 水箱配管 → 满水试验或试压 → 水箱保温

图4-2 水箱安装流程

4.1.4.2 水泵安装

（1）一般要求

① 水泵的规格型号应符合设计要求，水泵应采用自灌式吸水，水泵基础按设计图纸施工，吸水管应加减振接头。加压泵可不设减振装置，但恒压泵应加减振装置，水泵出口宜设缓闭式止回阀。

② 水泵配管安装应在水泵定位找平找正、稳固后进行。水泵设备不得承受管道的重量。

③ 配管法兰应与水泵、阀门的法兰相符，阀门安装手轮方向应便于操作，标高一致，配管排列整齐。

（2）安装步骤

① 基础验收：按移交基础资料结合设计图纸复核基础尺寸及螺栓孔或预埋螺栓尺寸。将基础表面清扫干净，地脚螺栓孔打毛，用水冲洗并清理干净。

② 水泵就位与初平：将水泵放于基础上，然后穿上地脚螺栓并带螺帽（外露工丝），底座下放置垫铁，以水平尺初步找平，地脚螺栓内灌混凝土。

③ 精平与抹平：待混凝土凝固期满进行精平并拧紧地脚螺帽，每组垫铁以点焊固定，基础表面打毛，水冲洗后以水泥砂浆抹平。

④ 另带联轴器的水泵安装需增加电动机就位与初平、调整联轴器等环节，然后将水泵、电动机地脚螺栓孔灌满混凝土，待养护期后按表4-1规定复核联轴器的同心度。

找正方法：中心找正以水泵轴线为基准；标高找正以水泵底为基准。

表 4-1 联轴器间隙与轮缘允许误差标准

对轮直径/mm	间隙/mm	轮缘上、下、左、右允许误差	
		允许误差/mm	允许误差极限/mm
φ250 以下	3～4	0.03	0.75
φ250 以上	4～5	0.04	0.10

⑤ 加油盘车：检查泵上油杯和往孔内注油，盘动联轴器，使水泵电动机转动灵活。

⑥ 试运转：将泵出水管上阀件关闭，随泵启动运转再逐渐打开，并检查有无异常，电动机温升、水泵运转、压力表及真空表的指针数值、接口严密程度符合标准规范要求。

4.1.4.3 水箱安装

锅炉必须符合设计要求、产品合格证、焊接检验报告、安装使用说明书、劳动部门的检验证书。

（1）核验水箱基础

水箱安装前，检查和核对水箱基础或支架的位置、标高、尺寸和强度。按设计要求进行量尺画线，在基础上作出安装位置的记号。水箱底部所垫的枕木应作沥青防腐处理。其断面尺寸、根数、安装间距必须符合设计或标准图集要求。型钢应除锈干净，刷底漆、面漆各两遍。

（2）水箱安装要求

① 一般规定

a. 水箱基础验收合格后，方可将水箱就位。

b. 水箱基础表面应找平，水箱安装后应与基础接触紧密。安装位置正确，端正平稳。

c. 水箱的溢流管、泄水管不得与生产或生活用水的排水系统直接相连。

② 消防水箱安装要求

a. 消防水箱的施工和安装应符合现行国家标准的有关规定。

b. 水箱的容积、安装位置应符合设计要求。安装时，消防水箱间的主要通道宽度不应小于 1.0m；钢板消防水箱四周应设检修通道，其宽度不小于 0.7m；消防水箱顶部至楼板或梁底的距离不得小于 0.6m。

c. 进水管和出水管与钢板消防水箱的连接应采用焊接或法兰连接，如采用焊接，焊接处应做防腐处理。

③ 膨胀水箱安装要求 膨胀水箱多用钢板焊制而成，根据水箱间的情况而异，可以预制后吊装就位，也可将钢板料下好后运至安装现场就地焊接组装。水箱安装过程中必须吊线找平、找正。

（3）水箱配管

① 水箱的接管及管径，按设计要求选择及安装膨胀水箱的接管及管径，若设计无特殊要求则按表 4-2 的规定在水箱上配管。

② 膨胀水箱各配管的安装位置如下。

a. 膨胀管：在重力循环系统中接至总立管的顶端。在机械循环系统中接至系统的恒压点。

b. 循环管：接至系统定压点前 2～3m 水平回水干管上，以防水箱结冰。

c. 信号检查管：接向建筑物的卫生间地漏或排水口。

表 4-2　膨胀水箱接管及管径　　　　　　　　　　单位：mm

编号	名称	方形		圆形		阀门
		1~8 号	9~12 号	1~4 号	5~16 号	
1	溢水管	$DN40$	$DN50$	$DN40$	$DN50$	不设
2	排污管	$DN32$	$DN32$	$DN32$	$DN32$	设置
3	循环管	$DN20$	$DN25$	$DN20$	$DN25$	不设
4	膨胀管	$DN25$	$DN32$	$DN25$	$DN32$	不设
5	信号管	$DN20$	$DN20$	$DN20$	$DN20$	设置

d. 溢流管：当水膨胀使系统内水的体积超过水箱溢水管口时，水自动溢出。溢流管不能直接与下水管连接，应为敞口式排放。

e. 排水管：清洗水箱及放空用。可与溢流管一起接至附近排水处。

（4）满水试验或试压

① 敞口水箱的满水试验：关闭水箱所有出水口（溢流口做临时封堵），将水箱内放满水，静置 24h 观察，水箱不渗不漏。

② 密闭水箱的水压试验，如设计无要求时，试验压力为工作压力的 1.5 倍，但不得小于 0.4MPa，在试验压力下 10min 压力不降，不渗不漏。

（5）膨胀水箱保温

膨胀水箱安装在非采暖房间时应在满水试验合格后进行保温，保温材料及方法按设计要求。

4.1.5　气压给水设备安装

① 气压给水设备的气压罐，其容积、气压、水位及工作压力应符合设计要求。

② 气压给水设备上的安全阀、压力表、泄水管、水位指示器等的安装应符合产品使用说明书的要求。

③ 气压给水设备安装位置、进水管和出水管方向应符合设计要求；安装时其四周应设检修通道，其宽度不应小于 0.7m，气压给水设备顶部至楼板或梁底的距离不得小于 1.0m。

④ 气压给水设备配套的加压泵的安装应符合水泵安装的相关规定。

4.1.6　质量标准

（1）主控项目

① 水泵就位前的基础混凝土强度、坐标、标高、尺寸和螺栓孔位置必须符合设计规定。

检验方法：对照图纸用仪器和尺量检查。

② 水泵试运转的轴承温升必须符合设备说明书的规定。

检验方法：温度计实测检查。

③ 敞口水箱的满水试验和密闭水箱（罐）的水压试验必须符合设计与《建筑给水排水及采暖工程施工质量验收规范》（GB 50242—2002）规定。

检验方法：满水试验静置 24h 观察，不渗不漏；水压试验在试验压力下 10min 压力不降，不渗不漏。

（2）一般项目

① 水箱支架或底座安装，其尺寸及位置应符合设计规定，埋设平整牢固。

检验方法：对照图纸，尺量检查。

② 水箱溢流管和泄放管应设置在排水地点附近但不得与排水管直接连接。

检验方法：观察检查。

③ 立式水泵的减振装置不应采用弹簧减振器。

检验方法：观察检查。

④ 室内给水设备安装的允许偏差应符合表 4-3 的规定。

表 4-3　室内给水设备安装的允许偏差和检验方法

项次	项目			允许偏差/mm	检验方法
1	静置设备	坐标		15	经纬仪或拉线、尺量
		标高		±5	用水准仪、拉线和尺量检查
		垂直度（每米）		5	吊线和尺量检查
2	离心式水泵	立式泵体垂直度（每米）		0.1	水平尺和塞尺检查
		卧式泵体水平度（每米）		0.1	水平尺和塞尺检查
		联轴器同心度	轴向倾斜（每米）	0.8	在联轴器互相垂直的四个位置上用水准仪、百分表或测微螺钉和塞尺检查
			径向位移（每米）	0.1	水平尺和塞尺检查

⑤ 管道及设备保温层的厚度和平整度的允许偏差应符合表 4-4 的规定。

表 4-4　管道及设备保温层的允许偏差和检验方法

项次	项目		允许偏差/mm	检验方法
1	厚度		$+0.1\delta$　-0.05δ	用钢针刺入
2	表面平整度	卷材	5	用 2m 靠尺和契形塞尺检查
		涂抹	10	

注：δ 为保温层厚度。

4.1.7　成品保护

① 水泵的进出水管口在运输、就位过程中必须封堵，以防止异物进入泵体内。

② 水泵、水箱上所配管道不得用作支撑或放脚手板，不得踏压。其支托架不得作为其他用途受力点。

③ 安装好的水泵、水箱在抹灰、喷漆前应作好防护，以免被污染。

4.1.8　施工注意事项

① 基础施工前，要仔细核对设计图纸尺寸与设备外形尺寸是否吻合，发现问题要及时加以解决，要严格按照设计标高施工，误差不能超过规定的标准。对需要加高的混凝土基础，必须制定切实可行的加高基础方案，经批准后，要严格按标准要求进行施工，以确保混凝土基础的良好性。

② 在基础放线时要严格按施工图平面位置施工，对基准坐标要反复检查，发现误差立即纠正。对基础中心偏移较小的，在不影响基础质量的前提下，可采取适当扩大预留孔的方法加以解决。

③ 施工中要仔细核实尺寸，在基础灌浆时，对木盒固定要采取可靠措施防止移动。抽出木盒时，应在基础混凝土凝固前进行，以保证清理木盒彻底和二次灌浆的质量。

④ 加强与土建施工的配合，二次灌浆时，地脚螺栓的上部螺纹段可用厚纸包紧，避免地脚螺栓的螺纹损坏或沾上灰浆。

⑤ 装地脚螺栓时应保证螺栓垂直，必要时要加以固定，要随时进行检查。对一般设备地脚螺栓倾斜不严重时，可采用斜垫圈补偿调整。

4.1.9 安全环保措施

4.1.9.1 安全防护

安全防护是劳动安全保护的重要手段，安全防护，人人有责。所以，在施工中，应注意以下几个方面的问题。

（1）作业人员的安全防护

进入施工现场时，作业人员一定要按要求穿戴好劳动防护用品：高空作业人员应戴好安全帽，扎好安全带；电气焊作业人员应戴好防护镜或防护面罩；电工应穿好绝缘鞋；凡与火、热水、蒸气接触者，应戴上防护脚盖或穿上石棉防火衣；女工应戴好工作帽。

在有毒性、窒息性、刺激性或腐蚀性的气体、液体和粉尘管道的作业现场，必须预先进行良好的通风和除尘；施工人员必须戴上口罩、防护镜或防毒面具。尤其是进入空气停滞、通风不畅的死角，如管道、容器、地沟及隧道等处，必要时还应进行取样化验分析，合格后才许进入。

在地沟、地下井等阴暗潮湿的场所，以及有水的金属容器内作业时，应有 3 名以上工人同时作业，而且应戴上绝缘手套，穿好绝缘胶鞋。

（2）现场人员的安全防护

现场人员严禁在起吊的物件下面行走或停留，更不得随意通过危险地段。

现场人员应随时注意运转中的机械设备，避免被绞伤或被尖锐的物体刺伤。

非电工人员严禁乱动现场内的电气开关和电气设备；未经许可不得乱动非本职工作范围内的一切机械和设施；不准搭乘运料机械升上或降下。

4.1.9.2 高空作业安全技术规程

① 高空作业人员使用安全带时，应将钩绳的根部连接到背部尽头处，并将绳子牢系在坚固的建筑结构件或金属结构架上，行走时应把安全带缠在身上，不准拖着走。衣袖和裤脚要扎好，并不得穿硬底鞋和带钉子的鞋。

② 高空作业人员不许站在梯子的最上二级工作，更不许 2 人以上同时在一个梯子上工作。使用"人字梯"时，必须将两梯间的安全挂钩栓牢。

③ 高空作业使用的工具应放在随身携带的工具袋中，不便入袋的工具应放在稳当的地方。严禁上下抛掷，必要时可用绳索绑牢后吊运。

④ 高空堆放的物品、材料或设备，不准超负荷，堆积材料和操作人员不可聚集在一起。

⑤ 多层交叉作业时，如上下空间同时有人作业，其中间必须有专用的防护棚或其他隔离设施，否则不得在下面作业。上下方操作人员必须戴安全帽。

⑥ 高空进行电气焊作业时，严禁其下方或附近有易燃、易爆物品，必要时要有人监护或采取隔离措施。

⑦ 高空作业人员距普通电线至少保持 1.0m 以上，距普通高压电线 2.5m 以上，距特高

压电线 5.0m 以上的距离。运送管道等导体材料，应严防触碰电线。在车间内高空作业时应注意吊车滑线，防止触电。如必须在吊车附近工作时，应事先联系停电，并设专人看管电源开关或设警示牌。

4.1.9.3 吊装作业安全技术规程

① 系结管材和设备时应使用特制的长环，不应采用绳索打结方法。绳索系结尽量避免选在重物棱角处，或在棱角处垫入木板或软垫物。重物的重心必须处于重物系结处之间的中心，以保持平衡。

② 不准在索具受力或起吊物悬空的情况下中断作业，更不准在吊起重物就位固定前离开操作岗位。

③ 起吊时，要有专人将起吊物扶稳，严禁甩动。起吊物悬空时，严禁在起吊物、起吊臂下停留或通过。在卷扬机、滑轮及牵引钢丝绳旁不准站人。

④ 操作卷扬机必须听从指挥，看清信号。作牵引时，中间不经过滑轮不准作业；滑移物件时，绳索套结要找准重心，并应在坚实、平整的路面上直线前进，卸车或下坡时应加保险绳。

⑤ 卧式滚移重物时，地面必须平整，枕木要硬实，钢管要圆直，物件前后不准站人。

⑥ 使用千斤顶时，顶盖与重物间应垫木块，要缓慢顶升，随顶随垫。多台同时顶升时，动作要协调一致。

⑦ 使用起重扒杆时，定位要准确，封底应牢固。不得在受力后产生扭曲、沉、斜等现象。

4.1.9.4 电气焊作业安全技术规程

① 禁止用易产生火花的工具去开启氧气或乙炔气阀门。

② 作业前或停工较长时间再工作时，须检查所有设备。氧气瓶、乙炔发生器及橡胶软管接头、阀门及紧固件应紧固牢靠，不准有破损和漏气现象。在氧气瓶及附件、橡胶软管和工具上均不得沾有油脂或泥垢。

③ 氧气瓶、乙炔气瓶（或乙炔发生器）应单独放于阴凉通风处，各自独立存放，严禁与易燃气体、油脂及其他易燃物质混放在一起，运送时也必须单独进行，使用时两瓶间距应大于 15m。

④ 工作完毕或离开作业现场时，应把氧气瓶和乙炔发生器放在指定地点并拧上气瓶上的安全帽。下班时乙炔发生器应卸压、放水、取出电石篮。

4.1.9.5 环保措施

① 施工作业面保持整洁，严禁将建筑施工垃圾随意抛弃，做到文明施工，工完场清，定点堆放，有条件的施工现场应硬化路面，并设置洗车装置。

② 施工用水不得随意排放，应进行沉淀处理后直接排入排水系统。

③ 尽量使用低噪声或无噪声的施工作业设置，无法避免噪声的施工设备，则应对其采取噪声隔离措施。

④ 现场使用的黏结材料和油漆制品尽量使用环保标志产品，施工时应保证通风良好，并且施工人员要戴上防护口罩，使用后随即将其封存放于专存库房内。

4.1.10 质量记录

① 设备开箱检查记录；

② 设备安装就位记录；

③ 给水设备安装检验批质量验收记录；

④ 设备试运转记录；

⑤ 敞口水箱满水试验记录；

⑥ 密闭水箱（罐）试压记录。

4.2 室外给水管网安装

4.2.1 一般规定

① 本节适用于民用住宅小区和厂区内，工作压力不大于 1.0MPa 的室外给水管网的安装工程的施工。

② 架空或地沟内敷设的室外给水管道其安装要求按室内给水管道的安装要求执行。

③ 不适用湿陷性土、膨胀土、永冻土等特殊土层地区的室外给水管道的施工。

4.2.2 施工准备

4.2.2.1 技术准备

① 施工人员已熟悉掌握图纸，熟悉相关国家或行业验收规范和标准图等。

② 已有经过审批的施工组织设计，并向施工人员交底。

③ 技术人员向施工班组进行技术交底，使施工人员掌握操作工艺。

4.2.2.2 材料要求

① 工程所使用的主要材料、成品、半成品、配件和设备必须具有中文质量合格证明文件。

② 工程所使用的材料、设备的规格型号和性能检测报告应符合国家技术标准和设计要求。

③ 所有材料进入施工现场时应进行品种、规格、外观验收。包装应完好，表面无划痕及外力冲击破损。

④ 主要器具和设备必须有完整的安装使用说明书。

⑤ 管道使用的配件的压力等级、尺寸规格等应和管道配套。塑料和复合管材、管件、黏结剂、橡胶圈及其他附件等应是同一厂家的配套产品。

4.2.2.3 主要机具

（1）施工机具（表 4-5）

表 4-5　施工机具

序号	机具名称	规格型号	用途
1	电动套丝机	$DN100mm$	套丝连接
2	砂轮机	1.1kW	切割管材
3	砂轮锯	$\phi300mm$	磨光
4	试压泵	0～4MPa	电动、手动试压
5	电焊机	BX 型	焊接

序号	机具名称	规格型号	用途
6	手锤	1.0kg、1.5kg	打口
7	弯管器	ϕ80mm	弯管
8	捻凿	1号、2号、3号	打口、自制
9	液压铸管切割器	YZGJ-A	机床附件
10	空压机	6m^3	吹扫
11	套丝扳	DN80mm	套丝连接
12	管道割刀	1～4号	切割管材
13	倒链	1t、2t、3t	提升
14	管钳	150～600mm	夹持管材
15	麻绳	ϕ20mm	捆绑
16	虎钳	15～115	夹持管子直径
17	铁锹	2～4号	挖沟
18	铁镐	2.5～4kg	挖沟
19	大锤	5～8kg	挖沟
20	挖掘机	50型	挖沟
21	手动葫芦拉力器	＞ϕ100mm	胶圈连接
22	热熔式连接器	与管子配套	热熔连接
23	活扳手	100～600mm	紧固
24	角向磨光机	ϕ150mm 内	磨光
25	直向电动砂轮机	ϕ100mm 内	坡口

其他小工具有：画线笔、毛刷、板锉、钢锯、板斧、撬杠等。

（2）施工测量仪器（表4-6）

表4-6 施工测量仪器

序号	测量装置名称	规格型号	备注
1	水准仪	DSZ$_{10}$、DS$_{10}$	测量标高
2	经纬仪	J2	测量角度
3	水平尺	150～600mm	测量水平度
4	压力表	0～2.5MPa、ϕ150mm	水压试验
5	钢卷尺	3m、5m、30m	测量长度
6	游标卡尺	0～30mm、0.02mm	测量管材直径
7	塞尺	150A14	测量胶圈接口

4.2.2.4 作业条件

① 管道施工区域内的地面要进行清理，杂物、垃圾弃出场地。管道走向上的障碍物要清除。

② 在饮用水管道附近的厕所、粪坑、污水坑等应在开工前迁至业主指定的地方，并将脏物清除干净后进行消毒处理后，方可将坑填实。

③ 在施工前应摸清地下高、低压电缆、电线、煤气、热力等管道的分布情况，并作出标记。

4.2.2.5 施工组织及人员准备

① 施工前应建立健全的质量管理体系和工程质量检测制度。

② 施工组织应设立技术组、质安组、管道班、电气焊班、开挖班、砌筑班、抹灰班、测量班等。

③ 施工人员数量根据工程规模和工程量的大小确定，一般应配备的人员有：给排水专业技术人员，测量工、管道工、电焊工、气焊工、起重工、油漆工、泥瓦工、普工。

4.3 给水管道安装

4.3.1 材料质量要求

4.3.1.1 主要材料的技术标准

主要材料的技术标准见表 4-7。

表 4-7 主要材料的技术标准

序号	材料名称	质量验收标准	备注
1	给水铸铁管	GB/T 13295—2019	
2	复合管	CJ/T 183—2008	厂家提供
3	PVC 管	GB/T 10002.1—2023	
4	PPR 管	CJ/T 210—2005	厂家提供
5	焊接钢管、镀锌钢管	GB/T 3091—2025	
6	无缝钢管	GB/T 8163—2018	

4.3.1.2 材料的验收

① 给水铸铁管及管件的规格品种应符合设计要求，管壁薄厚均匀，内外光滑整洁，不得有砂眼、裂纹、飞刺和疙瘩。承插口的内外径及管件应造型规矩，尺寸合格，并有出厂合格证。

② 碳素钢管、镀锌钢管的管壁厚度均匀，尺寸符合国标要求，管材应无弯曲、锈蚀、重皮等现象，有出厂合格证。镀锌管件应无偏扣、乱扣、断丝、角度不准等现象。

③ 钢管壁厚不大于 3.5mm 时，钢管表面不准有大于 0.5mm 深的伤痕；壁厚大于 3.5mm 时，伤痕深不准超过 1mm。

④ 阀门、法兰及其他设备应具有质量合格证，且无裂纹，开关灵活严密，铸造规矩，手轮良好。

⑤ 捻口用水泥一般采用强度等级不小于 42.5 的硅酸盐水泥，水泥应具有质量合格证。

⑥ 电焊条、型钢、圆钢、螺栓、螺母等应具有质量合格证。

⑦ 管卡、油、麻、垫、生胶带等应仔细验收合格。

4.3.1.3 新型塑料管材及配件的验收

① 生活给水管道的管材、管件、接口密封材料不得影响水质，有害人体健康，应具备卫生检验部门的检验报告和认证文件。

② 塑料管材、管件、接口密封材料，应具有出厂合格证，并标明生产厂家、出厂日期、检验代号、有效使用期限。

③ 塑料管道的黏结应由管材厂家提供并有使用说明书。

④ 塑料管、复合管等新型管材、管件的规格、品种、公差应符合国家产品质量的要求。

⑤ 颜色应均匀一致，无色泽不均及分解变色线。

⑥ 内壁光滑、平整、无气泡、裂口、脱皮、严重的冷斑及明显的裂纹、凹陷。

⑦ 管材轴向不得有异向弯曲，其直线度偏差应小于1％，端口必须平直且垂直于轴线。

⑧ 管件应完整无损，无变形及合模缝，浇口应平整无开裂。

⑨ 管材、管件的承插口工作面应平整、尺寸准确，以保证接口的密封性能。

⑩ 黏结剂应呈自有流动状态，不得呈凝胶体，在未搅拌情况下不得有团块、不溶颗粒和影响黏结的杂质。

⑪ 黏结剂中不得含有毒和有利于微生物生长的物质，不得影响水质和对饮水产生味、嗅的影响。

⑫ 每个橡胶圈上不得有多于两个搭接接头，橡胶圈的截面应均匀。

4.3.2　工艺流程

工艺流程为：安装准备→管沟验收→管道清理→支墩设置→管道及附件铺设就位→管道连接（黏结、丝接、焊接、胶圈连接、热熔、连接、捻口连接）→试压、冲洗、消毒→管道定位→管道防腐（保温）。

4.3.3　操作工艺

4.3.3.1　管道安装铺设的一般规定

① 管道不得铺设在冻土上。

② 管道应由下游向上游依次安装，承插口连接管道的承口朝向水流方向，插口顺水流方向安装。

③ 管道穿越公路等有荷载处应设套管，在套管内不得有接口，套管宜比管道外径大两号。

④ 管道安装和铺设工程中断时，应用木塞或其他盖堵将管口封闭，防止杂物进入。

⑤ 在硬聚氯乙烯管道上采用专用管件可直接带水接支管，在同一根管上开多孔时，相邻两孔口间的最小距离不得小于所开孔孔径的7倍。

⑥ 给水管道上所采用的阀门、管件等其压力等级不应低于管道设计工作压力，且满足管道的水压试验压力要求。

⑦ 在管道施工前，要掌握管线沿途的地下其他管线的布置情况。与相邻管线之间的水平净距不宜小于施工及维护要求的开槽宽度及设置阀门井等附属构筑物要求的宽度，PVC-U管道与热力管道等高温管道和高压燃气管道等有毒气体管道之间的水平净距离不小于30m。饮用水管道不得敷设在排水管道和污水管道下面。

⑧ 塑料管和异种管之间连接，应采用带金属嵌件的管件作为过渡管件。

4.3.3.2　管道敷设前的准备工作

① 管道铺设应在沟底标高和管道基础检查合格后进行，在铺设管道前要对管材、管件、橡胶圈、阀门等作一次外观检查，发现有问题的不得使用。

② 准备好下管的机具及绳索，并进行安全检查。对于管径在 150mm 以上的金属管道可用撬压绳法下管，直径大的要启用起重设备。对捻口连接的管道要对接口采取保护措施。

③ 如需设置管道支墩的，支墩设置应已施工完毕。

④ 管道安装前应用压缩空气或其他气体吹扫管道内腔，使管道内部清洁。

4.3.3.3 管道的连接

（1）丝接和焊接工艺

丝接和焊接工艺适用于热镀锌钢管、焊接钢管、无缝钢管的安装。

① 丝接工艺

a. 施工准备：根据图纸，在管材上画线，用切割机或断管器按线断管。断管后要将管口断面的铁屑、毛刺清除干净。

b. 管道螺纹加工：按照管径分次套制丝扣，加工丝扣时，保证带丝的刻度调整准确，压力头压紧管道，带丝的板牙面应与管道的轴线垂直，套丝时加润滑油。套丝长度与管径相适应。

c. 管道连接：在管道丝扣处均匀涂抹铅油，采用适当填料带入管件，然后用管钳拧紧，管道安装后的螺纹根部应有 2～3 扣的外露螺纹。

d. 连接处清理：管道连接后，把螺纹外的填料清理干净，填料不得挤入管腔，并对裸露的螺纹进行防腐处理。

② 焊接工艺

a. 清理准备：焊接前彻底清除管道接口处的油污、锈迹及杂质，确保表面干净。

b. 坡口加工：根据管材厚度加工 V 形或 U 形坡口（角度 60°～70°），保证焊透性。

c. 调整参数：按管材材质（如碳钢、不锈钢）选择电流、电压和焊条（如 E6010/E7018）。

d. 分层焊接：氩弧焊打底确保密封性，电弧焊填充盖面，多层焊需层间清理熔渣。

e. 检验要求：焊后检查外观（无气孔、夹渣），重要管道需 X 光或超声波无损检测。

（2）胶圈接口的连接工艺（适用于硬聚氯乙烯管道 PVC-U、铸铁管道）

① 检查管材、管件及胶圈质量，用棉纱清理干净承口内侧（包括胶圈凹槽）和插口外侧，不得有土或其他杂物，将橡胶圈安装在承口凹槽内，不得扭曲，异形胶圈必须安装正确，不得装反。

② 涂刷润滑剂。可用毛刷将润滑剂均匀地涂在装嵌在承口内的胶圈和插口的外表面上；不得将润滑剂涂在承口内。

③ 塑料管端插入长度必须留出由于温差产生的伸量，伸量应按施工时闭合温差计算确定，在一般情况下可按表 4-8 规定采用。

表 4-8 塑料管长 6m 时管端温差伸量

插入时环境最低温度/℃	设计最大温升/℃	伸量/mm
≥15	25	10.5
10～15	30	12.6
5～10	35	14.7

④ 插入深度确定后，必须按插入长度要求在管端表面划出一圈标记。连接时将插口端对准承口并保持管道轴线平直，将其一次插入，直至标线均匀外露在承口端部。

⑤ 小直径管道插入时宜用人力。在管端垫木块用撬棍将管道推入到位的方法可用于公称外径不大于 315mm 的管道；公称外径更大的管道，可用手动葫芦或专用拉力工具等拉入。

⑥ 当插入时阻力过大，应拔出检查胶圈是否扭曲，不得强行插入。插入后用塞尺顺接口间隙沿管圆周检查胶圈位置是否正确。

⑦ 当采用润滑剂降低插入阻力时，润滑剂应采用管材生产厂家提供的经检验合格的润滑剂。润滑剂必须对管材、弹性密封圈无任何损害作用。对输送饮用水的管道，润滑剂必须无毒、无味、无臭，且不会滋生细菌。禁止采用黄油或其他油类作润滑剂。

（3）溶剂黏结连接工艺（适用于硬聚氯乙烯管道 PVC-U，ABS 管）

① 检查管材、管件质量。必须将管端外侧和承口内侧擦拭干净，使被黏结面保持清洁、无尘沙与水迹。表面粘有油污时，必须用棉纱蘸丙酮等清洁剂擦净。

② 采用承口管时，应对承口与插口的紧密程度进行验证。黏结前必须将两管试插一次，使插入深度及松紧度配合情况符合要求，并在插口端表面划出插入承口深度的标线。管端插入承口深度可按现场实测的承口深度，但不能小于表 4-9 的规定。

表 4-9 塑料管端插入承口深度 单位：mm

公称直径	20	25	32	40	50	75	100	125	150
插入深度	16	19	22	26	31	44	61	69	80

③ 涂抹黏结剂时，应先涂承口内侧，后涂插口外侧，涂抹承口时应顺轴向由里向外涂抹均匀、适量，不得漏涂或涂抹过量。

④ 涂抹黏结剂后，应立即找正方向对准轴线将管端插入承口，并用力推挤至所画标线。插入后将管旋转 1/4 圈，在不少于表 4-10 的时间内保持施加的外力不变，并保证接口的直度和位置正确。

表 4-10 黏结接合最少保持时间

公称直径/mm	≤63	>63
保持时间/s	>30	>60

⑤ 插接完毕后，应及时将接头外部挤出的黏结剂擦拭干净。应避免受力或强行加载，其静止固化时间不应少于表 4-11 的规定。

表 4-11 静止固化时间

外径 DN/mm	管材表面温度	
	18～40℃	5～18℃
≤50	20min	30min
63～90	45min	60min

注：工厂加工各类管件时，黏结固化时间由生产厂家技术条件确定。

⑥ 黏结接头不得在雨中或水中施工，不宜在 5℃ 以下操作。所使用的黏结剂必须经过检验，不得使用已出现絮状物的黏结剂。黏结剂与被黏结管材的环境温度宜基本相同，不得采用明火或电炉等设施加热黏结剂。

（4）热熔连接（适用于聚丙烯 PPR）

① 热熔工具接通电源，达到工作温度，指示灯亮后开始操作。

② 切割管材，必须使端面垂至于管轴线。管材切割一般使用管子剪或管道切割机，必要时可使用钢锯，但切割后管材断面应去除毛边和毛刺。

③ 管材与管件连接端面必须清洁、干燥、无油。

④ 用卡尺和划线笔在管端测量并标绘出热熔深度，热熔深度要符合表4-12的规定。

表 4-12　热熔连接参数表

管材外径/mm	热熔深度/mm	加热时间/s	熔融时间/s	冷却时间/min
20	14	5	4	2
25	15	7	4	2
32	16	8	6	4
40	18	12	6	4
50	20	18	6	4
63	24	24	8	6
75	26	30	8	8
90	29	40	8	8
110	32	50	10	8

注：1. 若环境温度小于5℃，加热时间延长50%。

2. 本表为综合各生产厂的数据而提供的参考，具体可参照实际生产厂家（热熔工具厂家）提供的参数操作。

⑤ 熔接弯头或三通时，按设计图纸要求，应注意其方向，在管件和管材的直线方向上，用辅助标志标出其位置。

⑥ 连接时，无旋转地把管端导入加热套内，插入到标志的深度，同时，无旋转地把管件推到加热头上，达到规定标志处。

⑦ 达到加热时间后，立即把管材和管件从加热套和加热头上同时取下，迅速无旋转地直线均匀插入到所标深度，使接头处形成均匀凸缘。预防插入过深，使接头质量下降。

⑧ 热熔连接的结合面应有一均匀的熔接圈，不得出现局部熔瘤或熔接圈凹凸不均匀现象。

（5）水泥捻口（适用于给水铸铁管）

① 先清洗管口，用钢丝刷刷净承口内和插口外的毛刺，用气焊烤掉沥青防腐层。

② 打麻。将清洁的油麻搓成环形间隙的1.5倍直径的麻辫，其长度搓拧后为管外径周长加上100mm，从接口的方向开始向上塞进缝隙里，沿接口向上收紧，边收边用捻凿打入承口，从下往上依次打紧、打实。当锤击发出金属声，捻凿被弹回为打好，被打实的油麻深度为承口深度的1/3。（2～3圈，油麻接头应错开）。

③ 调和水泥填料。以0.2～0.5mm清洗晒干的砂和硅酸盐水泥为料，按砂：水泥：水＝1：1：(0.28～0.32)（重量比）的配比拌和，拌好后的填料应手抓成团，松开即散。拌好后的填料宜在1h内用完。冬季施工时，需用热水调拌。

④ 将调好的填料一次塞满在承口间隙内，一面塞入填料，一面用捻灰凿分层捣实，捣实程度以捻凿能被弹回为适宜，直至与承口边沿相平为好，相平后可在灰口上涂抹一层水泥保护接口。

⑤ 养护。接口完毕后，用湿泥或草袋封口养护，要防止夏季太阳直射和冬季结冻接口质量下降，养护期不少于48h。

4.3.3.4 管道的敷设

① 管道应敷设在原状土地基上或开挖后经过回填处理达到设计要求的回填层上。对高于原状地面的填埋管道，管底的回填处理层必须落在达到支撑能力的原状土层上。

② 敷设管道时，可将管材沿管线方向排放在沟槽边上，依次放入沟底。为减少地沟内的操作量，对焊接连接的管材可在地面上连接到适宜下管的长度；承插连接的在地面连接一定长度，养护合格后下管，黏结连接一定长度后用弹性敷管法下管；橡胶圈柔性连接宜在沟槽内连接。

③ 管道下管时，下管可分为人工下管和机械下管、集中下管和分散下管、单节下管和组合下管等方式。下管方式的选择可根据管径大小、管道长度和重量、管材和接口强度、沟槽和现场情况及拥有的机械设备量等条件确定。下管时应精心操作，搬运过程中应慢起轻落，对捻口连接的管道要保护好捻口处，尽量不要使管口处受力。如图 4-3 所示。

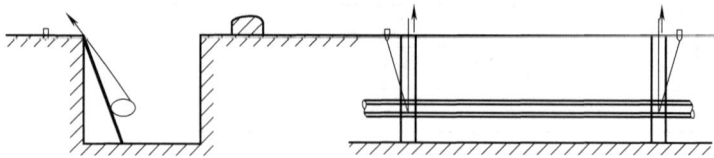

图 4-3　管道下沟简图

④ 在沟槽内施工的管道连接处，为便于操作要挖槽作坑。

⑤ 塑料管道施工中须切割时，切割面要平直。插入式接头的插口管端应削倒角，倒角坡口后管端厚度一般为管壁厚的 1/3～1/2，倒角一般为 15°。完成后应将残屑清除干净，不留毛刺。

⑥ 采用橡胶圈接口的管道，允许沿曲线敷设，每个接口的最大偏转角不得超过 2°。

⑦ 管道安装完毕后应按设计要求防腐。

4.3.3.5 阀门的安装

① 阀门安装前应核对阀门的规格型号和检查阀门的外观质量。

② 阀门安装前应作强度和严密性试验。试验应在每批（同牌号、同型号、同规格）数量中抽查 10%，且不应少于一个。对于安装在主干管上起切断作用的闭路阀门，应逐个作强度和严密性试验。阀门试压宜在专用的试压台上进行。

③ 阀门的强度和严密性试验，应符合下列规定：a. 阀门的强度试验压力为工称压力的 1.5 倍；b. 严密性试验压力为公称压力的 1.1 倍；c. 试验压力，在试验持续时间内应保持不变，且壳体填料及阀瓣密封面无渗漏。阀门试压的试验持续时间不应少于表 4-13 的规定。

表 4-13　阀门试验持续时间

公称直径 DN /mm	最短试验持续时间/s		
	严密性试验		强度试验
	金属密封	非金属密封	
≤50	15	15	15
65～200	30	15	60
250～450	60	30	180

④ 阀门的连接工艺参照 4.3.3.3 节内容。

⑤ 井室内的阀门安装距井室四周的距离符合质量标准的规定。DN50mm 以上的阀门要有支托装置。

⑥ 阀门法兰的衬垫不得凸入管内，其外边缘接近螺栓孔为宜，不得安装双垫或偏垫。

⑦ 连接法兰的螺栓，直径和长度应符合标准，拧紧后，突出螺母的长度不应大于螺杆直径的 1/2。

4.3.3.6 管道水压试验及消毒

（1）一般规定

① 水压试验应在回填土前进行。

② 对黏结连接的管道，水压试验必须在黏结连接安装 24h 后进行。

③ 对捻口连接的铸铁管道，宜在不大于工作压力的条件下充分浸泡再进行试压，浸泡时间应符合下列规定：a. 无水泥砂浆衬里，不少于 24h；b. 有水泥砂浆衬里，不少于 48h。

④ 水压试验前，对试压管段应采取有效的固定和保护措施，但接头部位必须明露。当承插给水铸铁管管径不大于 350mm，试验压力不大于 1.0MPa 时，在弯头或三通处可不作支墩。

⑤ 水压试验管段长度一般不要超过 1000m，超过长度宜分段试压，并应在管件支墩达到强度后方可进行。

⑥ 试压管段不得采用闸阀作堵板，不得与消火栓、水泵接合器等附件相连，已设置这类附件的要设置堵板，各类阀门在试压过程中要全部处于开启状态。

⑦ 管道水压试验前后要做好水源引进及排水疏导路线的设计。

⑧ 管道灌水应从下游缓慢灌入。灌入时，在试验管段的上游管顶及管段中的凸起点应设排气阀将管道内的气体排除。

⑨ 冬季进行水压试验应采取防冻措施。试压完毕后及时放水。

⑩ 水压试验的压力表应校正，弹簧压力计的精度不应低于 1.5 级，最大量程宜为试验压力的 1.3～1.5 倍，表壳的公称直径不应小于 150mm，压力表至少要有两块。

（2）试压及消毒程序

① 按图 4-4 所示铺设连接试验管道，进水管段安装阀门、试压泵、压力表等，具体布置应编写水压试验方案。

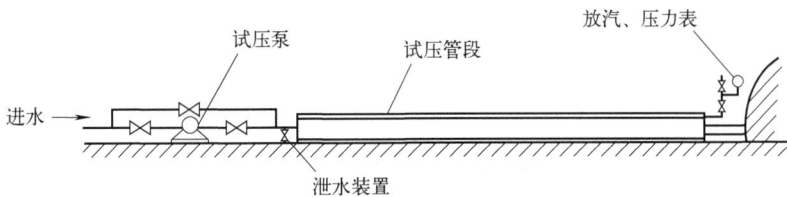

图 4-4　水压试验简图

② 缓慢充水，冲水后应把管内空气全部排尽。

③ 空气排尽后，将检查阀门关闭好，进行缓慢加压，先升至工作压力检查，再升至试压压力观察，然后降至工作压力读表。

④ 升压过程中，若发现弹簧压力计表针摆动、不稳且升压缓慢，则气体没排尽，应重新排气后再升压。

⑤ 试压过程中，全部检查若发现接口渗漏，应作出明显标记，待压力降至零后，制定修补措施全面修补，再重新试验，直至合格。

⑥ 试验合格后，进行冲洗，冲洗合格后，应立即办理验收手续，组织回填。

⑦ 新建室外给水管道与室内管道连接前，应经室内外全部冲洗合格后方可连接。

⑧ 当设计无规定时，冲洗标准以出口的水色和透明度与入口处的进水目测一致为合格。

⑨ 饮用水管道在使用前的消毒，用每升水含 20～30mg 的游离氯的清水灌满后消毒。含氯水在管道中应静置 24h 以上，消毒后再用水冲洗。常用的消毒剂为漂白粉，进行消毒处理时，把漂白粉放入水桶内，加水搅拌溶解，随同管道充水一起加入管段，浸泡 24h 后，放水冲洗。新安装的饮用水管道可采用表 4-14 选用剂量。

表 4-14　每 100m 管道消毒用水量及漂白粉用量

管径 DN/mm	15～50	75	100	150	200	250	300	350	400	450	500	600
用水量/m³	0.8～5	6	8	14	22	32	42	56	75	93	116	168
漂白粉用量/kg	0.09	0.11	0.14	0.14	0.38	0.55	0.93	0.97	1.3	1.61	2.02	2.9

4.3.4　质量标准

4.3.4.1　一般规定

① 输送生活给水的管道应采用塑料管、复合管、镀锌钢管或给水铸铁管。塑料管、复合管或给水铸铁管的管材、管件应是同一厂家的配套产品。

② 塑料管不得露天架空铺设，必须露天架空敷设时应有保温和防晒等措施。

4.3.4.2　主控项目

① 给水管道在埋地敷设时，应在当地的冰冻线以下，如必须在冰冻线以上敷设时，应做可靠的保温防潮措施。如无冰冻地区，埋地敷设时，管顶的覆土埋深不得小于 500mm，穿越道路部位的埋深不得小于 700mm。

检验方法：现场观察检查。

② 给水管道不得直接穿越污水井、化粪池、公共厕所等污染源。

检验方法：观察检查。

③ 管道的接口法兰、卡口、卡箍等应安装在检查井或地沟内，不应埋在土中。

检验方法：观察检查。

④ 给水系统的各种井室内的管道安装，如设计无要求，井壁距法兰或承口的距离：管径≤450mm 时，不得<250mm；管径>450mm 时，不得<350mm。

检验方法：尺量检查。

⑤ 管网必须进行水压试验，试验压力为工作压力的 1.5 倍，但不得小于 0.6MPa。

检验方法：管材为钢管、铸铁管时，试验压力下 10min 内的压力降不应大于 0.05MPa，然后降至工作压力进行检查，压力应保持不变，不渗、不漏；管材为塑料管时，试验压力下，稳压 1h 压力降≤0.05MPa，然后降至工作压力进行检查，压力应保持不变，不渗、不漏。

⑥ 镀锌钢管、钢管的埋地防腐必须符合设计要求，如设计无规定时，可按表 4-15 的规定执行。卷材与管材间应粘贴牢固，无空鼓、滑移、接口不严等。

检验方法：观察和切开防腐层检查。

表 4-15 管道防腐层种类

防腐层层次 （从金属表面起）	冷底子油		
	正常防腐层	加强防腐层	特级加强防腐层
1	沥青涂层	沥青涂层	沥青涂层
2	外包保护层	加强包扎层	加强包扎层
3		（封闭层）	（封闭层）
4		沥青涂层	沥青涂层
5		外包保护层	加强包扎层
6			（封闭层）
7			沥青涂层
8			外包保护层
防腐层厚度不小于/mm	3	6	9

⑦ 给水管道在竣工后，必须对管道进行冲洗，饮用水管道还要在冲洗后进行消毒，满足饮用水卫生要求。

检验方法：观察冲洗水的浊度，查看有关部门提供的检验报告。

4.3.4.3 一般项目

① 管道的坐标、标高、坡度应符合设计要求，管道安装的允许偏差应符合表 4-16 的规定。

表 4-16 室外给水管道安装的允许偏差和检验方法表

项次	项目			允许偏差/mm	检验方法
1	坐标	铸铁管	埋地	100	拉线和尺量检查
			敷设在沟槽内	50	
		钢管、塑料管、复合	埋地	100	
			敷设在沟槽内或架空	40	
2	标高	铸铁管	埋地	±50	拉线和尺量检查
			敷设在沟槽内	±30	
		钢管、塑料管、复合	埋地	±50	
			敷设在沟槽内或架空	±30	
3	水平管纵横向弯曲	铸铁管	埋地	40	拉线和尺量检查
			敷设在沟槽内		
		钢管、塑料管、复合	埋地	30	
			敷设在沟槽内或架空		

② 管道和金属支架的涂漆应附着良好，无脱皮、起泡、流淌和漏涂等缺陷。

检验方法：现场观察检查。

③ 管道连接应符合工艺要求，阀门、水表等安装的位置应正确。塑料给水管道上的水表、阀门等设施其重量或启闭装置的扭矩不得作用于管道上，当管径≥50mm 时必须设独立的支撑装置。

检验方法：现场观察检查

④ 给水管道与污水管道在不同标高平行敷设，其垂直间距在 500mm 以内时，给水管管径≤200mm 的，管壁水平间距不得＜1.5m；管径＞200mm 的，不得＜3mm。

检验方法：观察和尺量检查。

⑤ 铸铁管承插捻口连接的对口间隙应不小于 3mm，最大间隙不得大于表 4-17 中的数值。

表 4-17　铸铁管承插捻口的对口最大间隙　　　　　　　　　　　　单位：mm

管径	沿直线敷设	沿曲线敷设
75	4	5
100～250	5	7～13
300～500	6	14～22

检验方法：尺量检查。

⑥ 铸铁管沿直线敷设，承插捻口连接的环型间隙应符合表 4-18 的规定；沿曲线敷设，每个接口允许有 2°转角。

表 4-18　铸铁管承插捻口的环型间隙　　　　　　　　　　　　单位：mm

管径	标准环形间隙	允许偏差
75～200	10	＋3、－2
250～400	11	＋4、－2
500	12	＋4、－2

检验方法：尺量检查。

⑦ 捻口用的油麻填料必须清洁，填塞后应捻实，其深度应占整个环型间隙深度的 1/3。

检验方法：观察和尺量检查。

⑧ 捻口用的水泥强度应不低于 32.5MPa，接口水泥应密实饱满，其接口水泥凹入承口边沿深度不得大于 2mm。

检验方法：观察检查。

⑨ 采用水泥捻口的给水铸铁管，在安装地点有侵蚀性的地下水时，应在接口处涂抹沥青防腐层。

检验方法：观察检查。

⑩ 采用橡胶圈接口的埋地给水管道，在土壤或地下水对橡胶圈有腐蚀的地段，在回填土前应用沥青胶泥、沥青麻丝或沥青锯末等材料封闭橡胶圈接口。橡胶圈接口的管道，每个接口的最大偏转角不得超过表 4-19 的规定。

表 4-19　橡胶圈接口最大允许偏转角

公称直径/mm	100	125	150	200	250	300	350	400
允许最大偏转角/(°)	5	5	5	5	4	4	4	4

检验方法：观察和尺量检查。

4.4 埋地给水管道安装施工方案

4.4.1 施工工艺流程

施工工艺流程：定位放线→沟槽开挖→沟槽支撑→室外埋地管道基础→室外管道安装→管道下管与配管→管道支墩→管道检验与试压→沟槽的回填土→验收。

4.4.2 施工方法及要点

4.4.2.1 定位放线

按照设计施工图的坐标位置确定管道中心线位置，用龙门板在地面固定，并且分别测出各龙门板中心点的标高，作为开槽、配管的依据，龙门板要妥善保护，间隔距离一般不超过10m。同时管线中心桩和水准点均应用平移法设置于管线施工范围外的便于观察和使用的部位。

4.4.2.2 沟槽开挖

① 当管道的测量定位线经复核无误后，即可进行沟槽开挖。沟槽开挖采用机械，局部较小的部位可采用人力。

② 沟槽开挖后，应分段分别挖好集水坑，用污水泵排除沟槽内集水。

③ 开挖管沟沟底最小宽度。

4.4.2.3 沟槽的支撑

当沟槽开挖较深、土质不好或受场地限制开梯形槽有困难而开直槽时，加支撑是保证施工安全的必要措施。支撑形式根据土质、地下水、沟深等条件确定，常分为横板一般支撑、立板支撑和打桩支撑等形式，其适用条件可参见表 4-20。

表 4-20　沟槽支撑参数

支撑形式	打桩支撑	横板一般支撑	立板支撑
槽深/m	>4.0	<3.5	
槽宽/m	不限	<4	<4
挖土方式	机挖	人工	人工
有较厚流砂层	宜	差	不准
排水方法	强制式	明排	强制明排均可

注意事项：

① 撑板与沟壁必须贴紧，立木垂直，撑杠要平直。立木要排列整齐，便于拆撑。

② 木撑杠部要用扒钉钉牢，金属撑杠下部要钉托木，两端同时旋紧，上下杠松紧一致。在土质良好时一般可随填随拆，如有塌方危险地段可先回填土，再起出支撑。

4.4.2.4 室外埋地管道基础

① 天然地基：土壤耐压强度较高，地下水位较低，如干燥黏土、砂质黏土等。将天然地基整平，管道敷设在未经扰动的原土上。

② 混凝土基础：管基为回填土时，设混凝土基础。

③ 给水铸铁管、镀锌钢管在一般情况下，可不做基础，将天然地基整平，管道铺设在

未经扰动的原土上。

④ 加筋 PVC-U 塑料排水管，宜设置混凝土条形基础。加筋 PVC-U 塑料排水管道在闭水实验合格后，还应用混凝土捂帮保护。

⑤ 总体埋地管道基础施工前，必须检验沟槽开挖的深度、宽度和坡度应满足给排水管道的设计坡度要求，验槽合格后，尽快浇注混凝土，同时严格控制平基面的高度，基础偏差应满足规范要求。

4.4.2.5 埋地管道支墩

① 管道管径 $De \leqslant 300mm$ 的管道，且埋设在原土层中，可不设支墩。

② 管道管径 $De > 300mm$ 的管道，在管道的弯头、三通及管道端部应设置支墩，支墩一般用 100 号混凝土浇注，并且保证支墩与土体紧密接触。

4.4.2.6 埋地管道的下管与配管

① 总体埋地管道的下管，采用人工方式或机械方式。

② 采用人工方法下管，沿沟槽分散下管，以减少沟槽内管道的运输。

③ 总体埋地给水管道的配管，应确保管道的每节管段按照设计中心位置和高程稳定在基础和坐标上。

④ 排水管道配管时，在管道内放置一块带有中心刻度的水平尺，当管道坐标中心线上下垂的中心吊线与水平尺的中心刻度重合时，为合格。

4.4.2.7 检查井与阀门井的砌筑

① 井底基础应与管道基础同时浇注。

② 砖砌圆形检查井，应随砌随检查直径尺寸，当需要收口时，如由四周收进，每次收进不大于 30mm；如部分收进，每次收进不大于 50mm。

③ 砌筑检查井的内壁，应用原浆勾缝，内壁需抹面，并且分层压实。

4.4.2.8 沟槽的回填土

① 沟槽的回填土时，管道两侧应同时均匀回填，以免管线水平移位。

② 回填土时应先回细土，防止石块碎砖损伤管道与镀锌钢管的防腐层，回填土时应分层夯实，当土层含水率较低时应洒水，确保土层夯实。

4.4.2.9 室外球墨铸铁管安装

① 室外给水管道的管沟开挖时，应按照设计施工图纸的坐标、标高进行，开挖的宽度和深度应满足管道敷设的标高和安装要求。管道施工中，应对直管段无接口处先部分回土，防止浮管。同时应先回细土，防止石块碎砖损伤管道。

② 室外给水球墨铸铁管管道应按图进行加工预制，连接前应用钢丝刷清除管内与插口处的粘沙与毛刺，并且将橡胶圈表面油污物清除净。

③ 球墨铸铁管道连接时，应确保橡胶圈不翘不扭，均匀一致地卡在槽内，如有衬里破损，应在承插部分涂刷植物油润滑，随之将管自插口轻轻插入承口内，拨正管道后用手拉葫芦拉紧（管道插入的深度应在管口做好记号），每个承插口最大转角不得大于 3°。

④ 球墨铸铁管管道的三通、弯头处应按照设计与规范要求设置管墩和支墩，安装完成24h 后，应及时进行水压试验、管道清洗和隐蔽工程验收工作，并且及时填写水压试验、管道清洗和隐蔽工程验收记录表，同时进行回填土，并分层夯实。

4.4.2.10 PVC-U 塑料给、排水管安装

① 管道安装前应对管材管件内表面进行检查，当有污物时应清理干净。

② 管道在安装过程中应严格防止油漆、沥青等有机污染物沾污。

③ 给水管道口径≥32mm 的水表、阀门及其附件应设固定支架。

④ 管道安装前后应铺软土或黄沙。

⑤ 管道穿墙壁、壁柜应设置塑料套管。

⑥ 管材断料应选用细齿锯，断口应平整，并及时去除毛刺。

⑦ 管道粘接时，应坡 15°～20° 坡口，并清除管接口配件处污物，管道涂抹黏结剂时，黏胶剂应涂抹均匀、适量，先涂管件承口，后涂抹管端接口处，一次插入后旋转 90°，待管口处黏结剂凝固后，方可继续完成。

⑧ 支架设置位置应正确、固定、平整、牢固。管道与管卡接触紧密，但不得损坏管道表面支、吊架。固定支架的设置必须符合设计及施工规范要求。

⑨ 排水埋地管安装后，应先做灌水记录，经建设单位或现场监理认可后，方能隐蔽。管道安装后及时做好临时封堵工作，以免建筑垃圾进入管内引起堵塞。

4.4.2.11　给水管道压力试验

① 埋地管道安装外观检查合格，在管身两侧及其上部回填土不少于 0.5m 以后，进行压力试验；室内给水管道在安装完毕后经检查无安装缺陷后应进行压力试验。

② 室内给水管道的水压试验必须符合设计要求。各种材质的给水管道系统试压均为工作压力的 1.5 倍，但不得小于 0.6MPa。

检验方法：金属及复合管给水管道系统在系统压力下观测 10min，压力降不应大于 0.02MPa，然后降到工作压力进行检查，应不渗不漏；塑料管给水系统应在试验压力下稳压 1h，压力降不得超过 0.05MPa，然后在工作压力 1.15 倍状态下稳压 2h，压力降不得超过 0.03MPa，同时检查各连接处不得渗漏。

③ 给水系统交付使用前必须进行通水试验并做好记录。

检验方法：观察和开启阀门、水嘴等放水。

4.4.2.12　给水管道冲洗、消毒

① 给水管道在水压试验后，应进行冲洗和消毒。冲洗时应用流速不小于 1.0m/s 的水流连续冲洗，直至出水口处冲洗水浊度、色度与入口处相同为止。

② 冲洗后还要用含 20～30mg/L 游离氯的水灌满管道进行消毒，含氯水在管道中应留置 24h 以上。

③ 消毒完后，再用饮用水冲洗，并经有关部门取样检验，符合国家《生活饮用水卫生标准》（GB 5749—2022）方可使用。

4.5　PPR 给水管施工工艺

4.5.1　施工准备

4.5.1.1　材料

供水系统所选用的 PPR 管材和管件，应有质量检验部门的产品合格证、卫生防疫部门的检验合格证、有关部门的检测报告。

① 管材和管件上应标明规格、公称压力、生产厂名或商标等标识，包装上应标有批号、数量、生产日期和检验代号。

② 热电熔连接的管道，应由生产厂提供专用配套的热（电）熔焊接机进行热熔连接。

③ 管件和管件的外观质量应符合下列规定：管件和管件的内外壁应光滑平整，不允许有气泡、裂口裂纹、脱皮、分解变色线和明显的痕纹、槽沟、凹陷、杂质，且色泽一致。管件的端面应垂直于管材的轴线。管件应完整，无缺损，无变形，合模缝浇口应平整，无开裂。嵌有金属螺纹接头的管件应镶嵌牢固，无松动，金属接头丝扣应无毛刺，缺扣。镶嵌有金属螺纹接头的管件，其金属应耐腐蚀，其螺纹应符合有关规定。同一工程的管材、管件应使用同一品牌、同一批原料生产的产品。

4.5.1.2 机具设备

① 机具：管道切割机、热熔焊机、电熔焊机、电气焊机。

② 工具：断管器、管子剪、锯弓、刮刀、盒尺、水平尺、线坠、扳手、钳子、螺丝刀、錾子、手锤、工作台等。

4.5.1.3 作业条件

① 施工现场应有封闭的材料堆放场地或库房。

② 现场已提供施工作业面。

③ 预留的孔洞、沟槽已预检合格。

④ 室内标高线已完成。

4.5.1.4 技术准备

① 施工图纸和设计说明已经会审。

② 管材和管件有出厂合格证并经有关部门检验签认。

③ 已进行技术和安全交底。

4.5.2 操作工艺

4.5.2.1 工艺流程

测量放线—预制加工—管道敷设—管道连接—卡件固定—压力试验—冲洗消毒。

4.5.2.2 操作方法

（1）测量放线

① 管道安装应测量好管道坐标、标高坡度线。

② 管道安装时，应复核冷、热水管的公称压力、等级和使用场合。管道的标识应面向外侧，处于明显位置。

（2）预制加工

① 管材切割前，必须正确丈量和计算好所需长度，用铅笔在管表面画出切割线热熔连接深度线，连接深度应符合表 4-21 的规定。

表 4-21 热熔连接深度及时间表

公称外径/mm	熔接深度/mm	加热时间/s	加工时间/s	冷却时间/min
16	9.8	5	4	2
20	11.0	4	4	2
25	12.5	7	4	2
32	14.6	8	6	4
40	17.0	12	6	4

公称外径/mm	熔接深度/mm	加热时间/s	加工时间/s	冷却时间/min
50	20.0	18	6	4
63	23.9	24	8	6
75	27.5	30	8	8
90	32.0	40	8	8

② 切割管材必须使端面垂直于管轴线。管材切割应使用管子剪、断管器或管道切割机，不宜用钢锯锯断管材。若使用时，应用刮刀清除管材锯口的毛边和毛刺。

③ 管材与管材的连接端面和熔接面必须清洁，干燥，无油污。

④ 熔接弯头或三通等管件时，应注意管道走向。宜先进行预装，校正好方向，用铅笔画出轴向定位线。

4.5.2.3 管道敷设

① 管道嵌墙，直埋敷设时，宜在砌墙时预留凹槽。凹槽尺寸：深度为 $De+20mm$（De 为管道的公称外径）；宽度为 $De+(40\sim60)$ mm。凹槽表面必须平整，不得有尖角等突出物，管道安装，固定，试压合格后，凹槽用 M7.5 级水泥砂浆填补密实。

② 管道在楼（地）坪面层内直埋时，预留的管槽深度不应小于 $De+20mm$，管槽宽度宜为 $De+40mm$。管道安装，固定，试压合格后，管槽用与地坪层相同标号的水泥砂浆填补密实。

③ 管道安装时，不得有轴向扭曲。穿墙或穿楼板时，不宜强制校正。给水 PPR 管道与其他金属管道平行敷设时，应有一定保护距离，净距离不宜小于 100mm，且 PPR 管宜在金属管道的内侧。

④ 室内明装管道，宜在土建初装完毕后进行，安装前应配合土建正确预留孔洞和预埋套管。

⑤ 管道穿越楼板时，应设置硬质套管 [内径＝$De+(30\sim40)$ mm]，套管高出地面 20～50mm。管道穿越屋面时，应采取严格的防水措施。

⑥ 管道穿墙时，应配合土建设置硬质套管，套管两端应与墙的装饰面持平。

⑦ 直埋式敷设在楼（地）坪面层及墙体管槽内的管道，应在封闭前做好试压和隐蔽工程验收工作。

⑧ 建筑物埋地引入管或室内埋地管道的铺设要求如下：

a. 室内地坪±0.00m 以下管道铺设宜分两段进行。先进行室内段的铺设，至基础墙外壁 500mm 为止；待土建施工结束，且具备管道施工条件后，再进行户外管道的铺设。

b. 室内地坪以下管道的铺设，应在土建工程回填土夯实以后，重新开挖管沟，将管道铺设在管沟内。严禁在回填土之前或在未经夯实的土层中敷设管道。

c. 管沟底应平整，不得有突出的尖硬物体，必要时可铺 100mm 厚的砂垫层。

d. 管沟回填时，管道周围环境 100mm 以内的回填土不得夹杂尖硬物体。应先用砂土或过筛的粒径≤12mm 的泥土，回填至管顶以上 300mm 处，经洒水夯实后再用原土回填至管沟顶面。室内埋地管道的埋深不宜小于 300mm。

e. 管道出地坪处，应设置保护套管，其高度应高出地坪 100mm。

f. 管道在穿越基础墙处，应设置金属套管。套管顶与基础墙预留孔的孔顶之间的净空高度，应按建筑物的沉降量确定，但不应小于 100mm。

g. 管道在穿越车行道时，覆地厚度不应小于 700mm，达不到此厚度时，应采取相应的保护措施。

h. 引入管上均应装设闸门和水表，必要时还要有泄水装置。引入管应不少于 0.003 的坡度，坡向室外管网或泄水装置。引入管与室内排水管的水平间距，在室外不得少于 1m；在室内平行敷设时，其最少间距为 0.5m。

i. 给水横管应有 0.002～0.005 的坡度，坡向泄水装置，给水立管和装有 3 个或 3 个以上配水点的支管，在始端均应装设闸门和活接头。给水立管在底层出地坪 0.5m 处装闸门，立管垂直允许误差为每米 2mm，全长 5m 以上的累计误差不大于 8mm。

j. 给水支管应有不少于 0.002 的坡度坡向可以泄水的方向。明装支管，横管当管径在 32mm 以内时，管道距墙面 20～25mm。

4.5.2.4 管道连接

① 同种材质的 PPR 管材和管件之间，应采用热熔连接。熔接时应使用专用的热熔机具。直埋在墙体内或地面内的管道，必须采用热熔连接，不得采用丝扣或法兰连接。

PPR 管材与金属管件相连接时，应采用带金属嵌件的 PPR 管件作为过渡，该管件与 PPR 管材采用热（电）熔连接，与金属管件或卫生洁具的五金配件采用丝扣连接。丝扣或法兰连接的接口必须明露。

② 便携式热熔焊机适用于公称外径（De）≤63mm 的管道焊接，台式热熔焊机适用于公称外径（De）≥75mm 的管道焊接。

③ 热熔连接应按下列步骤进行。

a. 热熔工具接通电源，待达到工作温度（指示灯亮）后，方能开始热熔。

b. 加热时，管材应无旋转地将管端插入加热套内，插入到所标识的连接深度；同时，无旋转地把管件推到加热头上，并达到规定深度的标识处。加热时间见表 4-21。

c. 达到规定的加热时间后，必须立即将管材与管件从加热套上同时取下，迅速无旋转地沿管材与管件的轴向直线均匀地插入到所标识的深度，使接缝处形成均匀的凸缘。

d. 在规定的加工时间内，刚熔接的接头允许立即校正，但严禁旋转。

e. 在规定的冷却时间内，应扶好管材、管件，使它不受扭、弯和拉伸。

④ 电熔连接应按下列步骤进行：

a. 按设计图将管材插入管件，达到规定的热熔深度，校正好方位。

b. 将电熔焊机的输出接头与管件上的电阻丝接头夹好，开机通电。达到规定的加热时间后断电（见电熔焊机的使用说明）。

4.5.2.5 卡件固定

① 管道安装时，宜选用管材生产厂家的管卡。

② 管道安装时，必须按不同管径和要求设置支架、吊架或管卡，位置安装应正确，埋设应平整牢固。管卡与管道接触紧密，但不得损伤管道表面。

③ 固定支架、吊架应有足够的钢度，不得产生弯曲变形等缺陷。

④ PPR 管道与金属管配件连接部位，管卡或支架、吊架应设在金属管配件一端。

⑤ 立管和横管支架、吊架或管卡的间距，不得大于表 4-22 的规定。

表 4-22　立管和横管支架、吊架或管卡的间距

公称外径/mm		20	25	32	40	50	63	75	90	110
支架、吊架与管卡的间距/m	横管	0.4	0.5	0.65	0.8	1.0	1.2	1.3	1.5	1.6
	立管	0.7	0.8	0.9	1.2	1.4	1.6	1.8	2.0	2.2

⑥ 三通、弯头、接配水点的端头，阀门，穿墙（楼板）等部位，应设可靠的固定支架。用作补偿管道伸缩变形的自由臂不得固定。

4.5.2.6　压力试验

冷水管道试验压力，应为管道系统设计工作压力的 1.5 倍，但不得小于 1.0MPa。

4.5.2.7　冲洗、消毒

① 管道系统在验收前应进行通水冲洗，冲洗水水质经有关部门检验合格为止。冲洗水总流量可按系统进水口处的管内流速计算，从下向上逐层打开配水点龙头或进水阀进行放水冲洗，放水时间不小于 1min，同时放水的龙头或进水阀的计算当量不应大于该管段计算当量的 1/4，冲洗时间以出水口水质与进行口水质相同时为止。放水冲洗后切断进水，打开系统最低点的排水口将管道内的水放空。

② 管道冲洗后，用含 20～30mg/L 游离氯的水灌满管道，对管道进行消毒。消毒水滞留 24h 后排空。

③ 管道消毒后打开进水阀向管道供水，打开配水点龙头适当放水，在管网最远配水点取水样，经卫生监督部门检验合格后方可交付使用。

4.5.3　质量标准

4.5.3.1　主控项目

① PPR 管道的水压试验必须符合设计要求。

② 系统交付使用前必须进行通水实验并做好记录。

③ 系统交付使用前必须冲洗和消毒，并经有关部门取样检验，符合国家有关生活饮用水标准方可使用。

4.5.3.2　一般项目

（1）储运过程中成品保护

① 搬运管材和管件时，应小心轻放，避免油污，严禁剧烈撞击，与尖锐物品碰撞。

② 管材和管件应存放在通风良好的库房或简易棚内，不得露天存放，防止阳光直射，距热光源不少于 1m。

③ 管材应水平堆放在平整的地面上，应避免管材受弯曲，堆高不得超过 1.5m。管件宜在纸箱内逐层码放，不宜码放过高。

（2）施工过程中的成品保护

① 当施工中其他系统采用金属管道时，PPR 管道应布置在金属管道内侧。

② 施工过程中及时封堵好各个预留口。

③ 安装完毕的管道应采取保护措施。

④ 安装完毕的管道严禁蹬踏，掉挂重物。

⑤ 直埋暗管隐蔽后，应在埋设管道的部位表面粘贴标示，严禁在该位置进行敲击作业，钉金属钉、尖锐物体或打眼作业。

⑥ 明火或临时热源距离安装完毕的管道不得小于1m。

（3）应注意的质量问题

① 管材和管件必须保证是同一品牌生产的产品，以防止尺寸偏差和材质影响热熔的质量。

② 必须保证管道的支架、吊架和管卡的安装质量，以防止管外壁受损。

（4）安全、环保措施

① 安全操作要求

a. 使用热熔或电熔焊接机具时，应核对电源电压，遵守电气工具安全操作规程，注意防潮，保持机具清洁。

b. 在地沟内或潮湿作业面施工时，必须严格遵守电器工具安全操作规程，保证三级漏电保护有效，热熔焊机的电源线安全可靠，移动配电箱不得放在地沟内或作业区的潮湿地面上。

c. 热熔焊接操作时，应戴手套，小心烫伤。

d. 操作现场不得有明火，不得存放易燃液体，严禁对给水PPR管材进行明火煨弯。

② 环保措施

a. 施工中产生的下脚料、废料以及维修工程时拆除的废旧管材应及时回收，可重复作为生产管材、管件的原材料，不得作为一般建筑垃圾处理。

b. 冲洗消毒液体应由专人负责保管，防止污染环境。

第5章
室内采暖系统

5.1 室内采暖系统安装

5.1.1 施工准备

① 认真熟悉图纸，配合土建施工进度，预留槽洞及安装预埋件。

② 按设计图纸画出道路的位置、管径、变径、预留口、坡向、卡架位置等施工草图，包括干管起点、末端和拐弯、节点、预留口、坐标位置等。

5.1.2 工艺流程

室内采暖系统施工工艺流程见图 5-1。

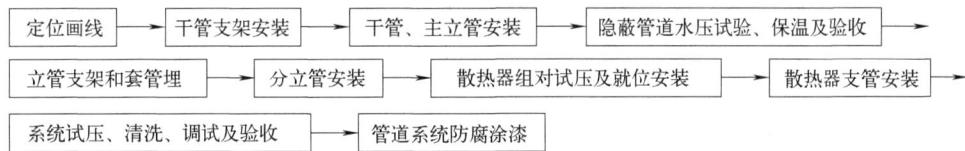

定位画线 → 干管支架安装 → 干管、主立管安装 → 隐蔽管道水压试验、保温及验收 →

立管支架和套管埋 → 分立管安装 → 散热器组对试压及就位安装 → 散热器支管安装 →

系统试压、清洗、调试及验收 → 管道系统防腐涂漆

图 5-1　室内采暖系统施工工艺流程

5.1.3 定位画线

① 材料：钢钎、尼龙绳等。

② 工具：水准仪、塑料管、水平尺、钢卷尺、红蓝铅笔等。

③ 按施工图纸和已经审批的施工方案，绘制施工简图，其内容包括：a. 管道的位置和走向、始末端和拐弯点的坐标和标高；b. 管段长度、管径、变径位置和规格；c. 预留口尺寸、位置和方向；d. 管道坡向；e. 阀门位置、规格型号和方向；f. 支架位置；g. 补偿器安

装位置、规格型号等。

④ 按照施工简图确定的管道走向、标高和建筑轴线，用水准仪或透明塑料管灌水（应把管内的空气排净，以免有气泡影响准确度）。在墙、柱上找出水平点定位，再按管道坡度，经打钢钎挂线，定出管道安装中心线，即管道支架安装基准线。

5.1.4 支架安装

5.1.4.1 管道支、吊、托架的安装要求

① 位置正确，埋设应平整牢固。

② 固定支架与管道接触应紧密，固定应牢靠。

③ 滑动支架应灵活，滑托与滑槽两侧间应留有 3～5mm 的间隙，纵向移动量应符合设计要求。

④ 无热伸长管道的吊架、吊杆应垂直安装。

⑤ 有热伸长管道的吊架、吊杆应向热膨胀的反方向偏移。

⑥ 固定在建筑结构上的管道支、吊架不得影响结构的安全。

5.1.4.2 采暖系统的金属管道立管管卡安装要求

采暖系统的金属管道立管管卡安装应符合下列规定：

① 楼层高度≤5m，每层必须安装 1 个。

② 楼层高度>5m，每层不得少于 2 个。

③ 管卡安装高度，距地面应为 1.5～1.8m，2 个以上管卡应均匀安装，同一房间管卡应安装在同一高度上。

5.1.4.3 支架安装操作

① 材料：成品支架、水泥、电焊条、螺栓等。

② 工具：电焊机、钢卷尺、电锤、手锤、扁钎、活扳手等。

③ 依据基准线及管道的规格和管道支架间距来确定支架位置。

④ 支架安装前应对制作好的支架进行除锈及清理焊渣，再刷防锈漆两遍（刷第二遍时应在第一遍防锈漆外表面干燥后进行，埋入墙内部分可不刷防锈漆）。

⑤ 埋入式支架安装：按照支架位置在墙、板打洞，孔洞的深度应不小于 150mm，孔洞直径应比支架燕尾处大 20mm。埋设支架前应把孔洞清理干净，湿润，用 M10 水泥砂浆堵洞，洞内的砂浆应饱满，支架埋入墙内的深度不小于 120mm（可先将洞内填满砂浆，再插入支架，填满抹平），埋设的支架应养护 72h 后方可承托管道。

⑥ 焊接式支架安装：按照预埋铁件的位置，将铁件表面清理干净，依据基准线把支架焊接位置画在预埋铁件上，然后找准位置把支架先点焊在铁件上，经校对无误后，再把支架焊牢。

⑦ 包柱式支架安装：依据基准线，按支架的形式，用长螺栓将支架紧固在混凝土柱上，紧固螺栓时应边紧固边调整支架的高度和水平度。

5.1.5 干管安装

① 按施工草图进行管段的加工预制，包括：断管、套丝、上零件、调直、核对好尺寸，按环路分组编号，码放整齐。

② 安装卡架，按设计要求或规定间距安装。吊卡安装时，先把吊杆按坡向依次穿在型

钢上，吊环按间距位置套在管上，再把管就位在托架上，把第一节管装好 U 形卡，然后安装第二节管，以后各节管均照此进行，紧固好螺栓。

③ 干管安装应从进户或分支路点开始，装管前要检查管腔并清理干净。在丝头处涂好铅油缠好麻，一人在末端扶平管道，一人在接口处把管相对固定对准丝扣，慢慢转动入扣，用一把管钳咬住前节管件，用另一把管钳转动管至松紧适度，对准调直时的标记，要求丝扣外露 2～3 扣，并清掉麻头。

④ 采暖管道在地沟敷设时，供水或供汽管应设在水流前进方向的右侧，左侧为回水管道，两管之间应顺直、相互平行，两管之间的间距应根据保温层厚度确定。

⑤ 采暖主立管和干管的分支与变径连接时应避免采用 T 形连接。当干管与分支管处同一平面水平连接时，分支干管应用羊角弯从上部接出；当分支干管与干管有安装标高差而做垂直连接时，分支干管应用弯头从上部或下部接出，见图 5-2。

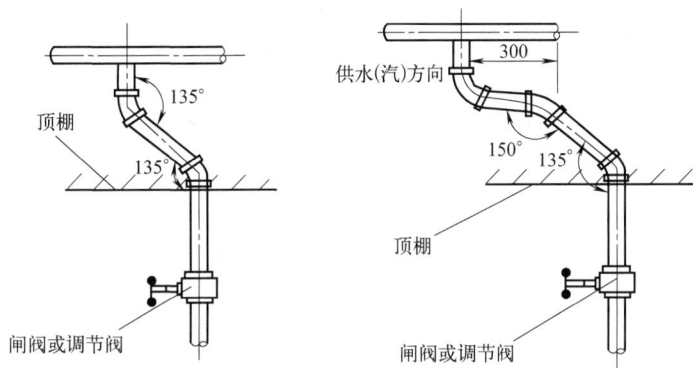

图 5-2　干、立管连接示意图

⑥ 管道干管开孔后的钢渣应及时清理，不得残留管内，焊接管道分支管，端面与主管表面间隙不得大于 2mm，并不得将支管插入主管内。

⑦ 管道的焊缝或弯曲部位不得焊接支管，支管距焊缝的距离应不小于 100mm。不同管径的管道焊接，管径相差超过 15%，应将大管抽条加工成锥形或使用钢板特制的异径管，管道对口的错口不应大于 2mm。

⑧ 制作羊角弯时，应煨两个 75°左右的弯头，在连接处锯出坡口，主管锯成鸭嘴形，拼好后应立即点焊、找平、找正、找直，再进行施焊。羊角弯接合部位的口径必须与主管口径相等，其弯曲半径应为管径的 2.5 倍左右。

⑨ 分路阀门离分路点不宜过远。如分路处是系统的最低点，必须在分路阀门前加泄水丝堵。集气罐的进出水口，应开在偏下约为罐高的 1/3 处。丝接应与管道连接调直后安装。其放风管应稳固，如不稳可装两个卡子。集气罐于系统末端时，应装托、吊卡。

⑩ 采用焊接钢管，先把管道选好调直，清理好管腔，将管运到安装地点，安装程序从第一节开始；把管就位找正，对准管口使预留口方向准确，找直后用气焊点焊固定（管径≤50mm 点焊 3 点，管径≥70mm 点焊 4 点），然后施焊，焊完后应保证管道正直。

⑪ 制作三通应先按每种规格三通做两块样板，用样板靠紧同规格的管道上，画线、切割，得到三通的两个管段，然后将两段焊接即可。

⑫ 采暖管道变径应使用偏心大小头。蒸汽采暖管道供汽管应使管底齐平，蒸汽回水管应使用同心大小头，热水采暖管道变径时应使管顶齐平。

⑬ 蒸汽管道水平安装要有适当的坡度，当坡向与蒸汽流动方向一致时，应采用 $i=0.003$ 的坡度，当坡向与蒸汽流动方向相反时，坡度应加大到 $i=0.005\sim0.01$。干管的翻身处及末端应设置疏水器。

⑭ 蒸汽干管的变径、供汽管的变径应为下平安装，凝结水管的变径为同心。管径 ≥70mm，变径管长度为 30mm；管径 ≤50mm 变径长度为 200mm。

⑮ 遇有伸缩器，应在预制时按规范要求做好预拉伸，并做好记录；按位置固定，与管道连接好；波纹伸缩器应按要求位置安装好导向支架和固定支架；并分别安装阀门、集气罐等附属设备。

⑯ 管道安装完，检查坐标、标高、预留口位置和管道变径等是否正确，然后找直，用水平尺校对复核管道坡度，调整合格后，再调整吊卡螺栓 U 形卡，使其松紧适度，平正一致，最后焊固定卡处的止动板。

⑰ 摆正或安装好管道穿结构处的套管，填堵管洞口，预留口处应加好临时管堵。

⑱ 制作的管件与镀锌钢管连接时，应预先进行热镀锌后，再与管道相连接。

⑲ 安装有缝钢管，焊缝应朝向墙面 45°，以利于试压时便于检查。

⑳ 施工中断的管口，应做临时性封堵，再次施工时必须检查有无杂物后才能继续施工。

5.1.6　立管安装

① 核对各层预留孔洞位置是否垂直，然后吊线、剔眼、栽卡子。将预制好的管道按编号顺序运到安装地点。

② 先把一层至顶层的预留洞全部凿通，从顶层楼板洞用线坠一直垂至一层立管中心，然后每层依中心线为轴线，对孔洞进行修正。

③ 孔洞修正后，在墙面划线确定支架标高，然后打洞埋设立管支架（依线为中心，以保证立管垂直度）。

④ 埋设支架前应把孔洞清理干净，湿润，用 M10 水泥砂浆堵洞，洞内的灰浆应饱满（可先堵满砂浆后再把支架插入，再堵满抹平）。

⑤ 立管套丝后应整根立管连接起来进行调直，调直后应在管道和三通上画线做好标记，分段拆开再进行安装。

⑥ 安装前先卸下阀门盖，有钢套管的先穿到管上，按编号从第一节开始安装。将立管丝口涂铅油缠麻丝，对准接口转动入扣，一把管钳咬住管件，一把管钳拧管，拧到松紧适度并对准调直时的标记要求，丝扣外露 2～3 扣，预留口平正为止，并清除管口外露麻丝头。

⑦ 检查立管的每个预留口标高、方向、半圆弯等是否准确、平正。将事先栽好的管卡子松开，把管放入卡内拧紧螺栓，用吊杆、线坠从第一节管开始找好垂直度，扶正钢套管，最后填堵孔洞，预留口必须加好临时丝堵。

⑧ 暖气立管及单立管的跨越管不得使用补芯变径，应使用异径管箍变径。上下楼层的墙厚不一致时，立管应煨制等差弯管或两个 45° 弯头沿墙安装。

⑨ 立管管径小于 DN32mm 时，管外壁距净墙面应为 25～35mm；管径大于 DN32mm 时，管外壁距净墙面不大于 50mm。双立管的两管中心距为 80mm，供水或供汽管应置于面向的右侧。立管与支管相交，立管应煨弯或用元宝弯绕过支管。

⑩ 管道套丝和安装破坏的镀锌层及外露丝扣应及时刷防锈漆防腐。

5.1.7　支管安装

① 就位后，可进行散热器支管安装，支管的长度应按实际测量确定，测量时应考虑煨制等差弯所占的长度。

② 检查散热器安装位置及立管预留口是否准确，量支管尺寸和灯叉弯的大小（散热器中心距墙与立管预留口中心距墙之差）。

③ 配支管，按量出支管的尺寸，减去灯叉弯量，然后断管、套丝、煨灯叉弯和调直。将灯叉弯两头抹铅油缠麻，装好油任，连接散热器，把麻头清理干净。

④ 供回水支管的等差弯应保持在同一位置上，活接或长丝根母应靠近散热器安装，坡度为 1%。

⑤ 散热器支管长度等于大于 1.5m，应在支管中间安装角钢支架。L 形立管，支管长度应依立管支架至散热器边缘计算，如图 5-3 所示。

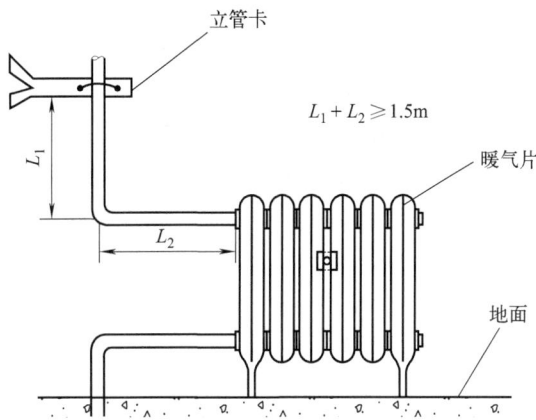

图 5-3　L 形立管示意图

⑥ 暗装或半暗装的散热器灯叉弯必须与炉片槽墙角相适应，达到美观。

⑦ 用钢尺、水平尺、线坠校正对支管的坡度和平行距墙尺寸，并复查立管及散热器有无移动。按设计或规定的压力进行系统试压及冲洗，合格后办理验收手续，并将水泄净。

⑧ 立支管变径，不宜使用铸铁补芯，应使用变径管箍或焊接法。

5.1.8　套管安装

① 管道穿过墙壁和楼板，应设置金属或塑料套管。

② 安装在楼板内的套管，其顶部应高出装饰地面 20mm；安装在卫生间及厨房内的套管，其顶部应高出装饰地面 50mm，底部应与楼板底面相平；安装在墙壁内的套管其两端与饰面相平。穿过楼板的套管与管道之间缝隙，应用阻燃密实材料和防水油膏填实，端面光滑。穿墙套管与管道之间缝隙，宜用阻燃密实材料填实，且端面应光滑。管道的接口不得设在套管内。

5.1.9　管道连接的要求

① 管道采用粘接接口，管端插入承口的深度满足要求。

② 熔接连接管道的结合面应有一均匀的熔接圈，不得出现局部熔瘤或熔接圈凸凹不匀

现象。

③ 采用橡胶圈接口的管道，允许沿曲线敷设，每个接口的最大偏转角不得超过 2°。

④ 法兰连接时衬垫不得凸出伸入管内，其外边缘接近螺栓孔为宜，不得安放双垫或偏垫。

⑤ 连接法兰的螺栓，直径和长度应符合标准，拧紧后，突出螺母的长度不应大于螺杆直径的 1/2。

⑥ 螺纹连接管道安装后的管螺纹根部应有 2～3 扣的外露螺纹，多余的麻丝应清理干净并做防腐处理。

⑦ 卡箍（套）式连接两管口端应平整、无缝隙，沟槽应均匀，卡紧螺栓后管道应平直，卡箍（套）安装方向应一致。

5.1.10 减压阀安装

① 减压阀装置组装。截止阀用法兰连接，旁通管用弯管相连，采用焊接。

② 用型钢做托架，分别设在减压阀两边阀门的外侧，使连接旁通管卡在托架上，将型钢下料后，栽入事先打好的墙洞内，找平、找正。

③ 减压阀只允许安装在水平管道上，阀前后压差不得大于 0.5MPa，否则应两次减压（第一次用截止阀），如需减压的压差很小，可用截止阀代替减压阀。

④ 减压阀的中心距墙面不小于 200mm，减压阀应成垂直状。减压阀的进出口方向按阀身箭头所示，切不可安反。

⑤ 减压板在法兰盘中安装时，只允许在整个供暖系统经过冲洗后安装。减压板采用不锈钢材料，其减压孔板孔径、孔位由设计决定后，用螺栓连接安装。

⑥ 安装完须根据使用的工作压力进行调试，对减压阀定压，并作上标记。

5.1.11 补偿器安装

5.1.11.1 方形补偿器安装

① 在安装前，应检查补偿器是否符合设计要求，补偿器的三个臂是否在一个水平面上，安装时用水平尺检查，调整支架，使方形补偿器位置标高正确，坡度符合规定。

② 采暖管道的方形补偿器，应在两端的管道安装完成后再进行安装。安装前先用千斤顶或其他装置将补偿器胀力伸长（伸长量按热伸长的计算长度），用钢管支撑，两端点焊。补偿器应与管道的坡度相一致，待补偿器与管道连接后再拆除钢管。固定支架的构造及位置按设计要求设置，止动板与管道的焊接应牢靠，见图 5-4。

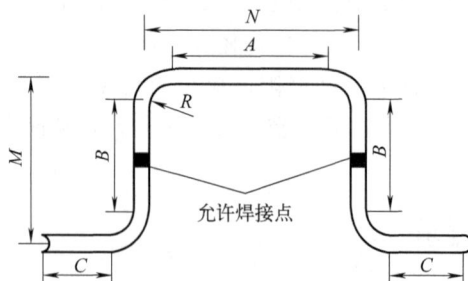

图 5-4 方形补偿器制作示意图

③ 预拉伸的焊口应选在距补偿弯曲起点 2～2.5m 处为宜,冷拉前应将固定支座牢固固定住,并对好预拉焊口处的间距。

④ 采用拉管器进行冷拉时,其操作方法是将拉管器的法兰管卡,紧紧卡在被预拉焊口的两端,即一端为补偿器管端,另一端为管道端口。而穿在两个法兰管卡之间的几个双头长螺栓,作为调整及拉紧用,将预拉间隙对好,并用短角钢在管口处贴焊,但只能焊在管道的一端,另一端用角钢卡住即可,然后拧紧螺栓使间隙靠拢,将焊口焊好后才可松开螺栓,取下拉管器,再进行另一侧的预拉伸,也可两侧同时冷拉。

⑤ 采用千斤顶顶撑时,将千斤顶放置在补偿器的两臂间,加好支撑及垫块,然后启动千斤顶,这时两臂即被撑开,使预拉焊口靠拢至要求的间隙。焊口找正,对平管口用电焊将此焊口焊好,只有当两端预拉焊口焊完后,才可将千斤顶拆除,终结预拉伸。

⑥ 水平安装时应与管道坡度、坡向一致。垂直安装时,高点应设放风阀,低点处应设疏水器。

⑦ 弯制补偿器,宜用整根管弯成,如需要接口,其焊口位置应设在直臂的中间。方形补偿器预拉长度应按设计要求拉伸,无要求时为其伸长量的一半。

5.1.11.2 套筒补偿器安装

① 套管补偿器应安装在固定支架近旁,并将外套管一端朝向管道的固定支架,内套管一端与产生热膨胀的管道相连接。

② 套管补偿器的预拉伸长度应根据设计要求。预拉伸时,先将补偿器的填料压盖松开,将内套管拉出预拉伸的长度,然后再将填料压盖紧住。

③ 套筒补偿器安装前,安装管道时应将补偿器的位置让出,在管道两端各焊一片法兰盘,焊接时要求法兰垂直于管道中心线,法兰与补偿器表面相互平行。加垫后衬垫应受力均匀。

④ 套筒补偿器的填料,应采用涂有石墨粉的石棉盘根或浸过机油的石棉绳,压盖的松紧程度在试运行进行调整,以不漏水、不漏气,内套管又能伸缩自如为宜。

⑤ 为保证补偿器的正常工作,安装时必须保证管道和补偿器中心一致,并在补偿器前设计 1～2 个导向滑动支架。

⑥ 套筒补偿器要注意经常检修和更换填料,以保证封口严密。

5.1.11.3 波形补偿器安装

① 波形补偿器的波节数量可根据需要确定,一般为 1～4 个,每个波节的补偿能力由设计确定,一般为 20mm。

② 安装前应了解补偿器出厂前是否已做预拉伸,如未进行应补做预拉伸。在固定的卡架上,将补偿器的一端用螺栓紧固,另一端可用倒链卡住法兰,然后慢慢按预拉长度进行冷拉,冷拉时要使补偿器四周受力均匀,拉出规定长度后用支架把补偿器固定好,把倒链和固定卡架上的补偿器取下,然后再与管道相连接。

③ 补偿器安装前管道两侧应先安好固定卡架,安装管道时应将补偿器的位置让出,在管道两端各焊一片法兰盘,焊接时要求法兰垂直于管道中心线,法兰与补偿器表面相互平行,加垫后衬垫应受力均匀。

④ 补偿器安装时,卡、吊架不得设置在波节上,必须距波节 100mm 以上。试压时不得超压,不允许侧向受力,将其固定牢。

⑤ 波形补偿器如须加大壁厚,内套筒的一端与波形补偿的壁焊接。安装时应注意使介

质的流向从焊端流向自由端，并与管道的坡度方向一致。

在管段两个固定管架之间，不要安装一个以上的轴向形补偿器。第一导向管架与补偿器端部的距离不超过 4 倍管径。第二导向管架与第一导向管架的距离不超过 14 倍管径。第二导向管架以外的最大导向间距由下式确定。

$$L_{Gmax} = 0.0157 \sqrt{\frac{EI}{PA \pm Ke_x}}$$

$$K = \Sigma K \times n$$

$$e_x = \frac{X_0}{n}$$

式中，L_{Gmax} 为最大导向间距，m；E 为管道材料弹性模量，N/cm^2；I 为管道断面惯性矩，cm^4；P 为工作压力，Pa；A 为波纹管有效面积，cm^2；K 为单波轴向刚度，N/mm；e_x 为单波轴向位移量，mm；ΣK 为轴向刚度（查样本）；n 为波数（查样本）；X_0 为系统设计选用补偿器的额定位移量，mm。

5.1.12 疏水器安装

① 按设计要求先进行疏水器装置的组装。疏水器应安装在便于检修的地方，并应尽量靠近用热设备凝结水排出口下方。蒸汽管道疏水时，疏水器应安装在低于管道的位置。

② 安装应按设计设置好旁通管、冲洗管、检查管、止回阀和除污器等的位置。用汽设备应分别安装疏水器，几个用汽设备不能合用一个疏水器。

③ 疏水器的进出口位置要保持水平，不可倾斜安装。

④ 旁通管是安装疏水器的一个组成部分。在检修疏水器时，可暂时通过旁通管运行，疏水器阀体上的箭头应与凝结水的流向一致，疏水器的排水管管径不能小于进口管径。

⑤ 高压疏水器组装时，按图中要求用两道型钢作托架，卡在两侧阀门外侧，其托架装入墙内深度不小于 150mm。

⑥ 低压回水盒组对时，$DN25mm$ 以内均应以丝扣连接。两端应设活接头，组装后均垂直安装。

⑦ 安装疏水器，切不可将方向弄反。疏水装置一般均安装在管道的排水线以下，若蒸汽系统中的凝结水管高于蒸汽管道或设备的排水线，应安装止回阀。

5.1.13 除污器安装

① 除污器装置组装前，找准进出口方向。

② 除污器装置上支架设置位置要避开排污口，以免妨碍正常操作。

③ 除污器中过滤网的材质、规格，均应符合设计规定。

5.1.14 系统水压试验

（1）连接安装水压试验管路

① 根据水源的位置和工程系统情况，制定出试压程序和技术措施，再测量出各连接管的尺寸，标注在连接图上。

② 断管、套丝、上管件及阀件，准备连接管路。

③ 一般选择在系统进户入口供水管的甩头处，连接至加压泵的管路。

④ 在试压管路的加压泵端和系统的末端安装压力表及表弯管。

（2）灌水前的检查

① 检查全系统管路、设备、阀件、固定支架、套管等，必须安装无误。各类连接处均无遗漏。

② 根据全系统试压或分系统试压的实际情况，检查系统上各类阀门的开、关状态，不得漏检。试压管道阀门全部打开，试验管段与非试验管段连接处应予以隔断。

③ 检查试压用的压力表灵敏度。

④ 水压试验系统中阀门都处于全关闭状态。待试压中需要开启再打开。

（3）水压试验操作

① 打开水压试验管路中的阀门，开始向供暖系统注水。

② 开启系统上各高处的排气阀，使管路及供暖设备里的空气排尽。待水灌满后，关闭排气阀和进水阀，停止向系统供水。

③ 打开连接加压泵的阀门，用电动打压泵或手动打压泵通过管路向系统加压，同时拧开压力表上的旋塞阀，观察压力逐渐升高的情况，检查接口，无异样情况方可缓慢地加压，系统加压一般分2～3次升至试验压力。增压过程观察接口，发现渗漏立即停止，将接口处理后再增压。

④ 高层建筑其系统低点如果大于散热器所能承受的最大试验压力，则应分层进行水压试验。

⑤ 试压过程中，用试验压力对管道进行预先试压，其延续时间应不少于10min，然后将压力降至工作压力，进行全面外观检查，在检查中，对漏水或渗水的接口做上记号，便于返修。

⑥ 系统试压达到合格验收标准后，放掉管道内的全部存水，不合格时应待补修后，再次按前述方法二次试压，直至达到合格验收标准。

⑦ 拆除试压连接管路，将入口处供水管用盲板临时封堵严实。

（4）试验压力

试验压力应符合设计要求。当设计未注明时，应符合下列规定。

① 蒸汽、热水采暖系统，应以系统顶点工作压力加0.1MPa作水压试验，同时在系统顶点的试验压力不小于0.3MPa。

② 高温热水采暖系统，试验压力应为系统顶点工作压力加0.4MPa。

③ 使用塑料管及复合管的热水采暖系统，应以系统顶点工作压力加0.2MPa做水压试验，同时在系统顶点的试验压力不小于0.4MPa。

④ 使用塑料的采暖系统应在试验压力下1h内压力降不大于0.05MPa，然后降至工作压力的1.15倍，稳压2h，压力降不大于0.03MPa，同时各连接处不渗、不漏。

系统试压合格后，应对系统进行冲洗并清扫过滤器及除污器。

系统冲洗完毕应充水、加热，进行试运行和调试。

5.1.15　管道防腐

① 采暖系统试压、清洗结束，应对采暖管道外表面、散热器、麻丝进行清理，钢管的返锈部位、散热器配件、外露丝扣刷防锈漆。

② 金属管道和配件安装前除锈后涂刷一层底漆，第二遍须待刷面漆之前完成。

③ 面漆要求在采暖、卫生工程全部完成后，室内刮大白，装饰工程完工并验收合格后进行。

④ 金属管道表面去污除锈。金属表面锈垢的清除程度，是决定管道防腐效果的重要因素。为增加漆料与金属的附着力，取得良好的防腐效果，必须清除金属表面的灰尘、污垢和锈蚀，漏出金属光泽方可刷、喷底漆。除锈方法有人工除锈、机械除锈、喷砂除锈。

a. 人工除锈：一般先用手锤敲击或用钢丝刷、废砂轮片除去严重的铁锈和焊渣，再用刮刀、钢丝布、粗破布除去氧化皮、铁浮锈及其他污垢，最后用干净的布块或棉纱擦净。对于管道内表面除锈，可用圆形钢丝刷，两头绑上绳子来回拉擦，至刮露出金属光泽为合格。

b. 机械除锈：可用电动砂轮、风动刷、电动旋转钢丝刷、电动除锈机等除锈机械。

c. 喷砂除锈：利用压缩空气喷嘴喷射石英砂粒，吹打锈蚀表面，将氧化皮、铁锈层等等剥落。

⑤ 调配涂料。

a. 根据设计要求，按不同管道、不同介质、不同用途及不同材质，选择不同油漆涂料。

b. 将选好的油漆桶开盖，根据原装油漆稀稠程度加入适量稀释剂。油漆的调和程度要考虑涂刷方法，调和至适合手工涂刷或喷涂的程度。喷涂时，稀释剂和油漆的比可为1：(1~2)。用棍棒搅拌均匀，以可刷不流淌、不出刷纹为准，即可准备涂刷。

⑥ 油漆涂刷。

a. 手工涂刷：用油刷、小桶进行。每次油刷沾油要适量，不要弄到桶外污染环境。手工涂刷应自上而下，从左至右，先里后外，先斜后直，先难后易，纵横交错进行。漆层厚薄均匀一致，不得漏刷和漏挂。多遍涂刷时每遍不宜过厚。必须在上一遍涂膜干燥后，才可涂刷第二遍。

b. 浸涂：把调和好的漆倒入容器或槽里，然后将物件浸渍在涂料液中，浸涂均匀后抬出涂件，搁置在干净的排架上，待第一遍干后，再浸涂第二遍。这种方法厚度不易控制。一般仅用于形状复杂的物件防腐。

c. 喷涂：常用的有压缩空气喷涂、静电喷涂、高压喷涂（又称无空气喷涂）。

d. 油漆深层养护。

ⅰ. 油漆施工的条件。油漆施工不应在雨天、雾天、露天和0℃以下环境施工。

ⅱ. 油漆涂层的成膜养护。不同的油漆涂料，成膜干燥机理不同，有不同的成膜养护条件和规律。

⑦ 油漆的种类和涂刷道数应符合设计要求。第一道面漆应在防锈漆干燥后进行，刷漆前先将油漆在大桶内调和均匀，倒入小桶使用。涂刷时应先涂刷管道背面，用小镜检查是否有漏刷，然后再涂刷外表面。涂刷时应在地面设保护措施（以免污染地面），靠近阀门处应使用小刷子，以防交叉污染。第二道面漆应在地面清理完毕，门窗已封闭后涂刷。

⑧ 露出地面的钢套管涂刷后，应使用密实阻燃材料填塞，密封胶封口（设在卫生间和厨房的套管应用防水油膏封口）。

5.1.16　系统通暖调试

（1）室内供暖系统冲洗

① 热水系统冲洗。首先检查全系统内各类阀件的关启状态。要关闭系统上的全部阀门。

关紧、关严。并拆下除污器、自动排气阀等。

a. 水平供水干管及总供水立管的冲洗。先将自来水管接入供水水平干管的末端，再将供水总立管进户处接往下水道。打开排水口的控制阀，再开启自来水进口控制阀，进行反复冲洗。依此顺序，对系统的各个分路供水水平干管分别进行冲洗。冲洗结束后，先关闭自来水进口阀，后关闭排水口控制阀门。

b. 系统上立管及回水水平导管冲洗。自来水连通进口可不动，将排水出口连通管改接至回水管总出口外。关上供水总立管上各个分环路的阀门。先打开排水口的总阀门，再打开靠近供水总立边的第一个立支管上的全部阀门，最后打开自来水入口处阀门进行第一分立支管的冲洗。冲洗结束后，先关闭进水口阀门，再关闭第一分支管上的阀门。按此顺序分别对第二、第三等各环路上各根立支管及水平回路的导管进行冲洗。若为同程式系统，则从最远的立支管开始冲洗为好。

c. 冲洗中，当排入下水道的冲洗水为洁净水时可认可合格。全部冲洗后，再以流速 1～1.5m/s 的速度进行全系统循环，延续 20h 以上，循环水颜色透明为合格。

d. 全系统循环正常后，把系统回路按设计要求连接好。

② 蒸汽采暖、供热系统冲洗。蒸汽供热系统的吹洗采用蒸汽为热源较好，也可以采用压缩空气进行。冲洗的过程除了将疏水器、回水盒卸除以外，其他程序均与热水系统相同。

（2）室内采暖管道通暖调试

① 先联系好热源，制定出通暖试调方案、人员分工和处理紧急情况的各项措施。备好修理、泄水等器具。

② 维修人员按分工各就各位，分别检查供暖系统中的泄水阀门是否关闭，导、立、支管上的阀门是否打开。

③ 向系统内充水（最好充软化水），开始先打开系统最高点的排气门，责成专人看管。慢慢打开系统回水干管的阀门，待最高点的排气门见水后立即关闭。然后开启总进口供水管的阀门，最高点的排气阀须反复开闭数次，直至系统中冷风排净为止。

④ 在巡视检查中如发现隐患，应尽量关闭小范围内供、回水阀门，发现问题及时处理和抢修。修好后随即开启阀门。

⑤ 全系统运行时，遇有不热处要先查明原因。如须冲洗检修，先关闭供、回水阀，泄水后再依次打开供、回水阀门，反复放水冲洗。冲洗完再按上述程序通暖运行，直到运行正常为止。

⑥ 若发现热度不均，应调整各个分路、立管、支管上的阀门，使其基本达到平衡后，邀请各有关单位检查验收，并办理验收手续。

⑦ 高层建筑的供暖管道冲洗与通热，可按设计系统的特点进行划分，按区域、独立系统、分若干层等逐段进行。

⑧ 冬季通暖时，必须采取临时供暖措施，室温应保持 5℃ 以上，并连续 24h 后方可进行正常运行。充水前先关闭总供水阀门，开启外网循环管的阀门，使热力外网管道先预热循环。分路或分立管通暖时，先从向阳面的末端立管开始，打开总进口阀门，通水后关闭外网循环管的阀门。待已供热的立管上的散热器全部热后，再依次逐根、逐个分环路通热一直到全系统正常运行为止。

（3）低温地板辐射供暖系统通热

① 支管后的分配器竣工验收后，应对整栋楼的供回环路水温及水力平衡进行调试。

② 向地板供水，应先预热，供水温度不能骤然升高，初温不应高于 25℃，最高不超过 30℃，以 30℃水温循环一天（24h），然后逐日升温 5℃，直到 50℃为止，并以小于或等于 50℃水温正常运行。

5.1.17　辅助设备及散热器安装工艺要求

5.1.17.1　各种型号的铸铁柱型散热器组对

（1）长翼 60 形散热器组对

① 按设计的散热器型号、规格进行核对、检查，鉴定其质量是否符合验收规范规定，并作好记录。

② 将散热器内的脏物、污垢以及对口处的浮锈清除干净。

③ 备好散热器组对工作台或制作简易支架。

④ 按设计要求的片数组对，试扣，选出合格的对丝、丝堵、补心，然后进行组对。对口的间隙一般为 2mm。进水（汽）端的补芯为正扣，回水端的补芯为反扣。

⑤ 组对前，根据热源分别选择好衬垫。当介质为蒸汽时，选用 1mm 厚的石棉垫涂抹铅油待用；介质为过热水时，采用高温耐热橡胶石棉垫待用；介质为一般热水时，采用耐热橡胶垫。

⑥ 组对时两人一组，将散热器平放在操作台（架）上，使相邻两片散热器之间正丝口与反丝口相对，中间放着上下两个经试装选出的对丝，将其拧 1~2 扣在第一片的正丝口内。套上垫片，将第二片反丝口瞄准对丝，找正后，两人各用一手扶住散热器，另一手将对丝钥匙插入第二片的正丝口里。先将钥匙稍微拧紧一点，当听到"咔嚓"声，对丝两端已入扣。缓缓均衡地交替拧紧上下的对丝，以垫片挤紧为宜，但垫片不得漏出径外。按上述程序逐片组对，待达到设计片数为止。散热器组装应平直而紧密。将组对后的散热器慢慢立起，送至打压处集中试压。

（2）柱形散热器组对

① 按设计的散热器型号、规格进行核对、检查，鉴定其质量是否符合验收规范规定，作好记录。柱形散热器组对，15 片以内两片带腿，16~24 片为三片带腿，25 片以上四片带腿。

② 将散热器内的脏物、污垢以及对口处的浮锈清除干净。

③ 备好散热器组对工作台或制作简易支架。

④ 按设计要求的片数组对，试扣，选出合格的对丝、丝堵、补心，然后进行组对。对口的间隙一般为 2mm。进水（汽）端的补芯为正扣，回水端的补芯为反扣。

⑤ 组对前，根据热源分别选择好衬垫。当介质为蒸汽时，选用 1mm 厚的石棉垫涂抹铅油待用；介质为过热水时，采用高温耐热橡胶石棉垫待用；介质为一般热水时，采用耐热橡胶垫。

⑥ 组对时，根据片数定人分组，由两人持钥匙（专用扳手）同时进行。将散热器平放在专用组装台上，散热器的正丝口朝上，取经过试扣选好的对丝，将其正丝与散热器的正丝口对正，拧上 1~2 扣，套上垫片然后将另一片散热器的反丝口朝下，对准后轻轻落在对丝上，两人同时用钥匙（专用扳手）向顺时针（右旋）方向交替地拧紧上下的对丝，以垫片挤出油为宜。如此循环，待达到需要数量为止。垫片不得漏出径外。将组对好的散热器运至打压地点。

（3）圆翼型散热器组对

① 按设计的散热器型号、规格进行核对、检查，鉴定其质量是否符合验收规范规定，并作好记录。

② 将散热器内的脏物、污垢以及对口处的浮锈清除干净。

③ 备好散热器组对工作台或制作简易支架。

④ 按设计要求的片数及组对，试扣，选出合格的对丝、丝堵、补心，然后进行组对。对口的间隙一般为 2mm。进水（汽）端为补芯为正扣，回水端的补芯为反扣。

⑤ 组对前，根据热源分别选择好衬垫。当介质为蒸汽时，选用 1mm 厚的石棉垫涂抹铅油待用；介质为过热水时，采用高温耐热橡胶石棉垫待用；介质为一般热水时，采用耐热橡胶垫。

⑥ 圆翼型散热器的连接方式，一般有串联和并联两种，根据设计图的要求进行加工草图的测绘。按设计连接形式，进行散热器支管连接的加工草图测绘。计算出散热器的片数、组数，进行短管切割加工。切割加工后的连接短管进行一头丝扣加工预制。将短管丝头的另一端分别按规格尺寸与正心法兰盘、偏心法兰盘焊接成型。散热器组装前，须清除内部污物、刷净法兰对口的铁锈，除净灰垢。将法兰螺栓上好，试装配找直，再松开法兰螺栓，卸下一根，把抹好铅油的石棉垫或石棉橡胶垫放进法兰盘中间，再穿好全部螺栓，安上垫圈，用扳子对称均匀地拧紧螺母。

5.1.17.2 外拉条预制、安装

① 根据散热器的片数和长度，计算出外拉条长度尺寸，切断 $\phi 8 \sim 10mm$ 的圆钢并进行调直，两端收头套好丝扣，将螺母上好，除锈后刷防锈漆一遍。

② 20 片及以上的散热器加外拉条，在每根外拉条端头套好一个骑马，从散热器上下两端外柱内穿入四根拉条，每根再套上一个骑马带上螺母；找直后用板子均匀拧紧，丝扣外露不得超过一个螺母厚度。

5.1.17.3 散热器水压试验

① 将散热器抬到试压台上，用管钳上好临时丝堵和临时补心，上好放气嘴，连接试压泵；各种成组散热器可直接连接试压泵。

② 试压时打开进水阀门，往散热器内充水，同时打开放气嘴，排净空气，待水满后关闭放气嘴。

③ 加压到规定的压力值时，关闭进水阀门，持续 5min，观察每个接口是否有渗漏，不渗漏为合格。

④ 如有渗漏用铅笔作出记号，将水放尽，卸下丝堵或补心，用长杆钥匙从散热器外部比试，量到漏水接口的长度，在钥匙杆上做标记，将钥匙从散热器对丝孔中伸入至标记处，按丝扣旋紧的方向拧动钥匙，使接口继续上紧或卸下换垫，如有坏片，须换片。钢制散热器如有砂眼渗漏可补焊，返修好后再进行水压试验，直到合格。不能用的坏片要作明显标记（或用手锤将坏片砸一个明显的孔洞单独存放），防止再次混入好片中误组对。

⑤ 打开泄水阀门，拆掉临时丝堵和临时补心，泄净水后将散热器运到集中地点，补焊处要补刷二道防锈漆。

5.1.17.4 长翼 60 形散热器安装

（1）装散热器钩子（固定卡）

① 先检查托钩（固定卡）的规格、尺寸是否符合规定尺寸的要求。

② 长翼形散热器安装在砖墙上均设托钩，安装在轻质结构墙上的设置固定卡，下设托架。

③ 根据设计图中回水管连接方法及施工规范规定，确定散热器安装高度。利用画线尺或画线架，画出托钩、固定卡安装位置。

④ 用电动工具或錾子在墙上打孔洞。孔洞尺寸应里大外小，托钩埋深不少于120mm，固定卡埋深大于80mm。

⑤ 挂上钩子位置的上下两根水平线，用水冲净洞里杂物，填进1：2水泥砂浆，至洞深一半时，再将固定卡或托钩插入洞里，塞紧石子或碎砖块。待找正钩子的中心使它对准水平线，找准距墙尺寸，再用水泥砂浆填实抹平。

⑥ 轻质结构墙上安装散热器时，还须根据其具体情况的不同，事先自制腿架。也可在托钩位置上制成钢制托钩，将其焊在骨架或墙体预埋件上。还可用穿通螺栓固定在墙体上。混凝土预制板上的托钩应根据预埋铁件位置与其焊牢。

⑦ 特殊构造墙体的托钩按设计要求处理。

（2）安装散热器

① 将丝堵和补心加散热器胶垫拧紧。待钩子塞墙的砂浆达到强度后，方准安装散热器。

② 挂式散热器安装，须将散热器轻轻抬起，将补心正丝扣的一侧朝向立管方向，慢慢落在托钩上，挂稳、立直、找正。

③ 带腿或自制底架安装时，散热器就位后，找直、垫平、核对标高无误后，上紧固定卡的螺母。

④ 散热器的掉翼面应朝墙安装。

（3）柱形散热器安装

① 按设计图要求，利用所做的统计表将不同型号、规格和组对好并试压完毕的散热器运到各房间，根据安装位置及高度在墙上画出安装中心线。

② 散热器托钩和固定卡安装：

a. 柱型带腿散热器固定卡安装：从地面到散热器总高的3/4画出水平线，与散热器中心线交点画印记，此为15片以下的双数片散热器的固定卡位置。单数片向一侧错过半片。16片以上者应装两个固定卡，高度仍在散热器3/4高度的水平线上，从散热器两端各进去4~6片的地方装入。

b. 挂装柱型散热器托钩安装：托钩高度应按设计要求并从散热器距地高度上返45mm画水平线。托钩水平位置采用画线尺来确定。

③ 安装散热器。

a. 若为托钩固定，必须待钩子的塞墙砂浆达到强度后再行安装；若为带腿散热器，则须散热器就位后再拧紧卡子螺栓，将其固定在散热器上。

b. 挂式散热器安装同长翼形一样。

c. 带腿散热器安装时，将散热器组抬至安装位置就位，用水平尺找正垂直，检查足腿是否与地面接触平稳、严实。达到规定标准，将固定卡的螺栓在散热器上拧紧。若上面也为托钩，则也须完全达到强度后再行就位。

d. 如果散热器安装在轻质结构墙上设置托架时，事先制作好托架。安装托架后，将散热器轻轻抬起落在架上，用水平尺找平、找正、找垂直。然后拧紧固定卡。

e. 如果带腿的散热器安装中出现不平现象，可以用锉刀磨平找正。严禁用木块砖石垫高，必要时可用垫块找平。

f. 散热器安装后，严禁出现空气泡或水泡，否则会造成散热器不热。

5.1.17.5　圆翼形散热器安装

① 先按设计要求将不同的片数、型号、规格的散热器运到各个房间，并根据地面标高或地面相对标高线，在墙上画好安装散热器的中心线。

② 托钩安装：

a. 检查托钩的规格、型号是否符合散热器的安装要求。

b. 托钩的数量符合要求。

c. 根据连接方式及其规定，确定散热器的安装高度。画出托钩位置，做好记号。

d. 用电动工具或錾子在墙上打出托钩孔洞。

e. 挂托钩位置的水平线上，用水冲净洞里杂物，填进1：2水泥砂浆，至洞深一半时，将托钩插入洞内，塞紧石子或碎砖，找正钩子的中心，使它对准水平拉线，然后再用水泥砂浆填实抹平。托钩完全达到强度后方允许安装散热器。

f. 多根成排散热器安装时，需先将两端钩子栽好，然后拉线定位，装进中间各部位托钩。

g. 多排串联圆翼形散热器安装前，先预制加工或批量加工成形钢制弓形法兰弯管，然后将法兰弯管和圆翼形散热器临时固定，待量准各配管尺寸再拆下弯管，照前述程序进行配管、连接、安装。

h. 散热器掉翼面应朝下或朝墙安装。水平安装的圆翼形散热器，纵翼应竖向安装。

5.1.17.6　水箱安装

① 水箱基础或支架的位置、标高、几何尺寸和强度，均应核对和检查，发现异常应和有关人员商定。

② 水箱基础表面应水平，水箱安装后应与基础接触紧密。

③ 水箱安装前，按设计要求，进行量尺、画线，在基础上作出安装位置的记号。

④膨胀水箱的接管及管径符合要求。

⑤ 各配管的安装位置如下。

a. 膨胀管：在重力循环系统中接至供水总立管的顶端；在机械循环系统中，接至系统的恒压点，一般选择在循环水泵吸水口前。

b. 循环管：接至系统定压点前水平回水干管上，该点与定压点间的距离为2～3m。

c. 信号检查管：应直接明确安装位置。

d. 溢流管：应直接明确安装位置。

e. 排水管：应直接明确安装位置。

5.1.17.7　水箱保温

① 膨胀水箱安装在非采暖房间时，应进行保温，保温材料及方法按设计要求。

② 敞口水箱应做满水试验，密闭水箱应进行水压试验，合格后方可保温。

5.1.18　低温热水地板辐射系统安装工艺要求

5.1.18.1　楼地面基层清理

凡采用地辐射采暖的工程在楼地面施工时，必须严格控制表面的平整度，仔细压抹，其平整度允许误差应符合混凝土或砂浆地面要求。在保温板铺设前应清除楼地面上的垃圾、浮灰、附着物，特别是油漆、涂料、油污等有机物必须清除干净。

5.1.18.2　绝热板材铺设

① 绝热板应清洁、无破损，在楼地面铺设平整、搭接严密。绝热板拼接紧凑，间隙 10mm，错缝铺设，板接缝处全部用胶带粘接，胶带宽度 40mm。

② 房间周围边墙、柱的交接处应设绝热板保温带，其高度要高于细石混凝土回填层。

③ 房间面积过大时，以 6000mm×6000mm 为方格留伸缩缝，缝宽 10mm。伸缩缝处，用厚度 10mm 绝热板立放，高度与细石混凝土层平齐。

5.1.18.3　绝热板材加固层的施工（以低碳钢丝网为例）

① 钢丝网规格为方格，不大于 200mm，在采暖房间满布，拼接处应绑扎连接。

② 钢丝网在伸缩缝处应不能断开，铺设应平整，无锐刺及跷起的边角。

5.1.18.4　加热盘管

① 加热盘管在钢丝网上面敷设，管长应根据工程上各回路长度酌情定尺，一个回路尽可能用一盘整管，应最大限度减小材料损耗。填充层内不许有接头。

② 按设计图纸要求，事先将管的轴线位置用墨线弹在绝热板上，抄标高，设置管卡，按管的弯曲半径≥10D（D 为管外径）计算管的下料长度，其尺寸误差控制在±5％以内。必须用专用剪刀切割，管口应垂直于断面处的管轴线。严禁用电、气焊和手工锯等工具分割加热管。

③ 按测出的轴线及标高垫好管卡，用尼龙扎带将加热管绑扎在绝热板加强层钢丝网上，或者用固定管卡将加热管直接固定在敷有复合面层的绝热板上。同一通路的加热管应保持水平，确保管顶平整度为±5mm。

④ 加热管固定点的间距，弯头处间距不大于 300mm，直线段间距不大于 600mm。

⑤ 在过门、过伸缩缝、过沉降缝时，应加装套管，套管长度≥150mm。套管比盘管大两号，内填保温边角余料。

5.1.18.5　分、集水器安装

① 分集水器安装可在加热管敷设前安装，也可在敷设管道回填细石混凝土后与阀门、水表一起安装。安装必须平直、牢固，在细石混凝土回填前安装需作水压试验。

② 当水平安装时，一般宜将分水器安装在上，集水器安装在下，中心距宜为 200mm，且集水器中心距地面不小于 300mm。

③ 当垂直安装时，分、集水器下端距地面应不小于 150mm。

④ 加热管始末端出地面至连接配件的管段，应设置在硬质套管内。加热管与分、集水器分路阀门的连接，应采用专用卡套式连接件或插接式连接件。

5.1.18.6　细石混凝土敷设层施工

① 在加热管系统试压合格后方能进行细石混凝土层回填施工。细石混凝土层施工应遵循土建工程施工规定，优化配合比设计，选出强度符合要求、施工性能良好、体积收缩稳定性好的配合比。建议标号应不小于 C15，卵石粒径宜不大于 12mm，并宜掺入适量防止龟裂的添加剂。

② 辐射供暖地板面积超过 30m² 或长边超过 6m 时，填充层应设置间距≤6m、宽度≥5mm 的伸缩缝，缝中填充弹性膨胀材料。

③ 与墙、柱的交接处，应填充厚度≥10mm 的软质闭孔泡沫塑料。

④ 敷设细石混凝土前，必须将敷设完管道后的工作面上的杂物、灰渣清除干净（宜用小型空压机清理）。在过门、过沉降缝、过分格缝部位宜嵌双玻璃条分格（玻璃条用 3mm

玻璃裁划，比细石混凝土面低 1～2mm），其安装方法同水磨石嵌条。

⑤ 细石混凝土在盘管加压（工作压力或试验压力不小于 0.4MPa）状态下铺设，回填层凝固后方可泄压，填充时应轻轻捣固，铺设时不得在盘管上行走、踩踏，不得有尖锐物体损伤盘管和保温层，要防止盘管上浮，应小心下料、拍实、找平。

⑥ 细石混凝土接近初凝时，应在表面进行二次拍实、压抹，以防止顺管轴线出现塑性沉降收缩裂缝。表面压抹后应保湿养护 14d 以上。

⑦ 在填充层养护期满后，方可进行面层的施工，面层及其找平层施工时，不得剔凿填充层或向填充层楔入任何物件。

5.2 室内采暖管道安装的质量控制

5.2.1 质量标准

5.2.1.1 主控项目

① 管道安装坡度，当设计未注明时，应符合下列规定：

a. 气、水同向流动的热水采暖管道和汽、水同向流动的蒸汽管道及凝结水管道，坡度应为 0.3%，不得小于 0.2%；

b. 气、水逆向流动的热水采暖管道和汽、水逆向流动的蒸汽管道，坡度不应小于 0.5%；

c. 散热器支管的坡度应为 1%，坡向应利于排气和泄水。

检验方法：观察，水平尺、拉线、尺量检查。

② 补偿器的型号、安装位置及预拉伸和固定支架的构造及安装位置应符合设计要求。

检验方法：对照图纸，现场观察，并查验预拉伸记录。

③ 平衡阀及调节阀型号、规格、公称压力及安装位置应符合设计要求。安装完后应根据系统平衡要求进行调试并作出标志。

检验方法：对照图纸查验产品合格证，并现场查看。

④ 蒸汽减压阀和管道及设备上安全阀的型号、规格、公称压力及安装位置应符合设计要求。安装完毕后应根据系统工作压力进行调试，并作出标志。

检验方法：对照图纸查验产品合格证及调试结果证明书。

⑤方形补偿器制作时，应用整根无缝钢管煨制，如需要接口，其接口应设在垂直臂的中间位置，且接口必须焊接。

检验方法：观察检查。

⑥ 方形补偿器应水平安装，并与管道的坡度一致；如其臂长方向垂直安装必须设排气及泄水装置。

检验方法：观察检查。

5.2.1.2 一般项目

① 热量表、疏水器、除污器、过滤器及阀门的型号、规格、公称压力及安装位置应符合设计要求。

检验方法：对照图纸查验产品合格证。

② 钢管管道焊口尺寸的允许偏差应符合表 5-1 的规定。

表 5-1　钢管管道焊口允许偏差和检验方法

项次	项目			允许偏差	检验方法
1	焊口平直度	管壁厚 10mm 以内		管壁厚 1/4	焊接检验尺和游标卡尺检查
2	焊缝加强面	高度		+1mm	
		宽度			
3	咬边	深度		小于 0.5mm	直尺检查
		长度	连续长度	25mm	直尺检查
		总长度（两侧）	小于焊缝长度的 10%		

③ 采暖系统入口装置及分户热计量系统入户装置，应符合设计要求。安装位置应便于检修、维护和观察。

检验方法：现场观察。

④ 散热器支管长度超过 1.5m 时，应在支管上安装管卡。

检验方法：尺量和观察检查。

⑤ 上供下回式系统的热水干管变径应顶平偏心连接，蒸汽干管变径应底平偏心连接。

检验方法：观察检查。

⑥ 在管道干管上焊接垂直或水平分支管道时，干管开孔所产生的钢渣及管壁等废弃物不得残留管内，且分支管道在焊接时不得插入干管内。

检验方法：观察检查。

⑦ 膨胀水箱的膨胀管及循环管上不得安装阀门。

检验方法：观察检查。

⑧ 当采暖热媒为 110~130℃ 的高温水时，管道可拆卸件应使用法兰，不得使用长丝和活接头。法兰垫料应使用耐热橡胶板。

检验方法：观察和查验进料单。

⑨ 焊接钢管管径大于 32mm 的管道转弯，在作为自然补偿时应使用煨弯。

检验方法：观察检查。

⑩ 管道、金属支架和设备的防腐和涂漆应附着良好，无脱皮、起泡、流淌和漏涂缺陷。

检验方法：现场观察检查。

⑪ 管道和设备保温的允许偏差应符合表 5-2 的规定。

表 5-2　管道及设备保温的允许偏差和检验方法

项次	项目		允许偏差/mm	检验方法
1	厚度		$+0.1\delta$　-0.05δ	用钢针刺入
2	表面平整度	卷材	5	用 2m 靠尺和楔形塞尺检查
		涂抹	10	

注：δ 为保温层厚度。

⑫ 采暖管道安装的允许偏差应符合表 5-3 的规定。

表 5-3　采暖管道安装的允许偏差和检验方法

项次	项目			允许偏差	检验方法
1	横管道纵、横方向弯曲	每 1m	管径≤100mm	1	用水平尺、直尺、拉线和尺量检查
			管径>100mm	1.5	
		全长(25m 以上)	管径≤100mm	≤13	
			管径>100mm	≤25	
2	立管垂直度	每 1m		2	吊线和尺量检查
		全长(5m 以上)		≤10	
3	弯管	椭圆率 $\left(\dfrac{D_{max}-D_{min}}{D_{max}}\right)$	管径≤100mm	10%	用外卡钳和尺量检查
			管径>100mm	8%	
		折皱不平度	管径≤100mm	4	
			管径>100mm	5	

注：D_{max}，D_{min} 分别为管道最大外径及最小外径。

5.2.1.3　质量记录

① 应有材料设备的出厂合格证。

② 材料设备进场检验记录。

③ 散热器组对试压记录。

④ 采暖干管的预检记录。

⑤ 采暖立管预检记录。

⑥ 采暖管道伸缩器预拉伸记录。

⑦ 采暖支管、散热器预检记录。

⑧ 采暖管道的单项试压记录。

⑨ 采暖管道隐蔽检查记录。

⑩ 采暖系统试压记录。

⑪ 采暖系统冲洗记录。

⑫ 采暖系统试调记录。

5.2.1.4　质量控制点

质量控制点如表 5-4 所示。

表 5-4　质量控制点

序号	质量控制点内容	等级
1	材料交接检查	CR
2	散热器试压检查	CR
3	散热器安装检查	B
4	管道清洁度检查	C
5	焊口位置及外观检查	B
6	管道安装偏差检查	BR
7	试压及吹扫	AR

5.2.2　需注意的质量问题

① 管道坡度不均匀：在安装干管后再开口，接口以后要调直，安装吊卡时松紧要一致，立管卡子要拧紧。

② 立管不垂直：支管在安装时下料尺寸要准，在安装中不得强行推、拉立管。立管所穿的楼板洞预留（或剔）过程中要吊线，分层立管上下要对正，距墙要一致。

③ 套管在过墙两侧或预制板下面外露：过墙套管预制长度要准，套管安装时要焊架铁。

④ 麻头清理不净：操作人员在安装过程中要及时清理。

⑤ 试压及通暖时，管道被堵塞：安装时，预留口要装临时堵，避免掉进杂物。

⑥ 装修中管道受污染：在管道安装完毕后，要及时采用防护措施（如用临时包装袋缠好等）。

5.2.3　成品保护

① 现浇混凝土墙板应配合结构施工预留孔洞。

② 凡预留孔洞者剔洞的直径不允许超过所穿过直径的 1.5 倍，避免结构受损。

③ 已安装的各种管道均须按规定位置安装，支架、托架、吊卡调直后及时堵洞，防止管道移位，影响质量。

④ 已安装的管道，在装修时要有防污染措施，以免造成大面积污损，影响质量。

⑤ 各种已安装的管道，在未安装器具前要加装临时堵，防止因堵塞造成使用功能上的障碍或返工。

⑥ 安装好的管道不得用做支撑或放脚手板，不得踏压，其支托卡架不得做为其他用途的受力点。

⑦ 阀门的手轮在安装时应卸下，交工前统一安装完好。

⑧ 搬运材料、机具及施焊时，要有具体防护措施，不得将已做好的墙面和地面弄脏、砸坏。

5.2.4　安全健康与环境管理

（1）危害辨识和危险评价（表5-5）

表 5-5　施工过程危害辨识、危险评价及控制措施

序号	主要来源	可能发的事故或影响	风险级别	控制措施
1	现场的用电	触电	大	现场用电作业应由专业电工进行操作
2	安装管道及配件使用梯子等其他登高器具	高处坠落	大	必须使用合格的梯子及其他登高器具，高空作业人员必须系牢安全带
3	采暖管的煨弯及焊接	火灾、爆炸	大	特殊工种必须持证上岗，备齐消防器材

注：此表仅供参考，现场应根据实际情况进行危害辨识、风险评价，并采取相应的控制措施。

（2）环境因素辨识和评价（表5-6）

表 5-6　环境因素辨识、评价及控制措施

序号	主要来源	可能的环境影响	影响程度	控制措施
1	管道冲洗用过的废水	污染水源	大	排到指定的污水管网中
2	固体废料	污染环境	大	集中堆放指定地点

第6章
室外供热管道安装

6.1 一般规定

本章适用于厂区及民用建筑群（住宅小区）的饱和蒸汽压力不大于 0.7MPa、热水温度不超过 130℃的室外供热管网安装工程的施工。

供热管网的管材应按设计要求。当设计未注明时，应符合下列规定：

① 管径小于或等于 40mm 时，应使用焊接钢管；

② 管径为 50~200mm 时，应使用焊接钢管或无缝钢管；

③ 管径大于 200mm 时，应使用螺旋焊接钢管。

室外供热管道连接均应使用焊接连接。

6.2 施工准备

6.2.1 技术准备

① 施工人员已熟悉掌握图纸，熟悉相关国家或行业验收规范和标准图等。

② 已有经过审批的施工组织设计施工方案，并向施工人员进行交底。

③ 技术人员应向班组进行技术交底、质量安全交底，使施工人员掌握操作工艺。

6.2.2 材料要求

① 管材：碳素钢管、无缝钢管、镀锌钢管应有产品合格证，管材不得弯曲，无锈蚀，无飞刺、重皮及凹凸不平等缺陷。

② 管件符合现行标准，有出厂合格证，无偏扣、乱扣、方扣、断丝和角度不准等缺陷。

③ 各类阀门有出厂合格证，规格、型号、强度和严密性试验符合设计要求。丝扣无损

伤，铸造无毛刺、无裂纹，开关灵活严密，手轮无损伤。

④ 附属装置：减压器、疏水器、过滤器、补偿器、法兰等应符合设计要求，应有产品合格证及说明书。

⑤ 型钢、圆钢、管卡、螺栓、螺母、油、麻、垫、电焊条等符合设计要求。

6.2.3 机具、工具

① 主要机具见表 6-1。

表 6-1 主要机具

序号	机具名称	常用规格型号
1	砂轮机	JJK-1T、JJK-5T
2	角向磨光机	S1MJ-100.S1MJ-125
3	电焊机	BX1-300-500.BS-330
4	液压弯管机	YW-2A、LWG1-10B
5	套丝机	$DN15\sim80$mm
6	切割机	J3D-400
7	吊车	8t、16t
8	钢丝绳	$\phi8\sim20$mm
9	滑轮	3t、5t
10	电动试压机	Dsx-60
11	经纬仪	J2
12	水准仪	DSZ10

② 主要工具见表 6-2。

表 6-2 主要工具

序号	工具名称	常用规格型号
1	套丝扳	$DN15\sim80$mm
2	管道割刀	$DN15\sim80$mm
3	管钳	$DN15\sim150$mm
4	活动扳子	SG192-80
5	手锯	SG10-80
6	电锤	ZIC-JD-16
7	气焊工具	G01-30、G01-100
8	钢卷尺	2m、3m、5m
9	钢直尺	$1\sim10$m
10	钢丝刷	$150\sim600$mm
11	撬杠	自制
12	麻绳	$\phi8$mm
13	压力表	$0\sim1.6$MPa，$0\sim2.5$MPa
14	温度计	Y-100

6.2.4 作业条件

① 施工所需临时设施及"三通一平"已经解决，现场各种预制场地已经落实。离现场较近，运输方便；在雨季不会积水。

② 管道、管件及阀门均已检验合格，具有技术资料，并与设计核对正确无误。

③ 管道两端起止点的设备已安装好，并且设备的二次灌浆的强度已经达到要求。

6.2.5 施工组织及人员准备

① 施工组织应保证重点，统筹安排；

② 采用先进技术，推进施工标准化、机械化；

③ 科学地安排施工计划，保证连续均衡地进行施工；

④ 保证工程质量，做到安全施工；

⑤ 讲究经济效益，努力降低工程成本；

⑥ 应配备有较高业务水平的管道技术人员、土建技术人员；

⑦ 应配备满足施工需要的技术工人，如管道工、电焊工、气焊工、油漆工、起重工、泥瓦工等。

6.3 管道及配件安装

6.3.1 材料质量要求

① 主要材料、成品、半成品、配件和设备必须具有质量合格证明文件，规格、型号及性能检测报告应符合国家技术标准或设计要求，进场时应做检查验收，并经监理工程师核查确认。

② 所有材料进场时应对品种、规格、外观等进行验收。包装应完好，表面无划痕及外力冲击破损。

③ 管材钢号应从耐压、耐温两方面满足工作条件的要求，耐压从管壁厚度上解决，耐温根据介质工作温度的不同选用不同的钢号。

④ 管道上使用冲压弯头时，所使用的冲压弯头外径应与管道外径相同。

6.3.2 工艺流程

（1）直埋铺设（图 6-1）

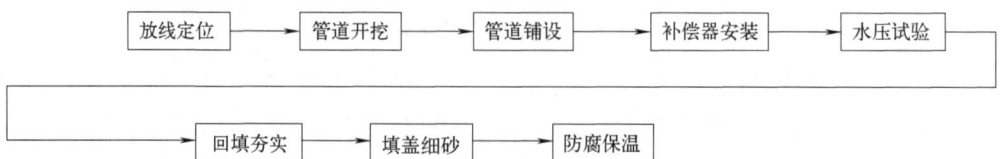

放线定位 → 管道开挖 → 管道铺设 → 补偿器安装 → 水压试验 →

回填夯实 → 填盖细砂 → 防腐保温

图 6-1 直埋铺设工艺流程

（2）管沟敷设（图 6-2）

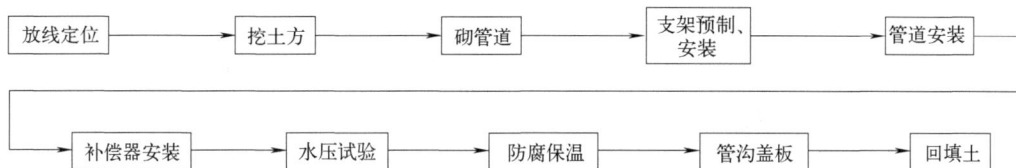

放线定位 → 挖土方 → 砌管道 → 支架预制、安装 → 管道安装 →
补偿器安装 → 水压试验 → 防腐保温 → 管沟盖板 → 回填土

图 6-2　管沟敷设工艺流程

（3）架空敷设（图 6-3）

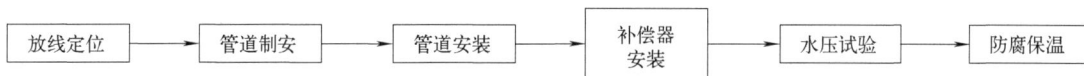

放线定位 → 管道制安 → 管道安装 → 补偿器安装 → 水压试验 → 防腐保温

图 6-3　架空敷设工艺流程

6.3.3　操作工艺

6.3.3.1　通用工艺

（1）管沟的开挖

① 管沟放线：确定管道走向，首先需要确定室外给水管道的走向。在确定走向时，需要考虑到管道的连接点和排水点，以及其他地下管道的位置等因素。确定好走向后，需要使用标线进行标记。

② 管道放线：在管道走向标记好后，需要进行放线。放线是将管道中心线标出，并且标出管道的深度和宽度。通常使用蓝色弹线进行管道中心线的标记，然后使用白色或黄色弹线标出管道的宽度和深度。

③ 开挖：在进行开挖之前，需要对开挖区域进行确切的标记，确保不会误伤其他管道和电缆。然后，根据放线标记进行开挖，保证开挖的深度和宽度符合要求。

④ 清理：开挖完成后，需要及时清理开挖区域内的杂物和碎石，保证管道下方的基础面洁净平整。

⑤ 压实：清理完毕后，需要对基础面进行压实，保证管道下方的基础面承重性能。

⑥ 铺设管道：基础面压实完成后，可以开始铺设管道。在铺设管道时，需要注意管道的连接方式以及管道的倾斜度，以保证管道畅通无阻。

⑦ 回填：管道铺设完成后，需要进行回填。在回填时，需要注意回填材料的种类和厚度，以及回填的顺序，以保证管道周围的土壤能够紧密地包围管道，并对管道进行充分的支撑和保护。

（2）室外热力管道支架制作安装

① 管道支、吊架可根据设计或需要选择图 6-4 所示的支、吊架。

② 管架基础施工。根据设计图纸进行测量，每个管架位置上打进中心桩（或中心控制桩），然后用白灰放出管架基础坑的位置线，见表 6-3。

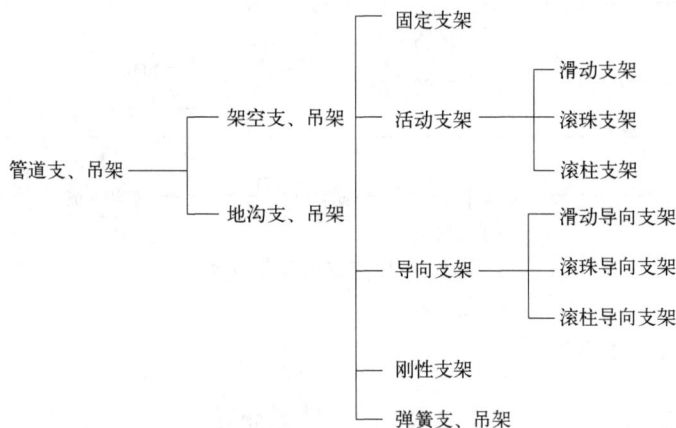

图 6-4　管道支、吊架类型

表 6-3　放坡坡度

土的类别	边坡坡度（高∶宽）			
	坡顶无荷载	坡顶有静荷载	坡顶有动荷载	直立壁荷载
中密的砂土	1∶1.00	1∶1.25	1∶1.50	1.00
中密的碎石类土（填充物为砂土）	1∶0.75	1∶1.00	1∶1.25	1.00
硬塑的砂质粉土	1∶0.67	1∶0.75	1∶1.00	1.25
中密的碎石类土（填充物为黏土）	1∶0.50	1∶0.67	1∶0.75	1.50
硬塑的复黏土、黏土	1∶0.33	1∶0.50	1∶0.67	1.50
无黄土	1∶0.10	1∶0.25	1∶0.33	2.00
软质岩	1∶0.00	1∶0.10	1∶0.25	2.00

采用人工挖土，沿灰线直边切出坑槽边的轮廓线。一、二类土，按 30cm 分层逐步开挖，三、四类土，先用镐翻动，按 30cm 分层，每挖一层清底一次。出土堆放先向远处松甩，挖土距坑槽底约 15～20cm 处，先预留不挖，下道工序进行前，按控制抄平木桩找平。

进行混凝土基础的施工，同时，要把事先按设计图预制好的铁件（地脚螺栓或预留空洞）即时预埋好，用水平仪找准设计标高。如果为预埋地脚螺栓，要注意找直、找正。在丝扣部位刷上黄油后用灰袋纸或塑料布包扎好，防止损坏丝扣。

③ 管架和管道支座预制。按设计图纸编制加工草图，按程序进行放样，放样前将钢平台清理干净，校核划线工具，注意留出焊接收缩量和切割加工余量。

切割前，先将钢材表面切割区域内的铁锈、油污清净。切割后，切口上不允许有裂纹、夹层和大于 1.0mm 的缺陷。

组对焊接时，按设计要求根据焊接工艺进行。焊接前，根据管架具体结构形式，采用反变形法、刚性固定法、临时固定法、焊接工艺控制法，达到减少变形的目的。

管架焊制后须进行检查、校核。滑动支座、固定支座、导向支座组对焊制前，先进行钻孔，焊制后分类保管待用。U 形螺栓均需按图纸要求的位置、数量预先加工好，与支座配套使用。

④ 管道支架安装。

a. 架空管架安装：管架基础达到强度后，根据管架的外形尺寸、重量，可采用吊车、卷扬机、三木搭等不同的方法将管架立起就位。并同时架设好经纬仪随时找正找直。如果采用预埋铁件焊接固定，要严格保证焊接质量，要焊透焊牢。地脚螺栓连接时，要从四个方向对称地均匀地扭紧螺栓。

b. 地沟内管架安装：在地沟内壁上，测出水平基准线，按照支架的间距值在壁上定出支架位置，做上记号打眼或预留孔洞。用水浇湿已打好的洞，灌入1:2水泥砂浆，把预制好的型钢支架栽进洞内，用碎砖或石块塞紧，再用抹子压紧抹平。如果沟垫层有预埋铁件，打垫层时，应将预制好的铁件配合土建找准位置预埋。

（3）设置补偿器

为了防止管道热胀冷缩产生变形甚至破坏支架，室外热力管网安装时，应按设计要求设置补偿器。补偿器分为自然补偿器和人工补偿器两种。供热管网常采用方形补偿器，应设在两固定支架之间直管段的中点。

① 为了减少热态下（即运行时）补偿器的弯曲应力，提高其补偿能力，安装方形补偿器时应进行预拉伸或预撑（即不加热进行冷拉或冷撑）。

② 预拉伸（预撑）量为补偿管段（即两固定支架之间管段）热延伸量 ΔL 的 $1/2$。

$$\Delta L = aL(t_2 - t_1)$$

式中，ΔL 为管段的热延伸量，mm；a 为管材的线膨胀系数，mm/(m·℃)，对于碳素钢管约为 0.012mm/(m·℃)；L 为两固定支架之间的管段长度，mm；t_2 为管道内输送介质的最高温度，℃；t_1 为管道安装时的环境温度，℃。

③ 预拉伸的方法：通常采用拉管器、手拉葫芦，见图6-5。也可采用千斤顶进行预撑。

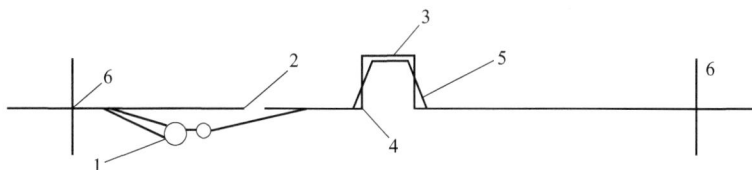

图6-5　方形补偿器的预拉伸

1—手拉葫芦；2—拉伸口；3—方形补偿器；4—制作态；5—拉伸态；6—固定支架

（4）设置疏水装置和启动排水排空装置

为了保证管道的正常运行，及时地排除管道内的凝结水，管道应设置疏水装置和启动排水排空装置。

① 蒸汽管道的疏水装置见图6-6，并应设在下列各处：a. 蒸汽管道的各低点；b. 垂直升高的管段之前；c. 水平管道每隔50m设一个；d. 可能聚集凝结水的管道闭塞处。

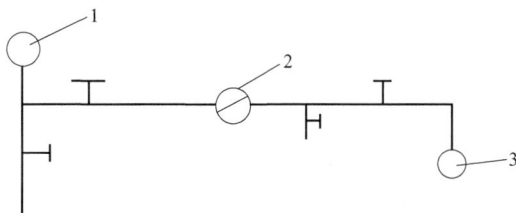

图6-6　蒸汽管道的疏水装置

1—蒸汽干管；2—凝结水干管；3—疏水器

② 蒸汽管道的启动排水装置应设在下列各处：a. 启动时有可能积水的最低点；b. 管道

拐弯和垂直升高的管段之前；c. 水平管道上，每隔 $100\sim150$ m 设一个；d. 水平管道上，流量测量装置的前面。

③ 蒸汽和凝结水管道的排空气装置见图 6-7。

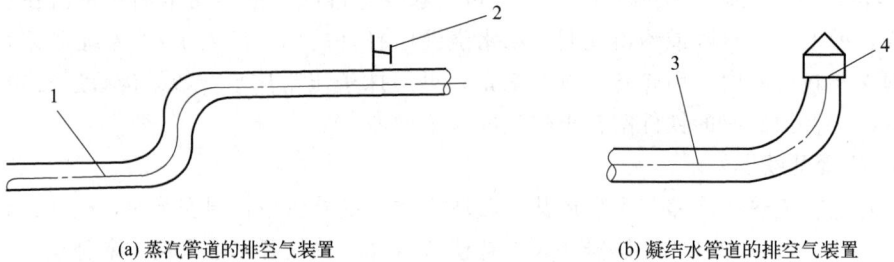

(a) 蒸汽管道的排空气装置   (b) 凝结水管道的排空气装置

图 6-7 蒸汽和凝结水管道的排空气装置

1—蒸汽干管；2—手动放空阀；3—凝结水干管；4—自动放空阀

在蒸汽管道的高点设手动放空阀（平时不用），当管道系统进行水压试验（向管道内充水）或初次通蒸汽运行时，利用此阀排除管道系统内的空气。

在凝结水干管的始端（高点）设自动放空阀，若采用不带排气阀的疏水器时，在疏水器的前方应装设放空阀。以便在系统运行过程中能及时排除凝结水管道内的空气。

在供、回管道干管的高点和分段阀之间管段的高点应设置放水和排气装置。为检修时减少热水的损失和缩短放水时间，应在供、回水干管上每隔 $800\sim1000$ m 设一分段阀。

（5）阀门的安装

① 阀门安装前应核对阀门的规格型号和检查阀门的外观质量。

② 阀门安装前应作强度和严密性试验。试验应在每批（同牌号、同型号、同规格）数量中抽查 10%，且不应少于一个。对于安装在主干管上起切断作用的闭路阀门，应逐个作强度和严密性试验。阀门试压宜在专用的试压台上进行。

③ 阀门的强度和严密性试验，应符合下列规定：

a. 阀门的强度试验压力为工称压力的 1.5 倍；

b. 严密性试验压力为公称压力的 1.1 倍；

c. 试验压力在试验持续时间内应保持不变，且壳体填料及阀瓣密封面无渗漏。

阀门试压的试验持续时间不应少于表 6-4 的规定。

表 6-4 阀门试验持续时间

公称直径 DN/mm	最短试验持续时间/s		
	严密性试验		强度试验
	非金属密封	金属密封	非金属密封
≤50	15	15	15
65～200	30	15	60
250～450	60	60	180

④ 阀门的连接工艺参照管道的连接工艺。

⑤ 井室内的阀门安装距井室四周的距离符合质量标准的规定。$DN50$ mm 以上的阀门要有支托装置。

⑥ 阀门法兰的衬垫不得凸入管内，其外边缘接近螺栓孔为宜，不得安装双垫或偏垫。

⑦ 连接法兰的螺栓，直径和长度应符合标准，拧紧后，突出螺母的长度不应大于螺杆直径的1/2。

（6）减压阀安装

减压阀的阀体应垂直安装在水平管道上，前后应装法兰截止阀。安装时应注意方向，不得装反。安装完后，应根据使用压力进行调试。

（7）除污器安装

热介质应从管板孔的网格外进入。安装时应设专门支架，但所设支架不能妨碍排污，同时需注意水流方向与除污器方向相同。系统试压与清洗后，应清扫除污器。

（8）调压孔板安装

调压孔板是用不锈钢或铝合金制作的圆板，开孔的位置及直径由设计决定。介质通过不同孔径的孔板进行节流，增加阻力损失起到减压作用。安装时夹在两片法兰的中间，两侧加垫石棉垫片，减压孔板应待整个系统冲洗干净后方可安装。

（9）供热管道的保温

① 保温的目的。供热管道进行保温的目的，是为了减少热媒在输送过程中的热损失，使热媒维持一定的参数（压力、温度），以满足生产、生活和采暖的要求。

② 常用的保温材料。供热管道常用的保温材料有以下几种：泡沫混凝土（泡沫水泥）瓦、膨胀珍珠岩及其制品、膨胀石及其制品、矿渣棉、玻璃棉、岩棉、聚氨酯泡沫。

③ 保温结构。供热管道的保温结构见图6-8，由内向外是防腐层、保温层、保护层和色漆（或冷底子油）。防腐层为底漆（樟丹或铁红防锈漆）两遍，不涂刷面漆。保温层由选定的保温材料组成。保护层分石棉水泥、沥青玻璃丝布、铝皮、镀锌铁皮等。明装的供热管道为了表示管内输送介质的性质，一般在保护层外涂上色漆，涂漆颜色见表6-5，地沟内的供热管道为了防止湿气侵入保温层，不涂色漆而涂刷冷底子油。

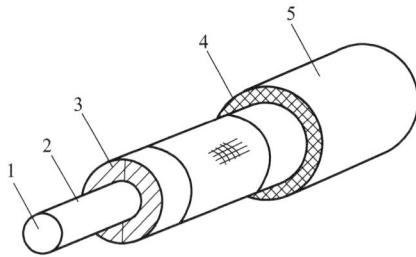

图 6-8　供热管道的保温结构
1—供热管道；2—防腐层；3—保温层；4—保护层；5—色漆（或冷底子油）

表 6-5　管道涂刷色漆及色环颜色

管道名称	颜色		管道名称	颜色	
	底色	色环		底色	色环
过热蒸汽管	红	黄	凝结水管	绿	红
饱和蒸汽管	红	—	疏水管	绿	黑
热网输出水	绿	黄	废气管	红	绿
热网返回水	绿	褐	排水管	绿	蓝

④ 供热管道的保温施工。保温施工程序为防腐层施工、保温层施工、保护层施工和涂

刷色漆或冷底子油。

a. 防腐层施工：管道在铺设之前已涂刷底漆两遍，铺管时若管身漆面有损伤处，应予以补刷。接口、弯头、和方形补偿器等处应涂刷底漆两遍。

b. 保温层施工：保温层施工有预制瓦砌筑、包扎、填充、浇灌、手工涂抹和现场发泡等方法，其中常采用预制瓦砌筑法。施工时在管道的弯头处应留伸缩缝，缝内填石棉绳。在阀门、法兰等处常采用涂抹法施工。

c. 保护层施工：一般为石棉水泥保护层，涂抹厚度为 10～15mm，要求厚度一致，光滑美观，底部不得出现鼓包。

d. 涂刷色漆：色漆拌和要均匀，涂刷时，动作要快，要求均匀、美观。

6.3.3.2 直埋管道安装

① 根据设计图纸的位置，进行测量，打桩、放线、挖土、地沟垫层处理等。沟槽的土方开挖宽度，应根据管道外壳至槽底边的距离确定，管周围填砂时该距离不应小于 100mm；填土时该距离应根据夯实工艺确定。

② 为了便于管道安装，挖沟时应将挖出来的土堆放在沟边一侧，土堆底边应与沟边保持 0.6～1m 的距离，沟底要求找平夯实，以防止管道弯曲受力不均。

③ 直埋供热管道的坡度不宜小于 0.2%，高处宜设放气阀，低处宜设放水阀。从干管直接引出分支管时，在分支管上应设固定墩或轴向补偿器或弯管补偿器，并应符合下列规定：

a. 分支点至直线上固定墩的距离不宜大于 9m；

b. 分支点至轴向补偿器或弯管的距离不宜大于 20m；

c. 分支点有干线轴向位移时，轴向位移量不宜大于 50mm。

④ 直埋管道上的阀门应能承受管道的轴向荷载，宜采用钢制阀门及焊接连接。管道变径处（大小头）壁厚变化处，也应设补偿器或固定墩，固定墩应设在大管径或壁厚较大一侧。固定墩处应采取可靠的防腐措施，钢管、钢架不应裸露。管道穿过固定墩处，孔边应设置加强筋。

⑤ 直埋供热管道的保温结构应有足够的强度并与钢管黏结为一体，有良好的保温性能。在工厂预制好的管道及管件，在储存、运输期间，保温端面必须有良好的防水漆面，管端应有保护封帽。

⑥ 保温层内设置报警线的保温管，报警线之间、报警线与钢管之间的绝缘电阻值应符合产品标准的规定。安装前应测试报警线的通断状况和电阻值，合格后再下管对口焊接，报警线应在管道上方。在施工中，报警线必须防潮；一旦受潮，应采取预热、烘烤等方式干燥。

⑦ 管道下沟前，应检查沟底标高和沟宽尺寸是否符合设计要求，保温管应检查保温层是否有损伤，如局部有损伤时，应将损伤部位放在上面，并做好标记，便于统一修理。

⑧ 管道应先在沟边进行分段焊接，每段长度在 25～35m 范围内。放管时，应用绳索将一端固定在地锚上，并套卷管段拉住另一端，用撬杠将管段移至沟边，放好滑木杠，统一指挥慢速放绳使管段沿滑木杠下滚。为避免管道弯曲，拉绳不得少于两条，沟内不得站人。

⑨ 沟内管道焊接，连接前必须清理管腔，找平、找直，焊接处要挖出操作坑，其大小要便于焊接操作。

⑩ 阀门、配件、补偿器支架等，应按设计要求位置进行安装，并在施工前按施工要求

预先放在沟边沿线，并在试压前安装完毕。

⑪ 直埋管道接口保温应在管道安装完毕及强度试验合格后进行，接口保温施工前，应将接口钢管表面、两侧保温端面和搭接段外壳表面的水分、油污、杂质和端面保护层去除干净。

⑫ 管道接口使用聚氨酯发泡时。环境温度宜为 20℃，不应低于 10℃；管道温度不应超过 50℃。管道接口保温不宜在冬季进行。不能避免时，应保证接口处环境温度不低于 10℃，严禁管道浸水、覆雪。接口周围应留有操作空间。

⑬ 接口保温采用套袖连接时，套袖与外壳管连接应采用电阻热熔焊，也可采用热收缩套或塑料热空气焊，采用塑料热空气焊应用机械施工。套袖安装完毕后，发泡前应做气密性试验，升压至 0.02MPa，接缝处用肥皂水检验，无泄漏为合格。

⑭ 采用玻璃钢外壳的管道接口，使用模具作接口保温时，接口处的保温层应和管道保温层顺直，无明显凹凸及空洞。接口处，玻璃钢防护壳表面应光滑顺直，无明显凸起、凹坑、毛刺。防护壳厚度不应小于管道防护壳厚度；两侧搭接不应小于 80mm。

⑮ 直埋管道敞口预热宜选用充水预热方式，也可采用电加热。预拉伸处理和伤口预热时，应在保证管道伸长量符合设计值并且保持不变时进行覆土夯实。

⑯ 管道水压试验，应按设计要求和规范规定，办理隐检试压手续，把水泄净。

⑰ 管道防腐，应预先集中处理，管道两端留出焊口的距离，焊口处的防腐在试压完后再处理。

⑱ 直埋供热管道的检查室施工时，应保证穿越口与管道轴线一致，偏差度应满足设计要求，并按设计要求做好管道穿越口的防水、防腐。

⑲ 沟槽、检查室经工程验收合格、竣工测量后，应及时进行回填。回填前应先将槽底清除干净，有积水时应先排除。

⑳ 直埋供热管道最小覆土深度应符合表 6-6 的规定，穿越河底时覆土深度应根据水流冲刷条件和管道稳定条件确定。回填土时要在保温管四周填 100mm 细砂，再填 300mm 素土，人工分层夯实。管道穿越马路处埋深少于 800mm 时，应做简易管沟，加盖混凝土盖板，沟内填砂处理。

表 6-6　直埋敷设管道最小疆土深度

管径/mm	50～125	150～200	250～300	350～400	450～500
车行道下/m	0.8	1.0	1.0	1.2	1.2
非车行道下/m	0.6	0.6	0.7	0.8	0.9

6.3.3.3　地沟管道安装

① 在不通行地沟安装管道时，应在土建垫层完毕后立即进行安装。

② 土建打好垫层后，按图纸标高进行复查并在垫层弹出底沟的中心线，按规定间距安放支座及滑动支架。

③ 管道应先在沟边分段连接，管道放在支座上时，用水平尺找平找正。安装在滑动支架上时，要在补偿器拉伸并找正位置后才能焊接。

④ 通行底沟的管道应安装在地沟的一侧或两侧，支架应采用型钢，支架的间距要求见表 6-7。管道的坡度应按设计规定确定。

管径	15	20	25	32	40	50	70	80	100	125	150	200
不保温	2.5	2.5	3.0	3.0	3.5	3.5	4.5	4.5	5.0	5.5	5.5	6.0
保温	2.0	2.0	2.5	2.5	3.0	3.5	4.0	4.0	4.5	5.0	5.5	5.5

表 6-7　支架最大间距　　　　　　　　　　　　　　　　单位：mm

⑤ 支架安装要平直牢固，同一地沟内有几层管道时，安装顺序应从最下面一层开始，再安装上面的管道，为了便于焊接，焊接连接口要选在便于操作的位置。

⑥ 遇有伸缩器时，应在预制时按规范要求做好预拉伸并做好支撑，按位置固定，与管道连接。

⑦ 管道安装时坐标、标高、坡度、甩口位置、变径等复核无误后，再把吊架螺栓紧好，最后焊牢固卡处的止动板。

⑧ 冲水试压，冲洗管道办理验收手续，把水泄净。

⑨ 管道防腐保温，应符合设计要求和施工规范规定，最后将管沟清理干净。

6.3.3.4 架空管道安装

① 按设计规定的安装位置、坐标，量出支架上的支座位置，安装支座。

② 支架安装牢固后，进行架设管道安装，管道和管件应在地面组装，长度以便于吊装为宜。

③ 管道吊装，可采用机械或人工起吊，绑扎管道的钢丝吊点位置，应以使管道不产生弯曲为宜。已吊装尚未连接的管段，要用支架上的卡子固定好。

④ 采用丝扣连接的管道，吊装后随即连接；采用焊接时，管道全部吊装完毕后再焊接。焊缝不许设在托架和支座上，管道间的连接焊缝与支架间的距离应大于 150～200mm。

⑤ 按设计和施工各规定位置，分别安装阀门、集气罐、补偿器等附属设备，并与管道连接好。

⑥ 管道安装完毕，要用水平尺在每段管上进行一次复核。找正调直，使管道在一条直线上。

⑦ 摆正后安装管道穿结构处的套管，填堵管洞，预留口处应加好临时管堵。

⑧ 按设计规定的压力进行冲水试压，合格后办理验收手续，把水泄净。

⑨ 管道防腐保温，应符合设计要求和施工规范规定，注意做好保温层外的防雨，防潮等保护措施。

6.3.4　质量标准

（1）一般规定

① 管道支、吊、托架及管座的安装应符合标准规定。

② 管道安装坡度应在允许值以内。

③ 管道安装标高应符合设计要求和施工规范规定。

④ 管道的焊接质量必须符合标准的规定。

（2）主控项目

① 平衡阀及调节阀型号、规格及公称压力应符合设计要求。安装后应根据系统要求进行调试，并作出标志。

检验方法：对照设计图纸及产品合格证，并现场观察调试结果。

② 直埋无补偿供热管道预热伸长及三通加固应符合设计要求。回填前应注意检查预制保温外壳接口的完好性。回填应按设计要求进行。

检验方法：回填前现场验核和观察。

③ 补偿器的位置必须符合设计要求，并应按设计要求或产品说明书进行预拉伸。预拉伸量为补偿管段（即两固定支架之间管段）热延伸量 ΔL 的 $1/2$。管道固定支架的位置和构造必须符合设计要求。

检验方法：对照图纸，并查验预拉伸记录。

④ 井室、用户入口处管道布置应便于操作及维修，支、吊、托架稳固，并满足设计要求。

检验方法：对照图纸，观察检查。

⑤ 直埋管道的保温应符合设计要求，接口在现场发泡时，接头处厚度应与管道保温层厚度一致，接头处保护层必须与管道保护层成一体，符合防潮防水要求。

检验方法：对照图纸，观察检查。

⑥ 减压器调压后的压力必须符合设计要求。

检验方法：解体检查。

⑦ 调压板的材质、孔径和孔位使用前必须符合设计要求。

检验方法：检查安装记录或解体检查。

（3）一般项目

① 管道水平敷设，其坡度应符合设计要求。

检验方法：对照图纸，用水准仪（水平尺）拉线和尺量检查。

② 除污器构造应符合设计要求，安装位置和方向应正确。管网冲洗后应清除内部污物。

检验方法：打开清扫口检查。

③ 管道支、吊、托架的安装应符合以下规定：构造正确，埋设平整牢固，排列整齐，支架与管道接触紧密。

检验方法：观察和尺量检查。

④ 室外供热管道安装的允许偏差应符合表 6-8 的规定。

表 6-8　室外供热管道安装的允许偏差和检验方法

项次	项目		允许偏差	检验方法
1	坐标	敷设在沟槽内及架空	20mm	用水准仪（水平尺）、直尺、拉线尺量检查
		埋地	50mm	
2	标高	敷设在沟槽内及架空	±10mm	
		埋地	±15mm	
3	水平管道纵、横方向弯曲	每1m　管径≤100mm	1mm	
		每1m　管径>100mm	1.5mm	
		全长（25m以上）　管径≤100mm	≤13mm	
		全长（25m以上）　管径>100mm	≤25mm	

项次	项目			允许偏差	检验方法
4	弯管	椭圆率 $\left(\dfrac{D_{max}-D_{min}}{D_{max}}\right)$	管径≤100mm	10%	用外卡钳和尺量检查
			管径 125～400mm	8%	
		折皱不平度	管径≤100mm	4mm	
			管径 125～200mm	5mm	
			管径 250～400mm	7mm	
5	减压器、疏水器、除污器、蒸汽喷水器	几何尺寸		5mm	尺量检查

⑤ 管道焊口的允许偏差应符合表 6-9 的规定。

表 6-9　钢管管道焊口允许偏差和检验方法

项次	项目		允许偏差	检验方法
1	焊口平直度	管壁厚 10mm 以内	管壁厚的 1/4	焊接检查尺和游标卡尺检查
2	焊缝加强面	高度	＋1mm	
		宽度		
3	咬边	深度	小于 0.5mm	直尺检查
		连续长度	小于焊缝长度的 10%	
		总长度（两侧）	25mm	

⑥ 管道及管件焊接的焊缝表面质量应符合下列规定。

a. 焊缝外形尺寸应符合图纸和工艺的规定，焊缝高度不得低于母材表面，焊缝与母材应圆滑过渡。

b. 焊缝及热影响区表面应无裂纹、未熔合、未焊透、夹渣、弧坑和气孔等缺陷。

检验方法：观察检查。

⑦ 供热管道的供水管或蒸汽管，如设计无规定时，应敷设在载热介质前进方向的右侧或上方。

检验方法：对照图纸，观察检查。

⑧ 地沟内的管道安装位置，其净距（保温层外表面）应符合下列规定：a. 沟壁 100～150mm；b. 与沟底 100～200mm；c. 与沟顶 50～100mm（不通行地沟）或 100～150mm（半通行和通行地沟）。

检验方法：尺量检查。

⑨ 架空敷设的供热管道安装高度，如设计无规定时，应符合下列规定（以保温层外表面积计算）：a. 人行地区，不小于 2.5m；b. 通行车辆地区，不小于 4.5m；c. 跨越铁路，距轨顶不小于 6m。

检验方法：尺量检查。

⑩ 防锈漆的厚度应均匀，不得有脱皮、起泡、流淌和漏涂等缺陷。

检验方法：保温前观察检查。

⑪ 管道保温层的厚度和平整度的允许偏差应符合表 6-10 的规定。

表 6-10　管道及设备保温的允许偏差和检验方法

项次	项目		允许偏差	检验方法
1	厚度		$+0.1\sigma$　-0.05σ	用钢针刺入
2	表面平整度	卷材	5mm	用2m靠尺和楔行塞尺检查
		涂抹	10mm	

注：σ 为保温层厚度。

⑫ 埋地管道的防腐层应符合以下规定：材质和结构符合设计要求和施工规范规定，卷材与管道以及各层卷材间粘贴牢固，表面平整，无皱折、空鼓、滑移和封口不严等缺陷。

检验方法：观察或切开防腐层检查。

6.4　系统水压试验及调试

6.4.1　材料质量要求

① 压力表应为校验过的，且表规格应满足试压要求。

② 电动试压泵应开关灵活，其工作压力应能满足试验压力的要求。

③ 试压用的水源和电源应准备齐全，且水质应清洁无污。

6.4.2　工艺流程

（1）水压试验

水压试验流程包括：a. 连接试压泵及管路；b. 管路灌水、排气；c. 升压；d. 检查；e. 验收检查；f. 填写记录。

（2）调试

调试流程包括：a. 热力管水压试验；b. 热力管网充水、通热；c. 各用户供暖介质引入；d. 各用户供暖系统调试；e. 检查验收、填写记录。

6.4.3　操作工艺

6.4.3.1　水压试验

① 试压以前，须对全系统或试压管段的最高处防风阀、最低处泄水阀进行检查。

② 根据管道进水口的位置和水源距离，设置打压泵，接通上水管道，安装好压力表，监视系统的压力下降。

③ 检查全系统的管道阀门关闭状况，观察其是否满足系统或分段试压的要求。

④ 灌水进入管道，打开防风阀，当防风阀出水时关闭，间隔短时间后再打开防风阀，依次顺序关启数次，直至管内空气放完方可加压。加压至试验压力，热力管网的试验压力应等于工作压力的 1.5 倍，不得小于 0.6MPa，稳压 10min，如压力降不大于 0.05MPa，即可将压力降到工作压力。可以用重量不大于 1.5kg 的手锤敲打管道距焊口 150mm 处，检查焊缝质量，不渗、不漏为合格。

⑤ 试压合格后，填写试压试验记录。

6.4.3.2 调试

（1）热力管网系统冲洗

① 热水管的冲洗。用 0.3～0.4MPa 压力的自来水对供水及回水干管分别进行冲洗，当接入下水道的出口流出水洁净时，认为合格。然后再以 1～1.5m/s 的速度进行循环冲洗，延续 20h 以上，直至从回水总干管出口流出的水色透明为止。

② 蒸汽管的冲洗。在冲洗段末端与管道垂直升高处设冲洗口，冲洗管使用钢管焊接在蒸汽管道下侧，并装设阀门。

a. 拆除管道中的流量孔板、温度计、滤网、止回阀、疏水阀等。

b. 缓缓开启总阀门，切勿使蒸汽流量和压力增加过快。

c. 冲洗时先将各冲洗口阀门打开，再开大总进气阀，增大蒸汽量进行冲洗，延续 20～30min，直至蒸汽完全清洁为止。

d. 冲洗后拆除冲洗管及排气管，将水放尽。

（2）热力管网的灌充、通热

① 先用软化水将热力管网全部充满。

② 再启动循环水泵，使水缓慢加热，要严防产生过大的温差应力。

③ 同时注意检查伸缩器支架工作情况，发现异常情况要及时处理，直到全系统达到设计温度为止。

④ 管网的介质为蒸汽时，向管道灌充，要逐渐地缓缓开启分汽缸上的供汽阀门，同时仔细观察管网的伸缩器、阀件等工作情况。

（3）各用户供暖介质的引入与系统调试

① 若为机械热水供暖系统，首先使水泵运转达到设计压力。

② 然后开启建筑物内引入管的回、供水（汽）阀门。要通过压力表监视水泵及建筑物内的引入管上的总压力。

③ 热力管网运行中，要注意排尽管网内空气后方可进行系统调试工作。

④ 室内进行初调后，可对室外各用户进行系统调节。

⑤ 系统调节从最远的用户及最不利供热点开始，利用建筑物进户处引入管的供回水温度计，观察其温度差的变化，调节进户流量。

⑥ 系统调节的步骤如下。

a. 首先将最远用户的阀门开到头，观察其温度差，如温差小于设计温差则说明该用户进户流量大，如温差大于设计温差，则说明该用户进户流量小，可用阀门进行调节。

b. 按上述方法再调节倒数第二户，将这两入户的温度调至相同为止，这说明最后两户的流量平衡。倘若达不到设计温度，须这样逐一调节、平衡。

c. 再调整倒数第三户，使其与倒数第二户的流量平衡。在平衡倒数第二、第三户过程中，允许再适当稍拧动这两户的进口调节阀，此时第一户已定位，该进户调节阀不准拧动，并且作上定位标记。

d. 依次类推，调整倒数第四户使其与倒数第三户的流量平衡。允许再稍拧动第三户阀门，但在第二户阀门上应作上定位标记，不准拧动。

e. 调完全部进户阀门后，若流量还有剩余，最后可调节循环水泵的阀门。

（4）检查验收、填写调试记录

主要填写强度及严密性试验记录、系统吹洗检查记录和系统通水、通汽调试记录。

6.4.4 质量标准

（1）一般项目

① 管道试压必须符合设计要求和施工规范规定。

② 热力管网冲水或蒸汽吹洗中，排出的水或蒸汽若洁净则认为合格。

③ 通热调试，在进户热力入口装置上，回水温度差在±2℃以内，认为达到热力平衡。

（2）主控项目

① 供热管道的水压试验压力应为工作压力的 1.5 倍，但不得小于 0.6MPa。

检验方法：在试验压力下 10min 内压力降不大于 0.05MPa，然后降至工作压力下检查，不渗、不漏。

② 管道试压合格后，应进行冲洗。

检验方法：现场观察，以水色不浑浊为合格。

③ 管道冲洗完毕应通水、加热，进行试运行和调试。当不具备加热条件时，应延期进行。

检验方法：测量各建筑物热力入口处供回水温度及压力。

④ 供热管道作水压试验时，试验管道上的阀门应开启，试验管道与非试验管道应隔断。

检验方法：开启和关闭阀门检查。

6.5 成品保护

① 管沟的直立壁和边坡，在开挖过程中要加以保护，以防坍塌，雨季施工时要设置挡板、排水沟，防止地面水流进沟底。

② 管架运至安装地点应采取临时加固措施，防止途中变形。地脚螺栓的装配面应干燥、洁净，不得在雨天安装螺栓固定的管架。

③ 管道坡口加工后，若不及时焊接，应采取措施，特别雨季施工期，更须防止已成形的坡口锈蚀，严重影响焊接质量。

④ 伸缩器预制后，应放在平坦的场地，防止伸缩器变形。

⑤ 管道安装后，其分支和甩口处要用临时活堵封口，严防污物进入管沟。

⑥ 管道保温时，严禁借用相邻管道搭设跳板。保护层若为石棉水泥保护壳，施工时应用塑料布盖好下层管道，防止石棉水泥灰落在下层管道上。保温后的管道严禁踩踏或承重。

⑦ 水压试验后，必须及时将管道内的水放尽，以免冻坏管道及阀件。

⑧ 冲洗工程中，要设专人看守，严禁污物进入管道内。冲洗中的冲洗水严禁排入热力管沟内。蒸汽吹洗时，防止排气进入沟内，破坏保护管道的保温层。

⑨ 通热时，要设专人看管正在调节的阀件，严禁随便拧动。以免扰乱通热调节程序。

⑩ 刚刷过油漆的管道不得脚踩。刷油后，将滴在地面、墙面及其他物品、设备上的油漆清除干净。

6.6　安全环境保护

6.6.1　安全措施

①　电焊操作人员应在工具、操作、劳保各方面严格遵守有关专业规定。电焊机应设有防雨罩、安全保护罩。在切断开关时，应戴干燥手套。

②　吊车的起重臂、钢丝绳和管架要与架空电线保持一定的距离。索具、吊钩、卡环及其他起重工具，使用前应进行检查，发现断丝、磨损超过规定均不可使用。

③　地沟内应使用安全照明、防水电线。施工人员要戴安全帽。

④　高空作业要扎好安全带，严禁酒后操作。工具用后要放进专用袋中，不准放在架子或梯子上，防止落下砸人。

6.6.2　环保措施

①　除设有符合规定的装置外，不得在施工现场焚烧油漆等会产生有毒、有害烟尘和恶臭气体的物质。

②　采取有效措施处理施工中的废弃物。

③　采取措施控制施工过程中产生的扬尘。

④　对产生噪声、振动的施工机械，应采取有效的控制措施，减轻噪声扰民。

⑤　禁止将有毒有害废弃物用作土方回填。

⑥　妥善处理泥浆水，未经处理不得直接排入城市排水设施和河流。

6.7　质量记录

①　材料及设备的出厂合格证；

②　材料及设备的进场检查记录；

③　管路系统的预检记录；

④　伸缩器的预拉伸记录；

⑤　管道系统的安装记录；

⑥　管路系统的隐蔽检查记录；

⑦　管路系统的试压记录；

⑧　系统的冲洗记录；

⑨　系统的通汽、通水调试记录。

第7章

通风空调系统安装

7.1 多联机安装

7.1.1 工程进场前准备

7.1.1.1 主要机具

① 机具：型材切割机、台钻、电焊机、真空泵等。

② 工具：工作台、台虎钳、气焊、气割工具、管钳、手锤、手锯、活动扳手、电锤等。

③ 其他：钢卷尺、水准仪、水平尺、棉布、石笔、小线等。

④ 常用工具见表 7-1。

表 7-1　常用工具

序号	名称	规格、型号	序号	名称	规格、型号
1	切管器		14	称重计	精确度 0.01kg
2	钢锯		15	截止阀	
3	弯管器	弹簧、机械	16	温度计	
4	胀管器	根据管径规格	17	米尺	
5	扩口器	根据管径规格	18	螺丝刀	"一"型、"十"型
6	钎焊工具	不同喷嘴大小	19	活动扳手	
7	刮刀		20	电阻测试仪	
8	锉刀		21	测电笔	
9	充注导管		22	万用表	
10	双头压力表	4.0MPa	23	氮气减压阀	2.5MPa、3.5MPa
11	压力表	1.5MPa、4.0MPa	24	切线钳	
12	真空表	−756mmHg	25	内六角扳手	4～12mm
13	真空泵	4L/s 以上	26	修边机	复合风管使用

另外，安装过程中通常还会用到电焊机、切割机、人字梯、手电钻、折边机、风管制作工具等。

注意，根据使用的制冷剂不同，直接与制冷剂接触的工具和仪器不能通用。

制冷剂 R410A 与 R22 不能通用的安装工具及仪器见表 7-2。

表 7-2 制冷剂 R410A 与 R22 不能通用的安装工具及仪器

名称	功能	不通用原因
润滑油	涂于纳子帽，润滑纳子帽表面。应使用有机合成油（醚油，型号 FVC68D）	R22 用的矿物油（Sunniso4GS）与新工质 R410A 不相溶，混合后会出现油泥，可能发生循环阻塞
制冷剂罐	充注制冷剂	R410A 为疑似共沸混合型制冷剂，应确保在液态下充注，以免破坏成分比例
真空泵连接器	抽真空	真空泵可以通用，但应接装用于防止真空泵停止时泵内矿物油倒流的连接器，即在吸气管上加装止回阀
高低压压力表	抽真空，保持真空，充制冷剂，检查压力	严禁通用。一是耐压标准不同；二是附着的矿物油流入后会沉积下来，可能引起回路堵塞及压缩机故障
充注导管	充注制冷剂	严禁通用，R410A 系统的工作压力比 R22 系统高约50%，混用会导致系统超压
检漏仪	泄漏检测	工质的结构成分不同，检测方式不同。应使用氢检测型检漏仪

7.1.1.2 施工图纸的审核及确认

① 销售人员将业主方确认签字的图纸交予施工队。

② 图纸中应包括：中央空调施工图、中央空调设备定位图、中央空调配置表。

7.1.1.3 图纸审核注意事项

① 多联系统空调室内机与室外机容量配比是否在规范范围之内（室内外机连接图见图 7-1）。

② 连接管的长度、尺寸以及室内外机组落差是否在允许范围之内（配管长度见表 7-3）。

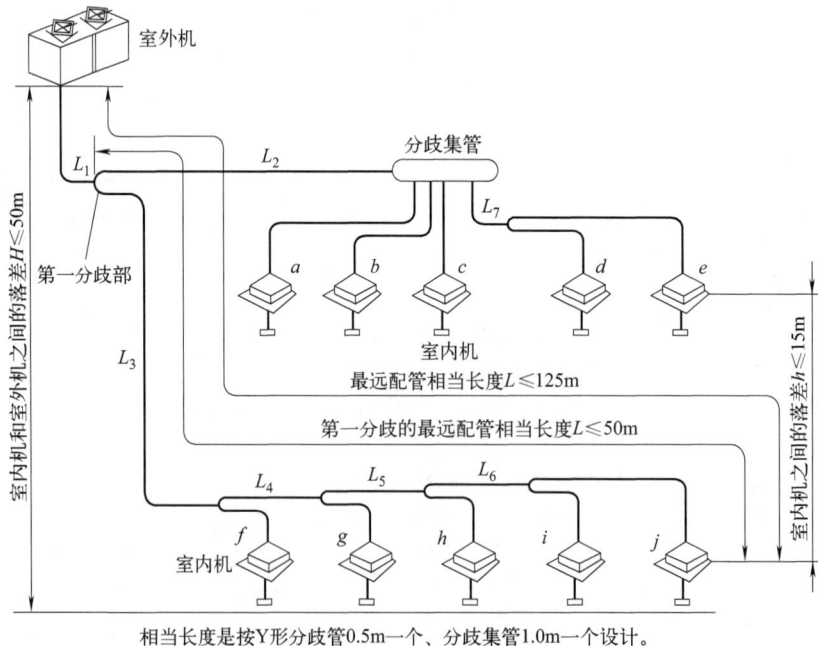

图 7-1 室内外机连接图

表 7-3　配管长度

项目		允许值	配管部分
配管总长（实际长）		250m	$L_1+L_2+L_3+\cdots\cdots i+j$
最远配管长	实际长度	100m	$L_1+L_3+L_4+L_5+L_6+j$
	相当长度	125m	
第一分歧管到最远配管相当长度 L		50m	$L_3+L_4+L_5+L_6+j$
室内机和室外机落差	室外机在上	50m	—
	室外机在下	40m	—
室内机和室内机落差		15m	—

7.1.2　现场作业条件安排

① 安装现场：应具备足够的运输场地，清理设备安装地点。

② 现场工具、材料堆放一定要摆放有序，注意设备及成品的保护。

③ 设备接收：设备必须和配置表相符，并将准备好的设备验收表交予客户签字验收。

④ 检查资料、条形码和合格证是否完备，并用塑料袋进行封装。

⑤ 填写材料进场单，一般应交予客户签字确认。

7.1.3　施工总流程

施工总流程为：安装室内机→冷媒配管工程→排水管工程→风管工程→绝热工程→电气工程→连接线、动力线→设定各设定开关→室外机地基工程→安装室外机→气密实验→真空干燥→追加充填冷媒→安装装饰板→试运转及调试→交付使用说明书。

施工流程图见图 7-2。

7.1.4　安装室内机

7.1.4.1　操作步骤

操作步骤为：决定安装位置→标志安装位置→安装悬吊支架→安装室内机。

① 与现场装饰方沟通协调后，根据"中央空调设备定位图"，同时考虑维修、安装空间，确定好内机的高度、与墙壁的距离等；

② 根据机组位置及内机本身吊孔的位置，将定位孔做好记号；

③ 打孔并安装吊杆，保持吊杆与顶棚垂直；

④ 吊上内机，调整内机水平和轻微地偏向冷凝水排水管方向（5～10mm）；

⑤ 利用水平仪检验，直到将机组调整到水平为止（在可能的情况下将机组尽量贴近顶棚，以便于冷凝水的排放和保证吊顶的高度）。

7.1.4.2　要点

① 悬吊支架必须足以承受室内机的重量；

② 安装前必须检查并核对设备型号；

③ 注意校正管道的布置和走向；

④ 应留有足够的空间以供综合维修用；

⑤ 应留有一检修孔，尺寸不小于 400mm×400mm；

⑥ 装室内机时应保证有足够的冷凝水管位置。

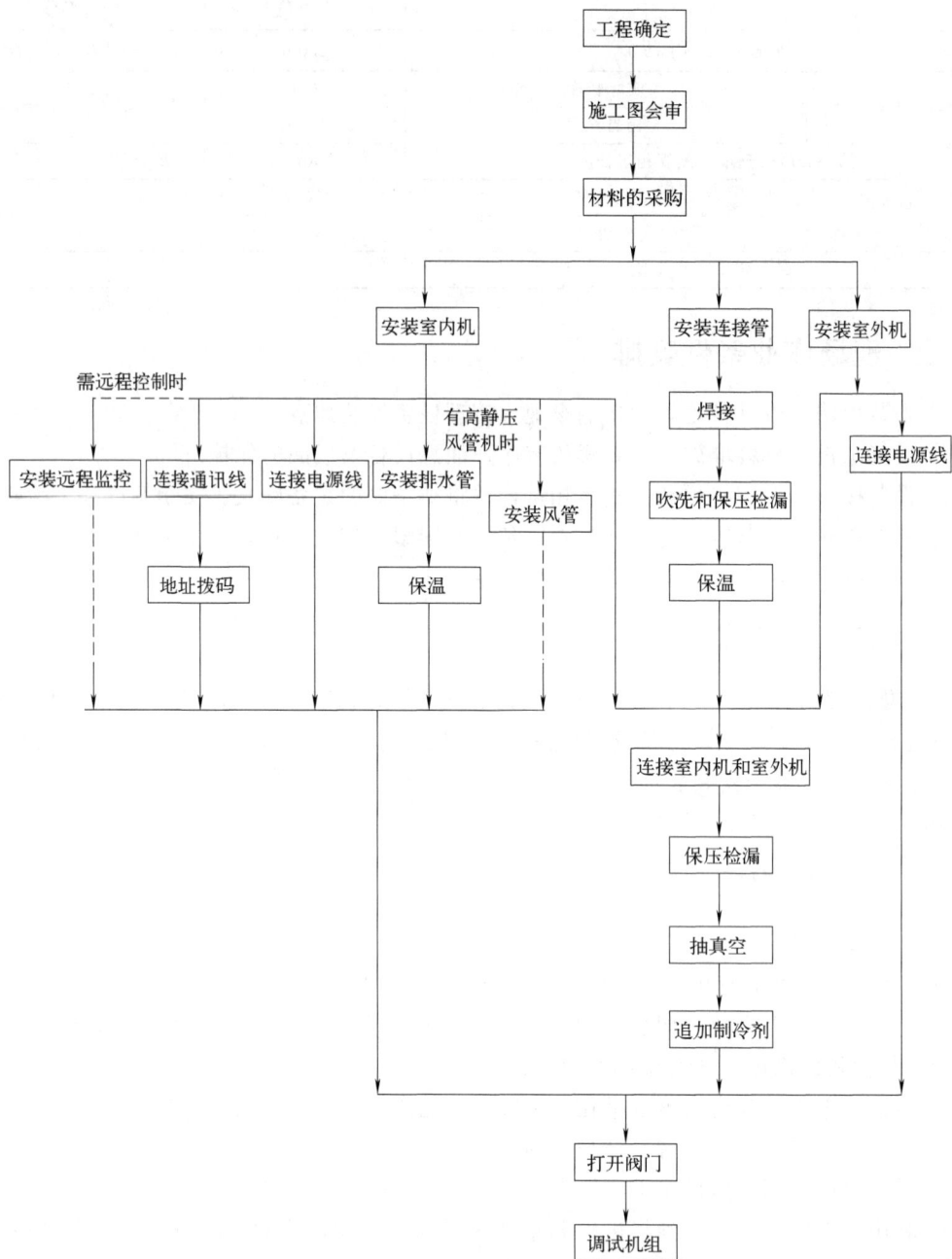

图 7-2 通风空调系统安装施工流程图

7.1.5 冷媒配管工程

7.1.5.1 操作步骤

操作步骤为：安装室内机→按图纸配铜管→安装铜管管道→置换氮气→钎焊→吹净→铜管调直→气密试验→真空干燥→追加冷媒。

7.1.5.2 操作要点

冷媒配管的选择标准见表 7-4。

表 7-4 冷媒配管的选择标准

铜管外径 /mm	R22		R410A	
	壁厚/mm	类型	壁厚/mm	类型
$\phi6.35$	0.8	盘管	0.8	盘管
$\phi9.52$	0.8	盘管	0.8	盘管
$\phi12.7$	0.8	盘管	0.8	盘管
$\phi15.88$	1.0	盘管	1.0	盘管
$\phi19.05$	1.0	盘管	1.0	直管
$\phi22.2$	1.0	直管	1.0	直管
$\phi25.4$	1.0	直管	1.0	直管
$\phi28.6$	1.0	直管	1.0	直管
$\phi31.75$	1.1	直管	1.1	直管
$\phi34.88$	1.3	直管	1.3	直管
$\phi38.1$	1.4	直管	1.4	直管
$\phi44.45$	1.5	直管	1.5	直管

注: 1. 用于 R410A 的铜管必须经去油处理。

2. 铜管承受压力: R22 为 $\geq30kgf/cm^2$（$1kgf=9.8N$）; R410A 为 $\geq45kgf/cm^2$。

（1）冷媒配管三原则（表 7-5）

表 7-5 冷媒配管三原则

原则	原因	防止故障对策
干燥	从外部,例如:雨水、工程用水的侵入、管内凝结水侵入	配管加工→吹净→真空干燥
清洁	钎焊时管内氧化物形成尘埃、杂物从外侵入	配管加工→吹净 置换氮气
气密性	钎焊不完全、喇叭口漏气、边缘漏气	严格执行钎焊基本操作 严格执行喇叭口基本操作 严格执行接口基本操作

（2）冷媒配管的支撑

冷媒配管支、吊架间距见表 7-6。

表 7-6 冷媒配管支、吊架间距

公称直径/mm		9.52	12	16	19	22	25	28	35	38	40 以上
最大间距/m	L_1	1	1	1	1	1.5	1.5	1.5	1.5	1.5	2
	L_2	1.5	1.5	1.5	1.5	1.5	2	2	2	2	2.5

注: L_1 为水平支架、吊架的最大间距; L_2 为垂直支架、吊架的最大间距; 以保温管道进行规定。

① 横管的固定。空调在运行过程中, 会使冷媒配管产生变形（如伸缩和下垂等）; 为防止配管损坏, 应采用吊架或托架的形式加以支撑, 标准如下: 配管直径 $\phi20mm$ 以下、

$\phi20\sim40\text{mm}$、$\phi40\text{mm}$ 以上支撑点间隔分别为 1m、1.5m、2m。一般，应将气管与液管并行悬挂，支撑点的间隔距离根据气管的管径选择，由于流动的冷媒会随运转和工况的变化而发生温度差异，导致冷媒配管产生热胀冷缩现象，所以不能将保温后的配管完全夹紧，否则可能造成铜管因应力集中而开裂。

② 立管（竖直管）的固定。根据管道走向，沿墙体进行固定，管卡处应使用圆木码代替保温材料，U 形管卡在木制冷桥外固定，木制冷桥应进行防腐处理。配管直径 $\phi20\text{mm}$ 以下、$\phi20\sim40\text{mm}$、$\phi40\text{mm}$ 以上支撑点间隔分别为 1.5m、2.0m、2.5m。

③ 局部位置的固定。为防止配管伸缩导致局部产生应力集中，一般应考虑在分歧管、端管和墙体贯穿孔附近加以局部固定。

（3）分歧管组件的安装要求

分歧管安装见图 7-3。

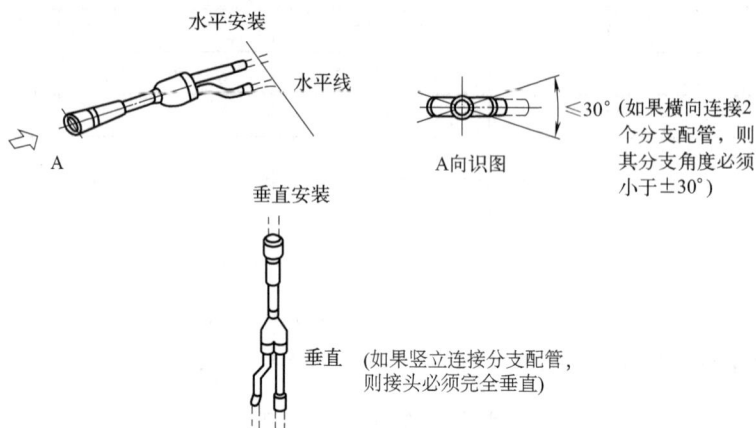

图 7-3　分歧管安装

① 设置分歧管组件的位置时应注意：

a. 分歧管不能用三通管代替。

b. 必须按照施工图纸和安装说明书确认分歧管组件的型号，以及连接的主管和支管的管径。

c. 分歧管组件前后 500mm 的距离内不能设置急弯（90°弯角）或者连接其他分歧管组件。

d. 尽量使分歧管组件的安装位置位于便于焊接的场所（如无法保证可先预制组件）。

e. 水平或垂直安装分支器，水平夹角应在 15°以内。

f. 分歧管安装水平且应设支架，分歧管平放在吊架上。

② 为了保证冷媒分流均匀，安装分歧管组件时应注意其水平直管道的距离，见图 7-4。

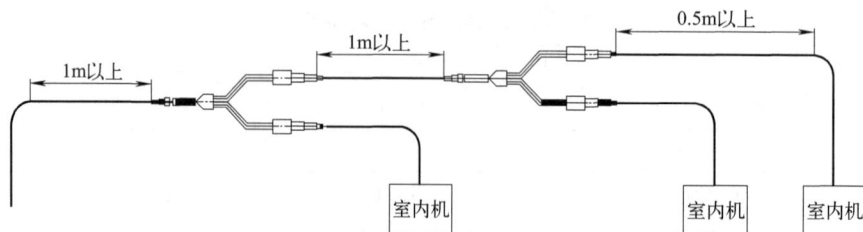

图 7-4　分歧管安装水平直管段距离

a. 铜管转弯处与相邻分歧管间的水平直管段距离应≥1m。

b. 相邻两分歧管间的水平直管段距离应≥1m。

c. 分歧管后连接室内机的水平直管段距离应≥0.5m。

（4）节流部件的水平安装

节流部件的水平安装见图7-5。

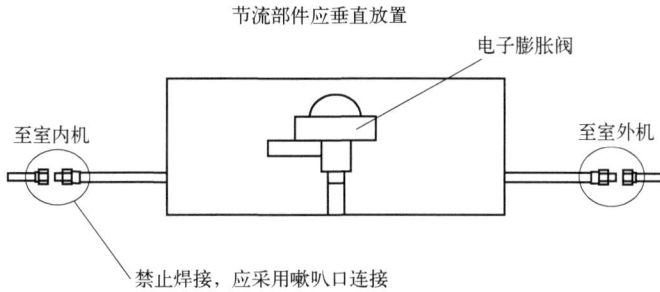

节流部件应垂直放置

电子膨胀阀

至室内机 ～～ 至室外机

禁止焊接，应采用嗽叭口连接

图 7-5　节流部件安装

注意事项：

① 电子节流部件安装时应垂直向上水平安装，禁止倾斜、倒置。

② 电子膨胀阀应安装在便于检修的位置。

③ 电子膨胀阀与内机之间管长的距离应尽量大于1m。

④ 电子节流部件与室内外机配管连接时，应用两只扳手操作，以免铜管变形或开裂。

⑤ 电子节流部件与室内外机配管连接时，应采用喇叭口连接，禁止用焊接连接，因焊接产生的热量会经铜管传至电子膨胀阀，导致电子膨胀阀损坏。

⑥ 连接时请注意连接方向（参见电子节流部件上的标贴）。

⑦ 电子膨胀阀两端头的保温应包好，不露出铜管。

⑧ 电子膨胀阀的控制线应与电源线保持15cm以上的距离。

7.1.6　铜管存放与保养

7.1.6.1　配管的搬入及存放

① 搬入施工场地需要注意避免弯曲变形。

② 保存中的铜管必须用端盖或胶带封口。

③ 必须用木支架等使铜管高于地面，以防尘、防水。

④ 两端要有防止灰尘、雨水等进入的防范措施。

⑤ 配管在施工现场须放置在专门架、台上，在指定场所专门保管。

7.1.6.2　管封口的正确做法

封口做法有两种：

① 堵盖、胶带封缠（适合于短时间存放）；

② 封焊（适用于长时间存放）。

7.1.6.3　铜管的保护

① 施工中的铜管，若不能及时与室内、外机连接，必须进行封口：

a. 短时间内可用胶带封口。

b. 长时间必须用钎焊法：夹紧管口，钎焊，封入 $2\sim5kgf/cm^2$ 氮气，见图7-6。

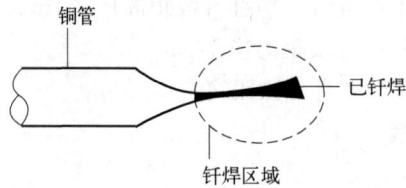

图 7-6　钎焊法

② 穿保温套、穿墙时必须封口，并用塑料包裹好，见图 7-7。

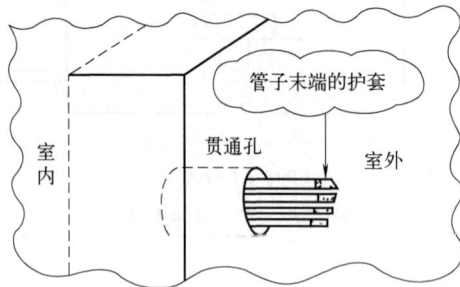

图 7-7　穿保温套、穿墙

注意：铜管在现场施工的过程中必须随时封口。

7.1.7　铜管加工

铜管加工操作见图 7-8。

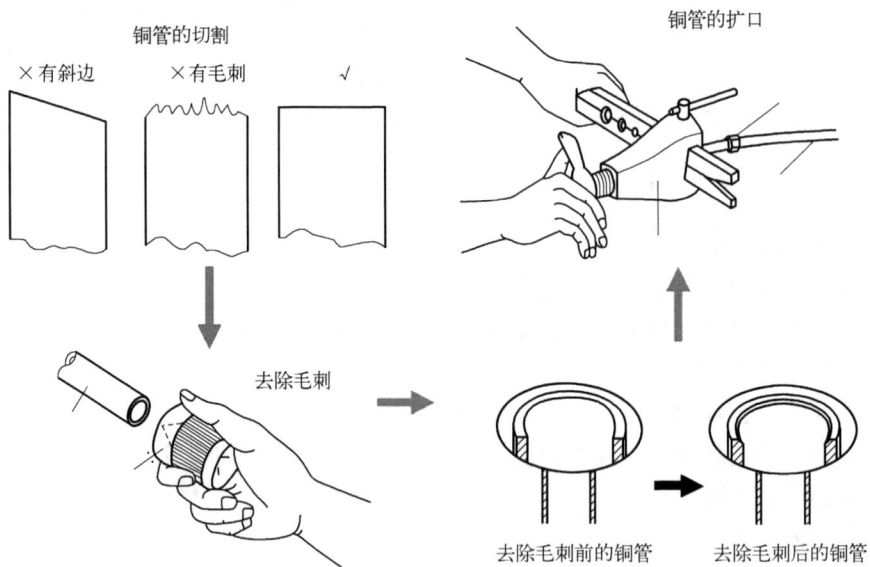

图 7-8　铜管加工操作

7.1.7.1　铜管切管

（1）工具

只能用割管器，不能用锯或切割机切割铜管。

（2）正确操作方法

均匀缓慢地转动并不断对割管器加力，在铜管不发生变形的情况下割断铜管。

（3）用锯或切割机切割铜管的危害

导致铜屑进入管内，很难彻底吹扫干净，有进入压缩机或堵塞节流部件的极大危险。

（4）管口修整

清除铜管断口的毛刺并清扫管内和整修管端口；便于扩口操作，防止扩口密封面有伤痕。

操作方法如下：

① 用刮刀等将内侧毛刺去掉，作业时管端口必须向下倾斜，防止铜屑掉入管内。

② 倒角结束，用棉纱布将管内铜屑彻底清理干净。

③ 不要造成伤痕，以免扩口时发生破裂。

④ 如果管端明显变形时，将其割掉重新加工。

7.1.7.2 胀管加工

（1）目的

胀管加工就是把管口扩大，将铜管插入，代替直通，可减少焊点。

（2）要点

胀管连接部位必须保持光滑平整；切管后清除管口内部毛刺。

（3）操作方法

将胀管器胀头插入至管内进行扩管，在胀管完成后将铜管转一个小角度，修整胀管头留下的直线痕迹。

7.1.7.3 扩喇叭口

（1）目的

喇叭口用于螺纹连接。

（2）要点

① 扩口作业前对硬管必须退火。

② 切割管道应用管道割刀，不能使用钢锯或金属切割设备，以防止铜管断面过度变形和铜屑进入管内。要保证断面平齐，以免导致冷媒泄漏。

③ 小心去除毛刺以免喇叭口产生伤痕，导致冷媒泄漏。

④ 连接管道时，必须采用两把扳手（一把力矩扳手和一把固定扳手）。

⑤ 扩口前扩口螺母应先装上管道。

⑥ 用合适的扭矩来紧固扩口螺母。

（3）扩口后的注意事项

① 涂些空调机冷冻油在扩口的内外面上（以便扩口连接螺母顺利地通过或旋转，保证密封面和受力面靠紧贴合，防止管道扭曲）。

② 喇叭口不允许有裂纹或是变形，否则无法密封或系统运行一定时间后就会泄漏冷媒。

7.1.7.4 弯管加工

（1）加工方法

① 手弯曲加工：适用于细铜管（$\phi 6.35 \sim 12.7\text{mm}$）。

② 机械弯管加工：适用范围较广（$\phi 6.35 \sim 67\text{mm}$），采用弹簧弯管器、手动弯管器或电动弯管器。

（2）目的

① 减少焊接接头，节省弯头，提高工程质量。

② 不需要连接件，节省材料。

（3）注意事项

① 弯管（见图 7-9）加工时，铜管的内侧不能有皱纹或变形。

② 弹簧弯管时插入铜管内的弯管器一定要清洁。

③ 弹簧弯管时不能做 90°以上，否则会在管内产生皱纹，很容易产生破裂。

④ 注意不要因为弯管加工而使配管凹陷，弯管截面必须大于 2/3 原面积，否则不能使用。

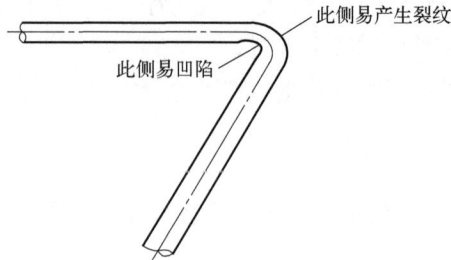

图 7-9　弯管

7.1.7.5　施工过程中铜管的保护

制冷剂管道安装要点见表 7-7。

表 7-7　制冷剂管道安装要点

	干燥	清洁	气密性
	管内无水分	管内无杂质	管道无泄漏
图例	水	尘埃	漏气
原因	水、例如雨水从外面进入管道中的冷凝水	在钎焊时产生的氧化物 外界杂质，如脏物、油污等从外部混入	钎焊未焊牢 喇叭口加工不当或拧紧力矩不对
产生的征兆	膨胀阀或毛细管等堵塞 无冷气或暖气 润滑油老化 压缩机故障	膨胀阀或毛细管等堵塞 无冷气或暖气 润滑油老化 压缩机故障	气态制冷剂不足 无冷气或暖气 排气温度升高 润滑油老化 压缩机故障
预防措施	管道维护 冲洗 真空干燥	同左 不使用已用过其他制冷剂的设备	遵守钎焊的基本操作规程 遵守喇叭口制作的基本操作规程 遵守法兰连接的基本操作规程 进行气密性测试

7.1.7.6　铜管焊接时必须注意插入深度

铜管焊接见图 7-10。采用承插钎焊焊接连接的铜管，其插接深度应符合表 7-8 的规定，承插的扩口方向应迎向介质流向，当采用套接钎焊连接时，其插接深度应不小于承插连接的规定。

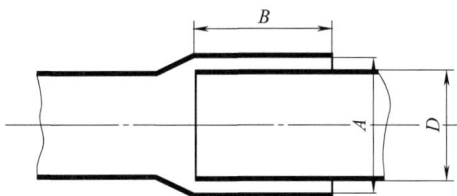

图 7-10　铜管焊接

表 7-8　承插式焊接的铜管承口的扩口深度　　　　　　　　　　　单位：mm

铜管规格	≤φ15	φ20	φ25	φ32	φ40
承插口的扩口深度	9～12	12～15	15～18	17～20	21～24

7.1.7.7　铜管焊接通氮保护

（1）目的

防止铜管内壁在高温下产生氧化皮。

（2）无保护焊接的危害

钎焊时没有足量的氮气充入正在焊接的冷媒管道，铜管内表面就会产生氧化物，这些氧化物就会造成冷媒系统的堵塞，导致压缩机烧毁、空调效果不良等各种故障。

为了避免这些问题，钎焊时必须持续向冷媒管通入氮气，并确保氮气流经正在操作的焊点，直至焊接结束，铜管完全冷却为止。充氮保护如图 7-11 所示。

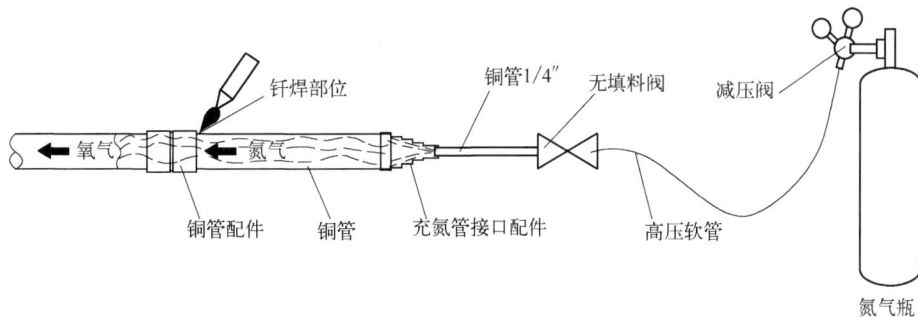

图 7-11　充氮焊接保护图

(1″=2.54cm)

（3）操作要点

① 焊接时氮气压力控制在 0.2～0.3kgf/cm² 左右。

② 使用气体必须是氮气，禁止使用氧气以免发生爆炸危险。

③ 必须使用减压阀，通入的氮气压力应控制在 0.2kgf/cm² 左右。

④ 选取合适的氮气通入位置。

⑤ 确保氮气的路径流经正在操作的焊点。

⑥ 氮气通入位置与焊点间管路较长时，应确保足够的氮气通入时间，确保在焊接位置的空气被完全排出。

⑦ 焊接完毕持续通入氮气直至管道完全冷却为止。

⑧ 焊接工作宜向下或水平侧向进行，尽可能避免倒焊。

7.1.7.8 吹污工序

（1）原理

吹污工序原理图见图 7-12。

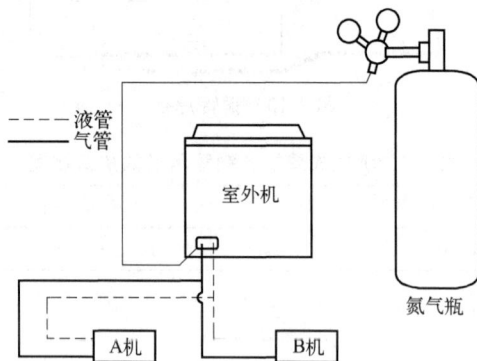

图 7-12 吹污工序原理图

① 将压力调节阀装在氮气瓶上，所用气体必须是氮气（假如使用乙烯或二氧化碳会有冷凝的危险，用氧气会有爆炸的危险）。

② 将压力调节阀出口端与室外机液管侧的通入口用充气管连接起来。

③ 用盲塞将室内机 A 之外的所有液侧铜管接口（包括 B 机处）堵塞好。

④ 打开氮气瓶阀，再通过调节阀逐步加压至 $5kgf/cm^2$。

（2）系统吹污的具体操作

① 手持合适的封堵材料（比如木块包白棉布）抵住室内机气侧主管管口。

② 当压力增加到手无法抵住时，突然释放管口（一次吹洗）。

重复以上步骤进行重复吹污（进行多次吹洗）。

吹污的顺序：当管路已连成系统后，吹污的顺序是由远到近。即相对于主机而言，从最远端的管口开始，按①—⑥的顺序依次向主机方向操作，如图 7-13 所示。

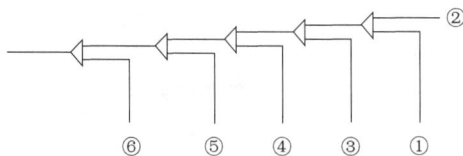

图 7-13 管路吹污顺序

（3）目的及必要性

① 当"充氮焊接不充分"时，可除去铜管中的氧化皮等；

② 当管道封盖不密实时，可除去管内杂物；

③ 可检查室内室外机的管道连接。

（4）注意事项

① 所用气体必须是氮气，严禁采用氧气；

② 必须采用压力调节阀（减压阀）；

③ 氮气压力调至 5kgf/cm²；

④ 每次只能吹洗一条管道。

7.1.7.9 系统气密性试验

（1）目的

查找漏点，确保系统严密无泄漏，避免系统因冷媒泄漏而出现故障。

（2）操作要领

分段检验，整体保压，分级加压。

（3）气密性试验操作顺序

① 室内机配管连接好以后，将高压侧配管端口封焊好。

② 将低压侧配管与表接头焊接好。

③ 从表接头处缓慢充入氮气，进行气密性试验。

④ 气密性试验合格后，将低压球阀与低压侧配管焊接好，将高压阀与高压侧配管连接好。

注意：绝对不能先将低压侧配管与球阀连接好后，再从球阀处充入氮气（即不能直接对球阀打压），否则将损坏球阀，使氮气从球阀处漏入室外机系统。

（4）气密试验具体操作

① 气密试验时应确认气体管、液体管两个阀门是否保持全闭状态，另外因氮气有可能进入室外机的循环系统内，所以加压前应对阀门再加固（气体管、液体管阀门均要加固）。

② 各个冷媒系统，一定要从气体、液体两侧按照顺序缓慢地加压。

③ 气密性试验必须使用干燥氮气做介质。加压分段控制如下：

a. 第一阶段，3.0kgf/cm² 加压 3min 以上，可发现大的漏口。修正后无压降。

b. 第二阶段，15.0kgf/cm² 加压 3min 以上，可发现较大的漏口。

c. 第三阶段，R22 为 28.0kgf/cm²（R410A 为 40.0kgf/cm²）加压 24h 以上，可发现微小漏口。

注意：对于采用 R410A 冷媒的系统，第三阶段保压压力值为 40kgf/cm²。

7.1.7.10 真空干燥工序

真空干燥因不同的施工环境，有两种方法：普通真空干燥、特殊真空干燥。

（1）普通真空干燥工序

① 真空干燥（第一次）时将压力测量仪接在液管和气管的注入口，将真空泵运转 2h 以上（真空泵应在 -755mmHg 以下）。

② 若抽吸 2h 仍达不到 -755mmHg 以下时，证明管道系统内有水分或有漏口存在，这时要继续抽吸 1h。

③ 若抽吸 3h 仍达不到 -755mmHg，则应检查是否有漏气口。

④ 真空放置实验：达到 -755mmHg 即可放置 1h，真空表指示不上升为合格；指示上升，表示内有水分或有漏气口。

⑤ 抽真空操作应从液管和气管两方同时进行抽吸（室内机内附有各种关键的零件，可能在中途阻断）。

（2）特殊真空干燥工序

该真空干燥法使用在以下情况：

① 吹洗冷媒管时，发现有水分。

② 霉雨天进行工程，管道内有可能侵入雨水时。

③ 工程时间长，管道内有可能侵入雨水时。

④ 在工程中，管道内有可能侵入雨水时。

特殊真空干燥工序如下：

① 真空干燥（第一次），2h 抽吸。

② 真空破坏（第二次），将氮气充填到 0.5kgf/cm²。

因氮气是干燥气体，故进行真空破坏时可起真空干燥效果。但水分过多时，这种方法不能起彻底的干燥作用。因此，冷媒配管工程时，特别要注意防止水的进入和冷凝水形成。

③ 真空干燥（第二次），1h 抽吸。

判定：达到 −755mmHg 以下为合格，2h 内达不到此水平，则重复"真空破坏—真空干燥"工序。

④ 真空放置实验，1h，压力不反弹为合格。

7.1.7.11 存油弯的制作与安装

采用存油弯（图 7-14）的目的是：

① 室外机高时逐级将油提升回到压缩机；

② 室外机低时防止液体重力加速度对管道弯头冲击。

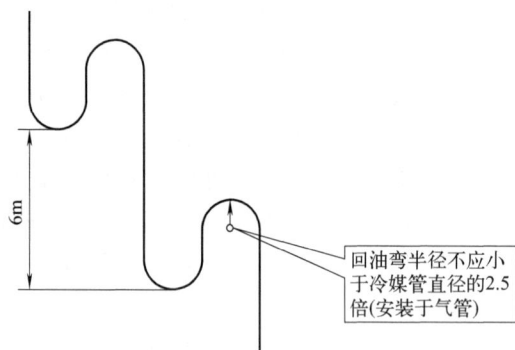

图 7-14 存油弯

7.1.8 排水管工程

排水管工程要点如下。

① 排水管管径应满足室内机排水要求。

② 排气口位置：禁止在带提升泵的室内机提升管附近出现。

③ 总冷凝水管为水平时，冷凝水支管的连接方式见图 7-15。

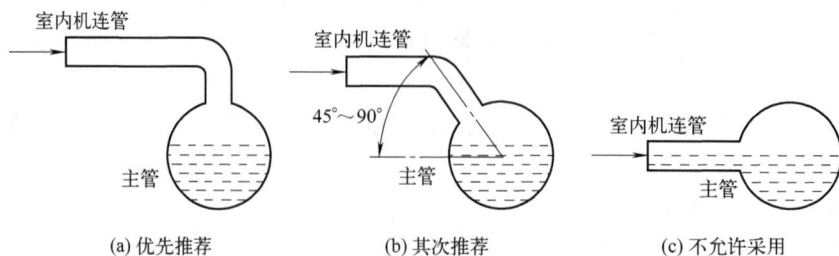

(a) 优先推荐   (b) 其次推荐   (c) 不允许采用

图 7-15 冷凝水支管连接方式

④ 在室内机接水盘内注入一定量的水，通电检查冷凝水泵是否能正常启停。

⑤ 所有连接处应牢靠（对 PVC 管更应注意）。

⑥ 冷凝水支管与立管的连接方式见图 7-16。

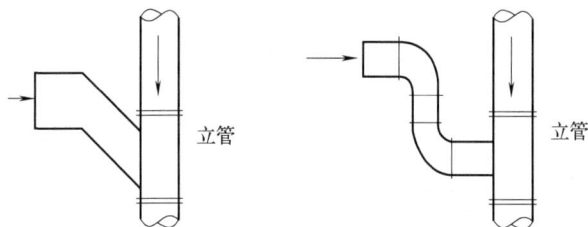

图 7-16 冷凝水支管与立管的连接方式

⑦ 排水管禁止出现倒坡、水平、弯曲状态。

⑧ 排水管的尺寸应大于或等于室内机排水配管连接口尺寸。

⑨ 应切实做好排水管的绝热，否则易发生凝露，绝热处理应一直做到室内机连接部分。

⑩ 不同排水形式的室内机不能共用同一集中排水管。

⑪ 冷凝水排放不得妨碍他人的正常生活、工作，见图 7-17。

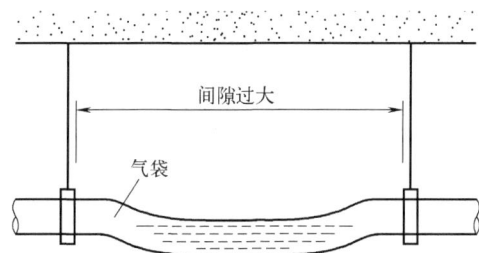

(a) 错误做法

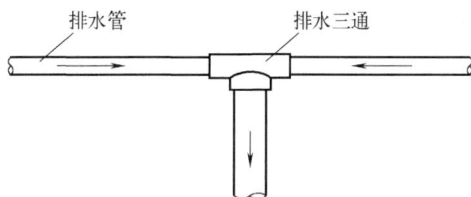

(b) 正确做法

图 7-17 冷凝水排放

⑫ 吊架间距：通常横管 0.8～1m，立管 1.5～2.0m，每支立管不得少于两个，横管间距过大会产生挠曲而导致气阻。

⑬ 排水管最高点应设通气孔，以保证冷凝水顺利排出，排气口必须朝下，以免污物进入管道内。

⑭ 管道连接完成后，应做通水试验和满水试验，一方面检查排水是否畅通，另一方面检查管道系统是否漏水。

⑮ 保温材料接缝处，必须用专用胶黏接，然后缠橡塑胶带，橡塑胶带宽度不小于50mm，保证牢固，防止凝露。

⑯ 空调机排水管必须同建筑中其他污水管、雨水管、排水管分开安装。

⑰ 排水管必须要保持 1/100 以上的落水斜度，无提升泵排水管落水斜度见图 7-18，有提升泵排水管落水斜度见图 7-19。

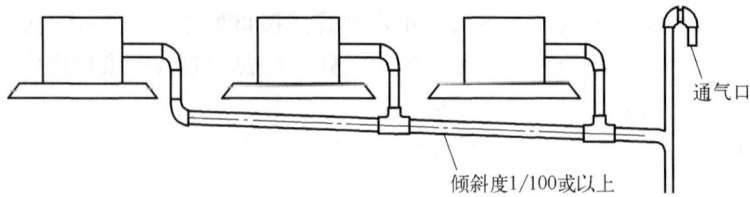

图 7-18　无提升泵排水管落水斜度

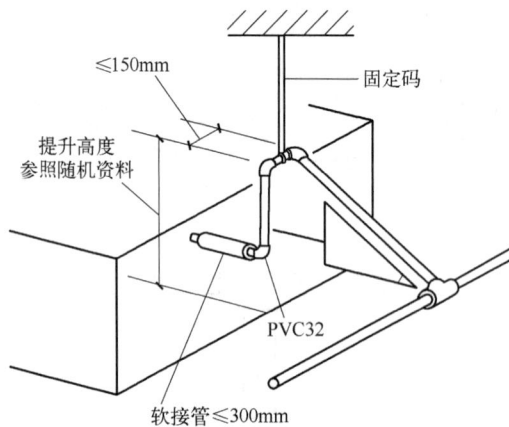

图 7-19　有提升泵排水管落水斜度

7.1.9　风管工程

7.1.9.1　风管制作

① 风管应采用不燃材料制作。

② 金属风管的材料品种、规格、性能与厚度等应符合设计和现行国家产品标准的规定。钢板或镀锌钢板的厚度不应小于表 7-9 的规定。

③ 非金属风管的材料品种、规格、性能与厚度等应符合设计和现行国家产品标准的规定。

④ 防火风管的本体、框架与固定材料、密封垫料必须为不燃材料，其耐火等级应符合设计的规定。

表 7-9　钢板风管板材厚度 　　　　　　　　　　　　　单位：mm

风管直径(D)或长边尺寸(b)	圆形风管	矩形风管(中、低压)
D(b)≤320	0.5	0.5
320<D(b)≤450	0.6	0.6
450<D(b)≤630	0.75	0.6
630<D(b)≤1000	0.75	0.75

⑤ 复合材料风管的覆面材料必须为不燃材料，内部的绝热材料应为不燃或难燃 B1 级，烟密度不应大于 $10g/cm^3$，且材料应对人体无害。

⑥ 风管外径或外边长的允许偏差：当≤300mm 时，为 2mm；当>300mm 时，为 3mm。管口平面度的允许偏差为 2mm，矩形风管两条对角线长度之差不应>3mm；圆形法兰任意正交两直径之差不应>2mm。

⑦ 矩形风管的长边与短边之比不宜大于 4∶1。

7.1.9.2　风管的连接

① 金属风管的连接：风管板材拼接的咬口缝应错开，不得有十字型拼接缝；金属风管法兰材料规格不应小于表 7-10 和表 7-11 的规定。

表 7-10　金属圆形风管法兰及螺栓规格 　　　　　　　　　单位：mm

风管直径(D)	法兰材料规格		螺栓规格
	扁钢	角钢	
D≤140	20×4	—	
140<D≤280	25×4	—	M6
280<D≤630	—	25×3	
630<D≤1250	—	30×4	M8

表 7-11　金属矩形风管法兰及螺栓规格 　　　　　　　　　单位：mm

风管长边尺寸(b)	法兰材料规格(角钢)	螺栓规格
b≤630	25×3	M6
630<b≤1500	30×3	M8
1500<b≤250	40×4	

中、低压系统风管法兰的螺栓及铆钉孔的孔距不得大于 150mm；矩形风管法兰的四角部位应设有螺孔。

当采用加固方法提高了风管法兰部位的强度时，其法兰材料规格相应的使用条件可适当放宽。

② 非金属风管的连接：法兰的规格应符合规范规定，螺栓孔的间距不得>120mm。矩形风管法兰的四角部位应设有螺孔。

③ 金属风管的加固：矩形风管边长>630mm，保温风管边长>800mm，管段长度>1250mm 或低压风管单边面积>1.2m²，均应采取加固措施。

④ 非金属风管的加固：硬聚氯乙烯风管的直径或边长>500mm 时，其风管与法兰的连接处应设加强板，且间距不得>450mm。

7.1.9.3 风管的固定

① 支、吊、托架应使用角钢，膨胀螺栓的位置应正确，牢固可靠，埋入部分不得刷油漆，并应除去油污。间距应符合规定：风管水平安装，直径或长边尺寸≤400mm，间距不应>4m；直径或长边尺寸>400mm，不应>3m。

风管垂直安装，间距不应>4m，单根直管至少应有2个固定点。

② 支、吊、托架不宜设在风口、阀门、检查门及自控机构处，离风口或插接管的距离不宜<200mm。

③ 吊架不得吊在法兰上。

④ 法兰垫片的厚度宜为3~5mm，垫片应与法兰平，不得凸入管内。悬吊管应在适当的位置设置防止摆动的固定点。

⑤ 风管的拼接纵缝应错开，水平安装管底不得有纵向接缝。柔性短管的安装应松紧适度，不得扭曲。

⑥ 管道系统工程上所有金属附件（包括支、吊、托架）均要作防腐处理。

7.1.9.4 风口及部件安装

① 风管调节装置应安装在便于操作的部位，且灵活可靠。

② 风口安装与风管连接严密、牢固，边框与建筑物装饰贴实，外表面应平整，调节灵活。

③ 风口水平安装，水平度的偏差不应大于0.3%。风口垂直安装，垂直度的偏差不应大于0.2%。

④ 风口的规格，以颈部外径与外边长为准，其尺寸的允许偏差值应符合表7-12的规定。

表7-12　风口尺寸允许偏差　　　　　　　　　单位：mm

圆形风口	直径	≤250	>250	
	允许偏差	0~-2	0~-3	
矩形风口	边长	<300	300~800	>800
	允许偏差	0~-1	0~-2	0~-3
	对角线长度	<300	300~500	>500
	对角线长度之差	≤1	≤2	≤3

⑤ 送、回风口的风速。

a. 送风口通常要求送风均匀，风速较大。但风管内及出风口的风速应予控制，其最大风速宜符合表7-13的要求。

表7-13　送风口的最大风速

室内允许噪声/dB(A)	主风管/(m/s)	支风管/(m/s)	出风口处风速/(m/s)
≤40	3.0	2.4	1.2
≤45	4.0	3.2	1.6
≤50	5.0	4.0	2.0
≤55	6.0	4.8	2.4

b. 回风口风速较低，且配有过滤网，对回风进行初步净化，回风口的吸风速度见表7-14。

表 7-14　回风口的吸风速度

回风口位置		吸风速度/(m/s)
房间上部		3.0～4.0
房间下部	不靠近人经常停留的地点时	2.0～3.0
	靠近人经常停留的地点时	1.5～2.0
用于走廊回风时		1.0～1.5

一些常见类型风口的特点如下：

① 明装无吊顶的风口，安装位置和标高偏差不应大于 10mm。

② 风口的外表装饰面应平整、叶片或扩散环的分布应匀称、颜色应一致、无明显的划伤和压痕；调节装置转动应灵活、可靠，定位后应无明显自由松动。

③ 同一房间内的相同风口的安装高度应一致，排列整齐。

7.1.10　绝热工程

7.1.10.1　操作步骤

绝热工程的操作步骤为：冷媒管施工—保温作业（除连接口部分）—空气密封测试—连接口部进行保温。

7.1.10.2　保温材料

保温材料见表 7-15。

表 7-15　保温材料

级别	名称	说明
B1	难燃材料	火焰离开即刻全无燃烧,被烧部分碳化、无收缩、无高温熔滴,燃烧时有烟气产生
B2	阻燃、自熄材料	火苗离开后 2s 内自熄,被烧部分明显收缩、有高温熔滴,燃烧时有明显烟气产生
B3	易燃材料	火焰离开后继续燃烧

7.1.10.3　要点

连接口：例如钎焊区、扩口处或法兰连接处只有在气密试验成功后才能进行保温施工。

冷媒配管保温材料的选取应使用闭孔发泡保温材料，难燃 B1 级，耐热性超过 120℃ 的材料。

保温层的厚度如下：

① 铜管外径 $d \leqslant 12.7 mm$ 时，保温层厚度为 15mm 以上；铜管外径 $d \geqslant 15.88 mm$ 时，保温层厚度为 20mm 以上。

② 环境热而湿的场合上述的推荐值应增加一倍。

室外管道应该采用金属保护壳进行保护，可防晒、防雨、防风化及防止外力或人为的破坏。

7.1.11　连接线、动力线

7.1.11.1　导线的选择

① 导线面积的选择应符合下列要求：

a. 线路电压损失应满足用电设备正常工作及起动时端电压的要求。

b. 按敷设方式及环境条件确定的导体载流量，不应小于机组最大电流。

c. 导体应满足动稳定与热稳定的要求。

d. 导体最小截面积应满足机械强度要求。

② 隐蔽工程的电源线和控制线禁止和冷媒配管捆扎在一起，必须分开穿电线管且单独布置；并且控制线与电源线应至少间隔500mm。

7.1.11.2 多联机系统控制系统安装

控制线连线要点（RS-485通信）如下。

① 控制线必需使用屏蔽线。使用其他导线可能会产生信号干扰而导致误动作。

② 屏蔽线的屏蔽网单端接地。

注意：屏蔽网在室外机的接线端子处接地，室内机通信线的进线和出线屏蔽网直接连接，不要接地，在最后一台室内机处的屏蔽网形成开路，不要接地。

③ 禁止将控制线和制冷剂管道、电源线等捆绑在一起。当电源线与控制线平行敷设时，应保持在300mm以上的距离，以防信号源被干扰。

④ 控制线不能形成闭合环路。

⑤ 控制线具有极性，接线时一定要注意。

7.1.12 保压检漏

保压检漏示意图如图7-20所示。

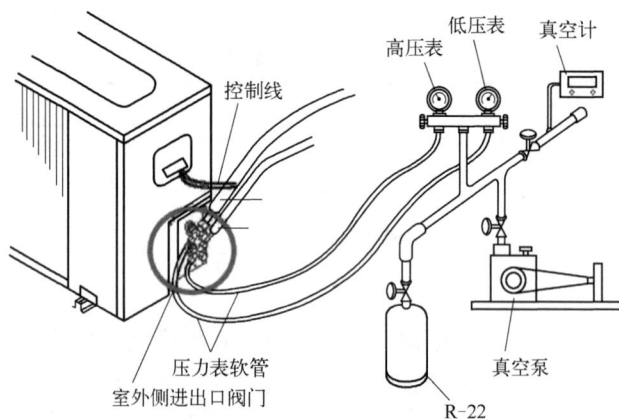

图7-20 保压检漏示意图

① 要点：保证24h内气压保持在28kgf/cm^2。

② 目的：验证配管系统没有泄漏。

③ 试验步骤：用氮气对系统液管和气管同时加压，如图7-16所示。

表7-16 试验步骤

步骤	压力	持续时间	作用
①	3kgf/cm^2	3min以上	可以发现大的泄漏
②	15kgf/cm^2	3min以上	可以发现较大的泄漏
③	28kgf/cm^2	24h以上	可以发现小的泄漏

注意：因为气体压力随环境温度而变化，每1℃约有0.1kgf/cm^{2}的压力变化。加压时

的温度和观察时的温度也要做记录，以便修正。

④ 压力降低时的检漏方法如下。

a. 常规检查。

b. 特殊检查：

ⅰ. 将氮气放至 3kgf/cm^2；

ⅱ. 加冷媒 R22 至 5kgf/cm^2，即氮气与冷媒混合；

ⅲ. 利用卤素探测仪、烷烃（石油气）探测仪、电子探测仪等做检查；

ⅳ. 还发现不了时，继续加压到 28kgf/cm^2 再检查，压力不能超过 28kgf/cm^2，一段一段进行，逐段排除。

注意：管道过长时，应分段检查。

⑤ 气密试验结束后，保留室外机液管侧的压力表，系统仍保持 28kgf/cm^2 压力，目的是防止气密性受破坏。

7.1.13　追加充填冷媒

追加充填冷媒见图 7-21。

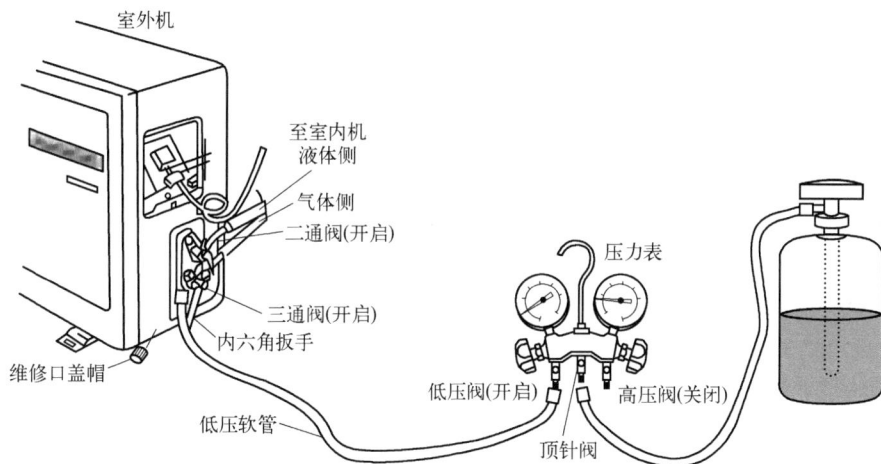

图 7-21　追加充填冷媒示意图

补充制冷剂质量的计算方法（以液管为基准）：

追加冷媒量＝∑液管长度×每米液管冷媒追加量

冷媒追加量见表 7-17。

表 7-17　冷媒追加量

管径/mm	$\phi28.6$	$\phi25.4$	$\phi22.2$	$\phi19.05$	$\phi15.9$	$\phi12.7$	$\phi9.52$	$\phi6.35$
液管冷媒追加量/(kg/m)	0.68	0.53	0.4	0.28	0.2	0.12	0.06	0.03

（1）工序内容

补充制冷剂以液管长度来计算所需制冷剂，在工厂出厂时的冷媒充填量中，不包含配管延长后的追加量。

（2）冷媒追加具体步骤

① 冷媒追加前需确认真空干燥是否已经合格完成。

② 计算应追加充填的冷媒量（根据实际的液管尺寸和长度计算）。

③ 用电子秤（或加液器）测量需追加的冷媒量。

④ 将冷媒钢瓶、压力表、室外机的检修阀用充填软管连接，以液体状态充填。充填前必须将软管及歧管中的空气排出后再进行。

⑤ 充填完毕后，确认室内、室外机的扩口部等是否有冷媒泄漏（用气体检漏器或肥皂水进行检查）。

⑥ 将追加的冷媒量记入室外机的冷媒追加指示铭板上。

7.1.14　系统调试与试运行

7.1.14.1　系统调试前工作

（1）系统调试前的检查确认工作

① 检查并确认与室内机和室外机相连的制冷管道及通信线已接在同一制冷系统上。否则，会出现运行故障。

② 电源电压在额定电压±10%范围内。

③ 检查并确认电源线和控制线接线正确。

④ 是否已将遥控器正确连接。

⑤ 通电前，确认各线路没有短路。

⑥ 是否所有机组已通过 24h R22 为 28kgf/cm² （R410A 为 40kgf/cm²）氮气保压试验。

⑦ 确认要调试的系统是否已进行完真空干燥和按要求冷媒充填。

（2）系统调试前的准备工作

① 按现场液管长度计算好每一套机组的冷媒追加量。

② 准备好所需冷媒。

③ 准备好系统平面图、系统管路图和控制线路图。

④ 在系统平面图上对已设定好的地址码做记录。

⑤ 提前打开室外机电源开关，确保接通 12h 以上，以便加热器加热压缩机机油。

⑥ 将室外机的气管截止阀、液管截止阀、油平衡阀、气平衡阀完全打开。如未全开，机器将受损。

⑦ 检查室外机的电源相序是否正确。

⑧ 确保室外机、室内机的所有拨码开关已按照产品技术要求设定完成。注意：拨码开关的设定必须在断电的情况下进行，否则机组不予识别。

7.1.14.2　系统试运转调试工作

（1）单机试运转调试

① 每个独立的制冷系统（每台室外机）都必须进行试运转。

② 试运转检测的内容：

a. 机组中的风机，叶轮旋转方向正确、运转平稳、无异常振动与声响。

b. 制冷系统及压缩机运转有无异常噪声。

c. 检查室外机，看室外机能否全部检测到每一台室内机，直到检测到为止。

d. 排水是否畅通，排水提升泵是否能够动作。

e. 微电脑控制器是否动作正常，是否有故障出现。

f. 工作电流是否在规定范围内。

g. 各运行参数是否在设备允许范围内。

注意：在进行试运转时，应对制冷和制热两种模式分别进行测试，以判断系统的稳定性及可靠性。

（2）多联机试运转调试

① 通过单机试运转，检查并确认单台机组运行没有问题后，可以开始联机运行，即多系统的调试。

② 系统调试的内容通常按照产品的技术要求进行，并对运行状况进行分析、记录，以便了解整个系统的运行状况，方便维护和检修。

③ 系统调试完成后，应该详细填写调试报告。

7.2 水冷螺杆机安装

7.2.1 机组安装

7.2.1.1 货运及存放

（1）发货

水冷半封闭螺杆式冷水机组一般在工厂组装为一个整体，即由工厂加工装配、配管布线、氮检漏试验、充注制冷剂、进行性能测试、保温并经过全过程的质量检验后完成合格产品的制造。

（2）存放

客户对机组签收后，须承担对机组进行正确保管及正确安装的责任。如果机组在安装之前需要存放，应采取如下预防性措施：

① 确保所有的开口（如水管）均有保护盖，不要撕去电控柜的保护薄膜；

② 将机组存放在干燥、无振动、人员活动较少的地方；

③ 存放于室外时应有防雨措施，对有保温层的机组请勿置于阳光下暴晒；

④ 机组上如有积灰，不要用蒸汽或水冲洗；

⑤ 应对机组进行定期检查，特别是每个月应检查制冷剂是否有泄漏，若高、低压力表显示压力过低或无压力，则制冷剂有泄漏，联系售后人员检修。

7.2.1.2 机组安装前期准备

① 机组应有专用机房，并应采取措施将机组运行时产生的热量从机房排走，通风量能够维持室温不超过 40℃ 的要求。

② 机组应安装在不变形的刚性底座或混凝土基础上，该基础应表面平整，应能承受机组运行时的重量。

③ 机组基础四周应有排水沟等排放能力足够的排水措施，以便季节性停止运行或维修时排放系统中的水。

④ 机房应有足够的空间以便机组的安装和维修保养；机房应有足够的拔管空间；同时压缩机上方不应敷设管道及线管。

⑤ 建议安装水管时与机组的接管尺寸之间预留装隔振橡胶接管的间距，以便机组到达现场后有合适的施工和调整空间。

⑥ 为使电气元件正常工作，不要把机组安放在灰尘污物、腐蚀性烟雾和湿度大的地方，

如果有这种情况存在，必须给予纠正。

⑦ 应准备的材料及工具：软接头、防震软垫、吊装设备、吊装横梁、吊链、千斤顶、滑动垫木、垫滚、撬棒。

7.2.1.3 机组的吊运及定位

（1）吊运

建议使用吊车搬运。

① 机组出厂前已经过严格的包装和检验，以确保机组在正常情况下抵达目的地，安装者、搬运者和吊装者都应同样地保护机组，杜绝由于野蛮操作而损坏机组，特别注意不要对一些角阀、管路产生碰撞以免制冷剂泄露。

② 机组在搬运移动时应保持水平，切勿倾斜，可使用吊车，使用吊车时必须用有吊装标志的底部吊耳孔，吊索与机组的接触部位应有支撑物隔离。应确保吊索能承受整个机组的重量，否则将造成机组损坏或严重的人身伤害。不要用叉车提升或移动机组。预留空间图如图 7-22 所示。

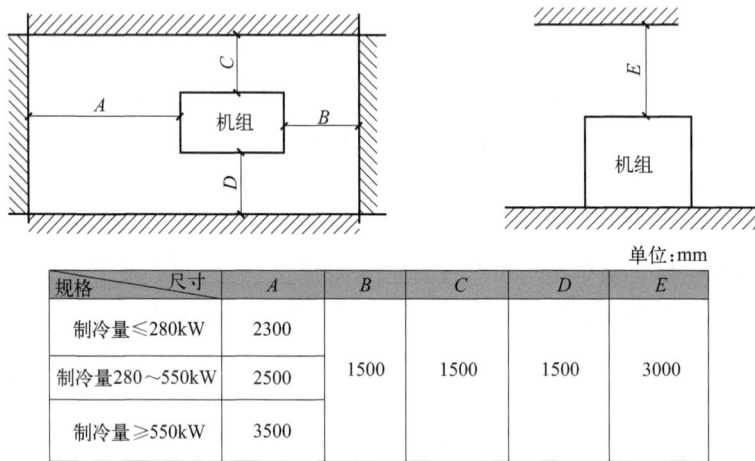

单位：mm

规格＼尺寸	A	B	C	D	E
制冷量≤280kW	2300				
制冷量280～550kW	2500	1500	1500	1500	3000
制冷量≥550kW	3500				

图 7-22 预留空间图

③ 如果不具备垂直提升条件，可采用水平滚动方法，即用千斤顶将两端顶起一定高度，把垫滚放在机组滑动垫木支座下，将机组滚动就位后，再取下滑动垫木。使用水平滚动法移动机组时，力只能用在机架上或滑动垫木上。

（2）放置定位

机组到位后，去掉滑动垫木，用气泡水平仪校准水平，并用地脚螺栓将机组底脚固定在基础上。建议在机组底脚与基础之间放置 15～20mm 厚防震软垫。

机组一般安装在地下室或底层或专用机房。如果必须安装在较高的楼面时，首先应确保该楼面结构是否能承受机组的运行重量，必要时可以加固地板，此外，还须确保该层楼面是否水平。建议根据机组运行重量分布放置弹簧减震器。

7.2.1.4 管道连接

机组安装就位后进行水系统管道安装施工，或将已布置好的水系统管道与机组蒸发器和冷凝器的水管口连接。

（1）一般要求

① 空调系统水管路的安装、保温应由专业设计人员设计指导，并执行暖通空调安装规范的相应规定。

② 进出水管路应按机组上标识要求连接。一般规定为：冷凝器水管下进上出；蒸发器冷媒接管侧为冷冻水进水口侧。

③ 水系统必须选配流量和扬程合适的水泵，以确保机组正常供水。水泵与机组和水系统管路之间除采用防震软接头连接外，还应自设支架以免机组受力。安装时的焊接工作应避免对机组造成损坏。

④ 在蒸发器和冷凝器的出水管上安装流量开关，将流量开关与控制柜内的输入接点连锁。其安装要求如下：

a. 流量开关应垂直安装在出水管上；

b. 流量开关两边至少应有 5 倍管道直径的直管段；不要将其安装在接近弯管、孔板及阀门的附近；

c. 开关上箭头指向必须与水管的水流方向一致；

d. 为防止流量开关的颤抖，应将水系统中的所有气体排放出去。

e. 调节流量开关，使它在水流量低于最小流量（最小流量为设计流量的 40%）时处于分离状态。当水流量符合要求时，水流开关应该保持闭合状态。

⑤ 机组的进水管路前必须安装水过滤器，并选择 16 目以上的过滤网。

⑥ 系统水管路冲洗和保温要在与机组连接前进行，避免脏物损坏机组。

⑦ 水室设计承受水压 1.0MPa。为防止损坏蒸发器和冷凝器，不可超压使用。

（2）冷凝器管路连接

① 冷却水管路系统必须先安装防震软接头、温度计、压力表、排水阀、截止阀、水过滤器、止逆阀、靶式流量控制器等，再与冷却塔进出水管路相连。参见管路连接图 7-23。

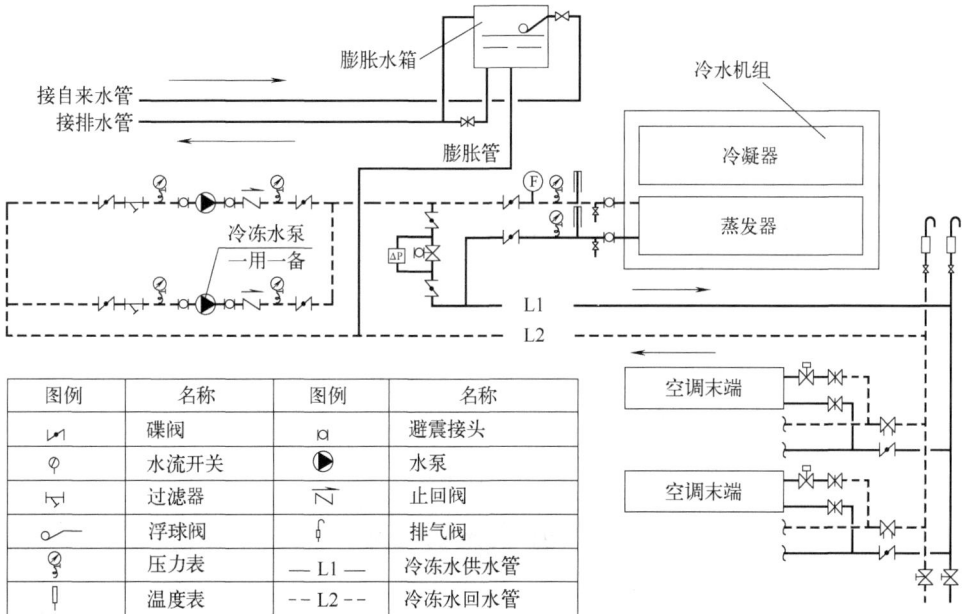

图 7-23　冷却水管路图

② 供水管路要尽可能短，管路的规格要根据水泵的有效扬程、管路流量和流速而定，而不依照接头规格。

③ 在冷凝器封头上装配有排水、排气接头。以螺塞封口。应将螺塞替换为（1/4NPT 放气和1/2NPT 排水）球阀。

④ 冷凝器的水口方向可以根据需求更改。更改时需注意以下几点：

a. 需确认正确的隔板位置，使用新的橡胶密封圈。

b. 冷却水的温度、流量测量装置需重新布置。

c. 拆装水室端盖时，紧固螺栓要按一定的顺序进行：轻轻收紧第一个螺栓，然后再轻轻收紧位于180°方向的那个螺栓。继续这样的顺序收紧第3个螺栓，然后再轻轻收紧与第3个螺栓成180°的第4个螺栓。以此类推。在完成第一圈螺栓的紧固后，重复此顺序直到所有螺栓符合表7-18对应螺栓的扭矩为止。

表7-18　螺栓紧固终了推荐力矩　　　　　　　　　　　单位：N·m

螺栓规格	橡胶平垫片密封	
	最小力矩	最大力矩
M10	16	24
M12	45	68
M16	95	122
M20	142	210

注意：在第一圈收紧螺栓时不要将螺栓收紧到终了力矩，因为这样会使法兰面翘起而容易漏水。应使用力矩扳手，并在第一圈收紧时将扳手的扭矩调到终了力矩的1/3。

（3）蒸发器的管道连接

① 冷冻水管路系统必须安装防震软接头、温度计、压力表、水过滤器、电子除垢仪、止逆阀、靶式流量控制器、排气阀、排水阀、截止阀、膨胀水箱等。参见图7-24。

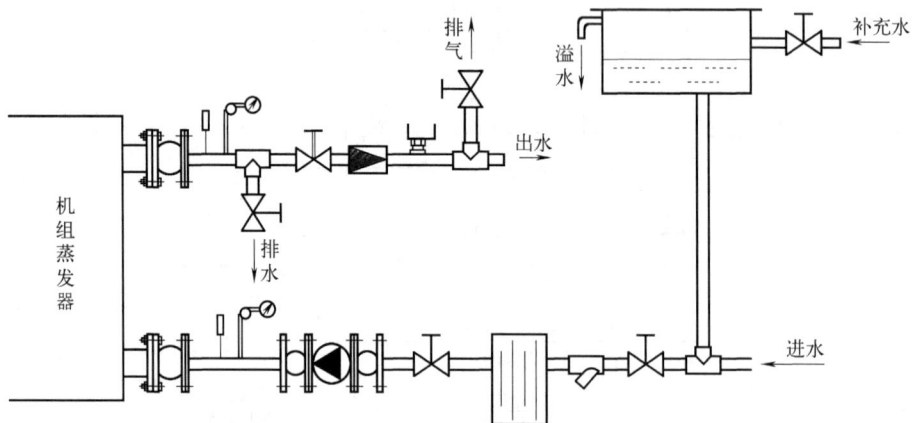

图7-24　冷冻水管路图

② 膨胀水箱应安装在高于系统最高处 1～1.5m 处，水箱容量约为整个系统水量的1/10。

③ 在蒸发器筒体上装配有排水、排气接头。排水口上已装配 1/2″排水铜球阀，排气口以螺塞封口。应将螺塞替换为 1/4NPT 放气球阀。

④ 水管应尽量避免垂直方向的变化，在管路的高处与膨胀水箱之间安装手动或自动排气阀。

⑤ 进水和出水管路的直管段上安装温度计和压力表，避免将其安装在太接近弯管的地方。各低点应配有放水接头，以便放清系统中的余水。在操作机组之前，把截止阀接到放水管路上，装在进水和出水接头附近。蒸发器进出水管之间应有旁通管道，便于管道清洗和检修。使用柔性接头可以减少震动的传递。

⑥ 冷冻水管路和膨胀水箱应作保温处理，阀件接头处应留出维护操作部位。

⑦ 管道做过气密性试验后，再包保温层，以避免热传递和发汗，保温层上应罩有防潮密封。

7.2.1.5 现场冷媒充注

由于安装或维修的原因，需要对机组进行现场冷媒充注时，操作如下：

① 用真空泵将机组真空抽至 50Pa 以下，12h 后真空上升低于 13Pa 表明真空检查合格。

② 真空合格后，确认冷冻水泵开启，冷冻水在蒸发器内处于流动状态时，通过冷凝器底部的角阀充注孔注入规定量制冷剂。

7.2.1.6 电气连接

现场接线时为避免端子连接处腐蚀和过热，要求所有的供电线均为铜导线。控制电缆线与电源线要分开敷设并加防护管，以防止电源线对控制电缆产生干扰，机组外壳必须可靠接地。另外现场接线时为避免控制出错，其不应将低压控制线路（24V）与高于 24V 电压的导线穿在同一电线管内。

（1）电源部分

① 机组到达客户现场后，需要将动力电源线接至机组控制柜。控制柜的进线口在控制柜的上方。控制柜电源进线必须高于机组 1m，且控制柜上不能受压。把动力线接到接线端子 R、S、T、N、PE，经过 24h（允许的最短时间）运行后，需重新固紧接线端子。

注意：水泵和冷却塔风机的动力电源应单独配置供电箱。

② 电控柜中电源部分包括：总电源接线铜排，自动空气断路器（空气开关），△-△或 Y-△压缩机启动电气装置。

③ 机组的工作电源是 3N，AC380V，50Hz。外接电源必须符合机组的电气特性。总电源经电控柜的背面上部穿线孔接入，与电源接线铜排或端子排连接，完成电源接线。

④ 所有供电电路的安装应按照国家电气规范进行。

⑤ 接至控制柜的动力电源线的规格应根据铭牌上的 RLA 电流选取。总电源功率配备必须有一定的余量，建议值为机组参数的 1.25～1.3 倍以上。供电电缆（电线）的载流量应略大于机组的最大运行电流，并要考虑工作环境的影响。电控箱里备有连接地线和自动断路措施，用户自备的电源都必须配有此措施。大电流机组，应采用双路电源供电，但两路供电电源线线径必须相等，且属同一品牌。

⑥ 最大可允许的相电压不平衡为 2%，相电流不平衡为 10%。相电压不平衡大于 2%不

能开机。如果测出不平衡率过大，要立即通知供电部门。

百分比相电压不平衡率的计算公式为：

$$电压不平衡率 = \frac{最大电压差值}{三相平均电压} \times 100\%$$

比如：标称电压为 3N，AC380V，50Hz，测得 $U_{AB} = 376V$，$U_{AC} = 379V$，$U_{BC} = 385V$。得出平均电压 = $(376 + 379 + 385)/3 = 380$（V）。确定与平均电压的偏差值：$\Delta U_{AB} = 380 - 376 = 4$（V），$\Delta U_{AC} = 380 - 379 = 1$（V），$\Delta U_{BC} = 385 - 380 = 5$（V），最大偏差值为 5V，5/380 = 1.3%，得出最大相电压不平衡率为 1.3%。

（2）控制部分

① 电控柜内控制部分装有继电器、电源接线故障指示器、接线端子排、PLC 可编程序控制器。门板上装有铰链和锁作为保险装置，以防意外打开，但维修时可以开门。

② 电控柜前部是操作屏和机组的紧急停机开关。

③ 电气接线必须符合国家技术规范的要求，各种机组的控制电路都是 220V，控制电路的接线方式可参考机组的随机接线图。

④ 如果机组由主机和子机组成，两者间的通信线应采用屏蔽线并有防护套管，且与电源线分开敷设。

⑤ 所有需要在现场连接的控制输出电缆应为 AC250V-1mm²，控制信号线应使用 0.5mm² 屏蔽线（24V）。

⑥ 注意事项：a. 必须仔细阅读电气接线原理图，严格按接线端子图接线；b. 温度传感器的接线使用三芯屏蔽电缆（RVVP3×0.5mm²），流量开关的接线使用二芯普通电缆（RVV2×0.5mm²）接流量开关的常开点即无水时的开点；c. 冷却塔风机、冷冻水泵和冷却水泵的联锁是由控制柜内提供的无源触点；d. 远启动和远停止外部可接两个点动按钮。

（3）控制附件连锁装置

① 机组出厂时已将控制柜与主电机、控制柜与电气执行元件、控制柜与压力温度等传感元件之间的连线接好。机组到达客户现场后的接线很简单。不带冷却塔控制的只需连接冷冻/冷却水流开关连线、冷冻/冷却水泵联动控制线（控制接点为无源接点）；带冷却塔的需连接冷却水温度传感器、冷冻/冷却水流开关连线、冷冻/冷却水泵，冷却塔联动控制线（控制接点为无源接点）。

② 冷冻水和冷却水管路上都设有靶式流量控制器，用户安装管路时在机组冷冻水和冷却水的出口处安装，冷冻水和冷却水系统的靶式流量控制器常开触点按接线图分别接入控制回路。

注意：因水流的紊乱可能让流量开关误动作，因此控制柜会在连续 10s 的时间内收到断开信号才让机组停机。

③ 感温探头的安装管内应注入低于冷冻水出水温度时不凝固的润滑油或其他油脂，以利传热，感温装置要有保温密闭措施。

7.2.2　水冷螺杆调试流程

水冷螺杆调试流程见图 7-25。

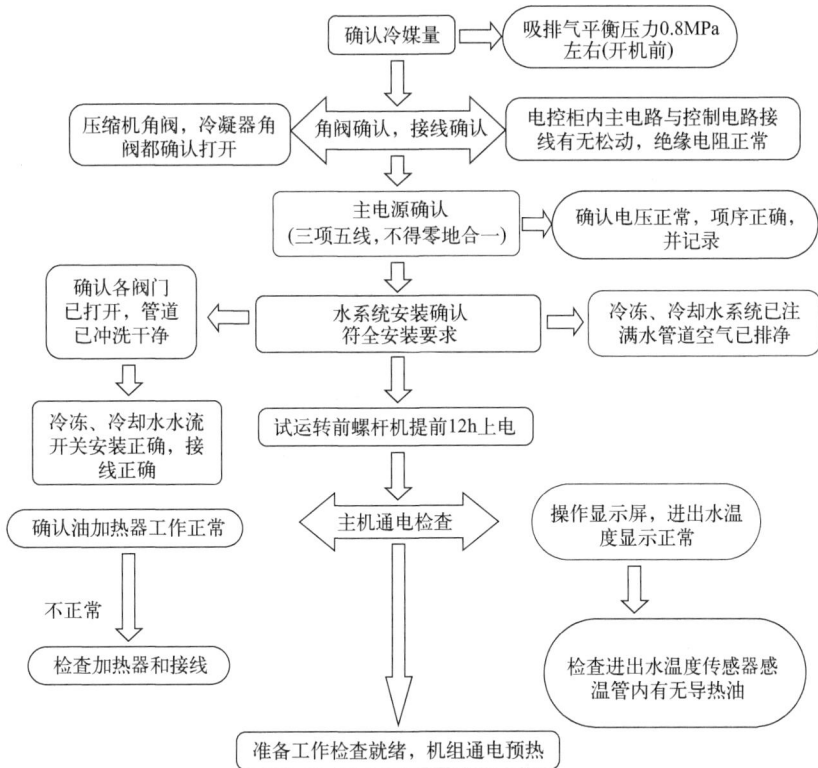

图 7-25　水冷螺杆调试流程图

开机调试，见图 7-26。

7.2.3　机组运转

7.2.3.1　常用工具准备

① 制冷常用工具；

② 数字型电压/欧姆表（DVM）；

③ 钳型电流表；

④ 绝对压力表或湿球真空指示计；

⑤ 500V 绝缘测试仪（兆欧表）。

7.2.3.2　机组运转前的检查项目

（1）电源及电控仪表系统的检查

① 首次开机前应检查配电容量与机组功率是否相符，所选用电缆线径是否能够承受主机最大工作电流。

② 检查电制是否与本机组相符。

③ 检查压缩机的供电线路是否接紧接好，如有松动，重新拧紧，压缩机接线处用拧矩为 500kgf·cm。由于主机经过长途运输以及吊装等因素影响，螺丝有可能产生松动。否则可能会导致主机控制柜内电器元件（比如空气开关、交流接触器等）以及压缩机的损坏。

④ 用万用表对所有的电气线路仔细检查，检查接线是否正确安装到位；用兆欧测量，

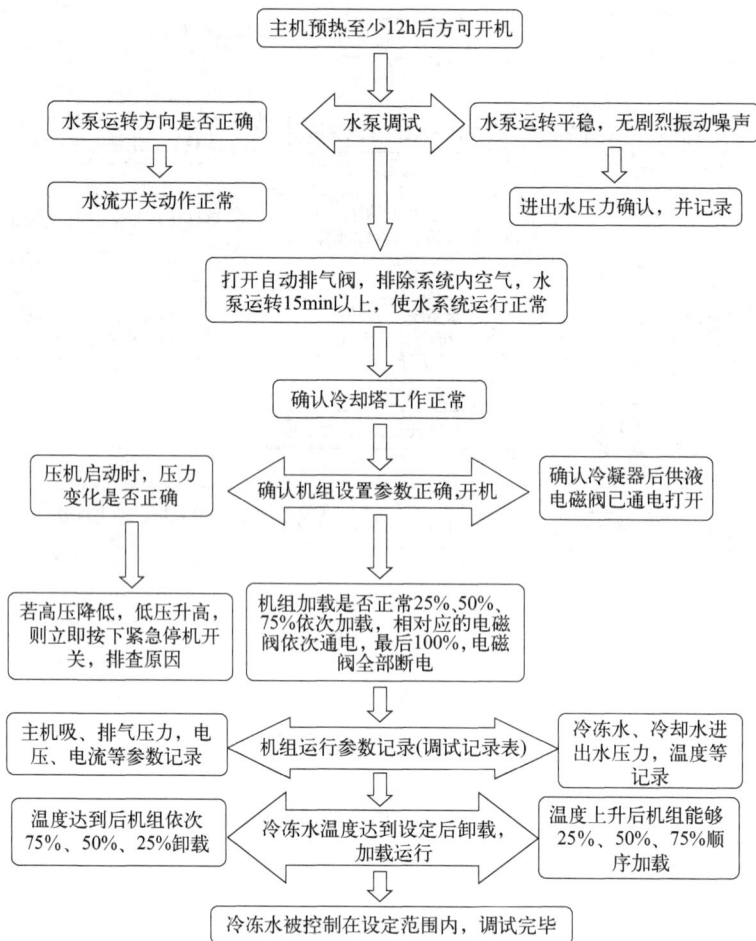

图 7-26 开机调试流程图

确信无外壳短路；检查接地线是否正确安装到位，对地绝缘电阻大于 $2M\Omega$；检查电源线是否合乎容量要求。

⑤ 检查供给机组的电源线上是否安装了断路开关。

⑥ 对控制柜内主回路所有接线和控制回路外部接线对照接线图全面检查无误后方可通电（比如曲轴箱油加热器、压缩机电子保护器、循环水温度传感器、靶流开关的接线、水泵的联控等）；检查接线端螺栓是否拧紧，无松动现象。检查各电控仪表、电器是否安装正确、齐全有效，检查电控柜内外特别是各点接线口上是否清洁无杂物。

⑦ 检查完以上项目给控制柜通电时，电源指示灯亮，此时油加热器开始工作，观察相序保护器是否正常，如相序保护器正常（绿灯亮）合上控制柜内单极开关（QF2），控制回路开始工作，触摸屏（文本显示器）和 PLC 控制器全部投入运行。

⑧ 开机前检查机组外部系统是否符合开机条件（比如系统冷水泵和冷却水泵是外控还是主联锁，外部控制在开主机之前需先开水泵。

（2）压缩机及制冷剂管路系统的检查

① 检查压缩机内油位是否正常，正常的压缩机油位一般在视镜的中部位置。

② 检查压缩机容调电磁阀线圈是否锁紧，容调毛细管有无破损。

③ 制冷系统中的全部制冷剂阀（冷凝器出口处角阀，压缩机吸、排气截止阀）都处于开启状态，使制冷剂系统畅通。

④ 检查高、低压力值，压力继电器高、低压设定值是否正常（高压设定值为 1.8MPa，低压设定值为 0.2MPa，用户不得擅自更改）。

⑤ 检查压缩机润滑油是否预热 8h 以上。试运转前至少将机油加热器通电加温 8h，以防止启动时冷冻油发生起泡现象。环境温度较低时，油加热时间需相对加长。在低温状态时启动，因润滑油黏度大，会有启动不易与压缩机加卸载不良等状况。一般润滑油温度最低需达到 23℃ 以上才可运转。

⑥ 检查压缩机接线是否正确。压缩机启动后立即关机，观察瞬间系统压力的变化，确保排气压力上升，回气压力下降。反之压缩机为反转，需重新调整压缩机的接线顺序。

⑦ 在主回路断开的情况下进行试运转，检查动作顺序是否正常。正常的启动顺序是：接通电源，按下机组启动键后 3min，星形交流接触器吸合，短暂时间后，星形交流接触器断开，三角形交流接触器吸合，机组开始以启动负荷值启动，逐步加载。

（3）水系统的检查

① 检查冷却水和冷冻水管路是否冲刷干净，冷却塔、水池等与外界相通的部位是否有杂物，应确保管内无杂质和异物。

② 检查水侧的压力表和温度计的连接是否正确，压力表应与水管成 90° 垂直安装，温度计的安装应保证其感温探头直接插入水管路中。

③ 检查冷冻/冷却出水侧流量开关是否正确安装，确认流量开关与控制柜已正确接线。

④ 点动冷冻水和冷却水水泵，检查水泵转向。正确的水泵转向应为顺时针方向，否则请重新检测水泵接线。

⑤ 开启冷冻水和冷却水水泵，使水流开始循环。检查水管管道是否泄露，有无明显漏水和滴水现象。

⑥ 试运行冷冻水和冷却水水泵。观察水压是否稳定。观察水泵进出口压力表，水压稳定时压力表读数及进出口压力差值变化微小。观察水泵运行电流是否在其额定运行电流范围内，如果与额定值相差过大请检查系统是否阻力过大，请排除系统故障直至实际运行电流满足要求。

⑦ 检查冷却塔/膨胀水箱补水装置是否畅通，水系统中的自动排气阀是否能自动排气。如果是手动排气阀，打开冷冻水管路和冷却水管路的排气阀，排尽管内气体。

⑧ 调整水流量并检查通过蒸发器、冷凝器的水压降是否满足机组正常运转的要求。即机组冷冻水进出口压力、冷却水进出口压力至少应保证在 0.2MPa 以上。

（4）其他检查

① 检查确保冷却塔风机等其他设备运行正常，无异常噪声。检查风机皮带松紧程度是否适宜，确保风机与电机的连接皮带运转时不打滑，无异常噪声。

② 检查空调末端设备运转是否正常，确认各处的水阀、风阀均已全部打开。末端设备开启自如，无异常的噪声，送风范围和风速符合设计要求。

③ 检查 PLC 程序及电器元件工作是否正常。正常通电工作时，电控柜中控制元件的指示灯为绿灯显示。

7.2.3.3　机组运行

（1）机组启动

① 机组日常启动

a. 机组控制柜提供三对开关量输出点来控制冷冻水泵、冷却水泵、冷却塔的启停。如果有多台机组并联使用，应调节确认通过每台机组的水量符合使用要求。

b. 检查或重新设定电控柜显示屏上各类设定内容符合使用要求（一般不要更改，机组出厂前已设为最佳状态）。

c. 在冷冻水泵、冷却水泵、冷却塔的继电器触点与机组控制柜连锁接线后将执行如下控制逻辑：机组启动前，先启动冷冻（媒）水泵，2min 后冷却水泵启动，1min 后启动机组。如持续 10s 检测到水流开关断开，停机报故障。冷却塔的启停根据冷却水设定温度控制。

d. 机组运行后确认压缩机无异常振动或噪声，如有任何异常请立即停机检查。

e. 机组正常运行后用钳型表检测各项运行电流是否符合机组设计要求。

② 机组季节性恢复使用

a. 根据水泵和冷却塔等辅助设备生产厂家的操作维护规定进行维护检查。

b. 关闭水系统上的放水阀门（或旋上螺塞），打开水系统主回路上的截止阀门，打开水系统上排气阀，为水系统冲注所需水量，待气体排除后关闭放气阀门。

c. 检查电气回路上有关部件是否有松动，接触器吸合释放动作是否自如，绝缘包裹是否有破损，吹扫积累的灰尘。

d. 闭合主电源开关向启动柜送电，确认压缩机润滑油已加热 8h 以上；

e. 按照日常启动机组的顺序启动和运行机组。

（2）机组停机

① 机组日常停机

a. 按下控制柜上的正常停机键，机组将首先进行卸载，卸载后停转压缩机，紧接着让油加热器通电。停机时，压缩机 25% 能量运行 30s 后停机；再延时 1min 停冷却水泵，再延时 2min 停冷冻水泵。如果按下电控柜上的紧急停机键，机组将立即停转压缩机而不顾当前的负荷状态。平时不要轻易使用！

b. 如果冷冻水泵和冷却水泵没有与机组电控柜连锁，压缩机停止后一定时间手动关闭冷冻水泵和冷却水泵。

② 机组季节性停机

a. 在水泵停转后关闭靠近机组的水系统截止阀。

b. 关闭压缩机吸、排气截止阀。

c. 打开水系统上的放水放气阀门，放尽水系统中的水。为防止水系统管路因空气而锈蚀，在可能的管道段冲入稍高于大气压的氮气驱除空气后旋紧放水放气阀门防锈。

d. 保养机组及系统。

7.2.3.4　运行控制

控制系统包括压缩机启动部分及控制部分。

标准配置时压缩机启动采用△-△或不间断星三角启动方式，可以有效地避免启动过程出现很高的转换电流峰值。控制柜主要包括以下部件：

① 电流互感器。

② 接触器。

③ 相序保护器。

④ PLC 单元。

（1）机组开机过程控制

第一步：对控制柜通电，对压缩机油加热器进行预热，预热时间至少 8h 以上方可开机（这种情况控制回路可以不通电）。

第二步：压缩机预热时间达到 8h 以上后可开机，先开循环水泵（冷水泵）再开冷却水泵。

第三步：冷水泵系统和冷却水泵系统均循环以后，对于单机头螺杆机组直接按启动键，若是多机头螺杆机组则需先选择机号后按启动键。

第四步：观察启动过程是首先启动冷冻水泵；延时 2min 后冷却水泵启动，1min 后机组开始启动。机头启动方式为星三角（Y-△）启动，转换时间为 5s。启动时，压缩机 25％ 能量运行 30s 后转入 50％ 能量运行；再根据温度进行上载控制。

第五步：冷水系统的进出口温度显示是否正确（制冷情况进水温度大于出水温度），观察机组的运行电流是否在主机标定的范围内。

第六步：直接停机按停止键，停机时压缩机 25％ 能量运行 30s 后停机；再延时 1min 停冷却水泵，再延时 2min 停冷冻水泵。

第七步：若冷却水泵与冷冻水泵没有联锁，则停机时须等压缩机停止后再延时 1min 手动停冷却水泵，再延时 2min 手动停冷冻水泵。

（2）机组加/卸载过程控制

① 上载过程

a. 当控制装置电源接通时间超过设定的压缩机最小停机时间，且冷水出口温度高于设定值＋温差值（通常设定值为 7℃，温差值可在 1.0～5.0℃ 之间设定）时，机组投入启动运行，启动时自动选择运行时间最短机头先启动。压缩机上载间隔时间可在触摸屏上设定（1～10min 之间）。

b. 当冷水出口温度在设定值＋温差值与设定值之间时，机组停止加载运行。

c. 每台机头两次启、停间隔时间最少 5min。

② 卸载过程

a. 当冷水出口温度低于设定值－温差值时，机组将开始卸载，先卸运行时间最长的机头；满足卸载时间间隔后，冷水出口温度仍然低于设定值－温差值时再继续卸载。

b. 当系统出现故障或停机时，机组投入快速卸载运行，每台机头先转入 25％ 能量运行 30s 后停机。

c. 当机头本身系统出现故障时，该机头停止运行，待故障消除后，按复位键该机头重新自动投入运行。

7.2.3.5 运行管理和停机注意事项

（1）螺杆式冷水机组运行管理注意事项

① 机组的正常开、停机必须严格按照厂方提供的操作说明书的步骤进行操作。

② 机组在运行过程中，应及时、正确地做好参数的记录工作。

③ 机组运行中如出现报警停机，应及时通知相关人员对机组进行检查，如无法排除故障，可以直接与厂方联系。

④ 机组在运行过程中严禁将水流开关短接，以免冻坏水管。

⑤ 机房应由专门的工作人员负责，严禁闲杂人员进入机房，操作机组。

⑥ 机房应配备相应的安全防护设备和维修检测工具，如压力表、温度计等，工具应存放在固定位置。

（2）螺杆式冷水机组停机注意事项

① 机组在停机后应切断主电源开关。

② 在机组处于长期停机状态期间，应将冷水、冷却水系统的内部积水全部放净，防止产生锈蚀。水室端盖应密封住。

③ 机组长期停机时，应做好维修保养工作。

④ 在停机期间，应该将机组全部遮盖，防止积灰。

⑤ 在停机期间，与机组无关的人员不得接触机器。

7.3 风管系统安装施工工艺

7.3.1 基本规定

① 风管系统安装后，必须进行严密性检验，合格后方能交付下道工序。风管严密性检验以主、干管为主。在加工工艺得到保证的前提下，低压风管系统可采用漏光法检测。

② 风管系统吊、支架采用膨胀螺栓等胀锚方法固定时，必须符合其相应技术文件的规定。

③ 风管及部件穿墙、过楼板或屋面时，应设预留孔洞，尺寸和位置应符合设计要求。

④ 风管和空气处理室内，不得敷设电线、电缆以及输送有毒、易燃气体或液体的管道。

⑤ 风管与配件可拆卸的接口及调节机构，不得装设在墙或楼板内。

⑥ 风管及部件安装前，应清理内外杂物及污物，并保持清洁。

⑦ 线长风管接口的配置，不得缩小其有效截面。

⑧ 风管安装时应及时进行支、吊架的固定和调整，其位置正确，受力应均匀。可调隔振支、吊架的拉伸或压缩量应按设计要求调整。

7.3.2 施工准备

7.3.2.1 技术准备

① 安装风管前，应将图纸与施工现场进行核对，检查能否按设计的标高和位置进行安装。检查支、吊架的敷设、设备基础和预留孔洞是否符合要求。

② 检查已制作好的风管和部件：风管不应有变形、扭曲、开裂、孔洞，以及法兰脱落、法兰开焊、漏焊、漏打螺栓孔等缺陷。

③ 有完善的风管安装施工方案，并进行了记述交底。

④ 安装用工机具、计量器具准备齐全，并检查使用性能完好。

7.3.2.2 材料要求

① 各种安装材料产品应具有出厂许可证书或质量鉴定文件。

② 型钢（包括扁钢、角钢、槽钢、圆钢）应按照国家现行有关标准进行验收。

③ 螺栓、螺母、垫圈、膨胀螺栓、铆钉、拉铆钉、石棉绳、橡胶板、密封胶条、电焊焊条等应符合产品质量要求，不得存在影响安装质量的缺陷。

7.3.2.3 主要机具

① 常用工具：扳手（活动扳手、双头扳手、套筒扳手、梅花扳手），改锥（一字改锥、十字改锥），手电钻，冲击电钻，台钻，射钉枪，磨光机，交、支流电焊机（移动式），倒链（包括加长链倒链），木锤，拍板，麻绳等。

② 测量工具：水平尺、钢直尺、钢卷尺、水平仪，线坠（磁力线坠）、角尺。

7.3.2.4 作业条件

① 通风管道的安装，宜在建筑围护结构施工完毕，安装部位的障碍物已清理，地面无杂物的条件下进行；净化系统安装，宜在建筑物内部安装部位的地面做好，墙面抹灰完毕，室内无灰尘飞扬或有防尘措施的条件下进行。

② 工艺准备安装完毕或设备基础已确定，设备的连接管等方位已明确。

③ 结构预埋铁件、预留孔洞的位置、尺寸符合设计要求。

④ 作业地点应有相应的辅助设施，如梯子、架子、移动平台、电源、消防器材等。

7.3.3 材料和质量要点

7.3.3.1 材料关键要求

① 风管法兰垫料的材质、规格、厚度符合设计要求，弹性良好、厚度均匀。

② 风口的尺寸、规格、形式符合要求，表面平整、无变形，自带调节部分应灵活、无卡涩和松动。表面喷涂的风口应颜色均匀、无色差、表面无划痕。

③ 风管无法兰连接时，采用法兰插条和弹簧夹的规格、厚度、强度应能满足设计和使用要求。

④ 风阀、柔性短管、风帽和消声器采用法兰连接时，其法兰规格应与风管法兰规格相匹配。

7.3.3.2 技术关键要求

① 风管支、吊架的设置应根据现场情况和标准图集进行选用，尽量设置在混凝土墙、楼板和柱等部位。支、吊架的间距不得大于标准的有关要求。

② 支、吊架安装前，根据风管设计的安装位置，弹出风管中心线，并依次确定各个支、吊架的具体安装位置。

③ 质量关键要求如下。

a. 防火阀、排烟阀（口）的安装应符合设计要求，其安装方向、位置应正确。

b. 同一区域安装多个风口时，在不影响使用功能的条件下，尽量布置均匀、合理、美观。

c. 风管的固定支架和防晃支架的设置应按图纸设计要求进行，其位置应正确、安装应牢固。

d. 对于有坡度要求的风管，其安装要求应符合设计要求。

7.3.4 风管道施工工艺

7.3.4.1 工艺流程

工艺流程如图 7-27 所示。

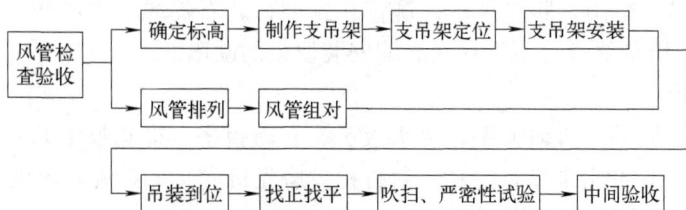

图 7-27　风管系统施工工艺流程图

7.3.4.2　操作工艺要点

（1）支、吊架制作

① 按照设计图纸，根据土建基准线确定风管标高；并按照风管系统所在的空间位置，确定风管支、吊架形式，设置支、吊点。支、吊架制作按照国标图集《风管支吊架图集》（03k132）选用强度和刚度相适应的形式和规格。对于直径或边长大于 2500mm 的超宽、超重等特殊风管的支、吊架应按设计规定；支、吊点形式有预埋法、膨胀螺栓法、射钉枪法等。

② 风管支、吊架制作前，首先应对型钢进行矫正，矫正的方法有冷矫和热矫两种；小型钢材一般采用冷矫正，较大的型钢需加热到 900℃ 左右后进行矫正。矫正的顺序为先矫正扭曲后矫正弯曲。

③ 风管支、吊架的形式、材质、加工尺寸、安装间距、制作精度、焊接等应符合设计要求。不得随意更改，开孔必须采用台钻或手电钻，不得用氧乙炔焰开孔。

④ 支、吊架的焊接应外观整洁漂亮，要保证焊透、焊牢，不得有漏焊、欠焊、裂纹、咬肉等缺陷。

⑤ 吊杆圆钢应根据风管安装标高适当截取。套丝不宜过长，丝扣末端不宜超出托架最低点，不得妨碍装饰吊顶的施工。

⑥ 风管支、吊架制作完成后，应进行除锈刷漆。埋入墙、混凝土的部位不得刷油漆。

⑦ 用于不锈钢、铝板风管的支架、抱箍应按设计要求做好防腐绝缘处理，防止电化学腐蚀。

（2）支、吊架安装

① 按风管的中心线找出吊杆安装位置，单吊杆在风管的中心线上；双吊杆可按托盘的螺孔间距或风管的中心线对称安装。吊杆与吊件应进行安全可靠的规定，对焊接后的部位应补刷油漆。

② 立管管卡安装时，应先把最上面的一个管件固定好，再用线坠在中心处吊线，下面的风管即可进行固定。

③ 当风管较长要安装成排支架时，先把两端安好，然后以两端的支架为基准，用拉线法找出中间各支架的标高进行安装。

④ 风管水平安装，直径或边长≤400mm 时，支、吊架间距不大于 4m；直径或边长＞400mm 时，不大于 3m；螺旋风管的支、吊架可分别延长至 5m 和 3.75m；对于薄钢板法兰的风管，其支、吊架间距不大于 3m。当水平悬吊的主、干风管长度超过 20m 时，应设置防止摆动的固定点，每个系统不应少于 1 个。风管垂直安装时，支、吊架间距不大于 4m；单根直管至少应有 2 个固定点。

⑤ 支、吊架不得设置在风口、阀门、检查门及自控机构处，离风口或插接管的距离不宜小于 200mm。

⑥ 抱箍支架，折角应平直，抱箍应紧贴并箍紧风管。安装在支架上的圆形风管应设托座和抱箍，其圆弧应均匀，且与风管处外径相一致。

⑦ 保温风管的支、吊架装置应放在保温层外部，保温风管不得与支、吊托架直接接触，应点上坚固的隔热防腐材料，其保温度与保温层相同，防止产生"冷桥"。

（3）风管法兰连接

① 法兰密封垫料。选用不透气、不产尘、弹性好的材料，法兰垫料应尽量减少接头，接头形式采用阶梯形或企口形，接头处应涂密封胶。法兰之间的垫料应符合设计要求，设计无要求时按表 7-19 选用。

表 7-19　法兰垫料选用表

应用系统	输送介质	垫料材料及厚度/mm	
一般空调系统及送、排风系统	温度低于 70℃ 的洁净空气或含尘含湿气体	密封胶条	软胶胶板
		3	2.5～3
高温系统	温度高于 70℃ 的空气或烟尘	石棉绳	耐热橡胶板
		$\phi 8$	3
化工系统	含有腐蚀性介质的气体	耐热橡胶板	
		2.5～3	
洁净系统	有洁净等级要求的洁净空气	橡胶板	闭孔海绵橡胶板
		5	5
塑料风管	含腐蚀性气体	软聚氯乙烯板	
		3～6	

② 法兰连接时，首先按要求垫好材料，然后把两个法兰先对正，穿上几颗螺栓并戴上螺母，不要上紧。再用尖冲塞进未上螺栓的螺孔中，把两个螺孔撬正，直到所有螺栓都穿上后，拧紧螺栓。紧螺栓时应按十字交叉逐步均匀地拧紧。风管连接好后，以两端法兰为准，拉线检查风管连接是否平直。

③ 不锈钢风管法兰连接的螺栓，宜用同材料的不锈钢制成，如用普通碳素钢，应按设计要求喷涂材料。

④ 铝板风管法兰连接应采用镀锌螺栓，并在法兰两侧垫镀锌垫圈。

⑤ 非金属风管连接两法兰断面应平行、严密，法兰螺栓两侧应加镀锌垫圈；复合材料风管采用法兰连接时，应有防冷桥措施。

⑥ 连接法兰的螺栓应均匀拧紧，其螺母宜在同一侧。

（4）风管无法兰连接

① 承插式风管连接：适用于矩形或圆形风管连接。先制作连接管，然后插入两侧风管，再用自攻螺栓或拉铆钉将其紧密固定，如图 7-28。风管连接处的四周应一致，无明显的弯曲或褶皱；内涂的密封胶应完整，外粘的密封胶带应粘贴牢固、完整无缺陷。

② 咬口连接：利用板材自身翻边咬合实现密封，密封性好但加工复杂，多用于矩形风管的纵向接缝或闭合缝。

③ 插条式风管连接：适用于矩形风管，要求连接后的板面应平整、无明显弯曲。

（5）柔性短管安装

根据施工图纸确定正确的安装位置。

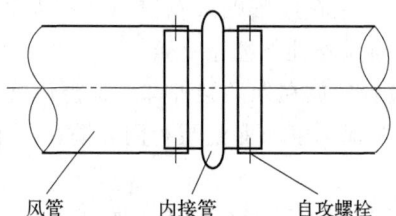

风管　　　　　内接管　　　　自攻螺栓

图 7-28　承插式风管连接

① 柔性短管安装应松紧适当，不得扭曲。安装在风机吸入口的柔性短管可安装得绷紧一些，防止风机启动后被吸入而减少截面尺寸。

② 安装时，不得把柔性短管当成找平找正的连接管或异径管。

（6）风管安装

① 安装技术要求如下。

a. 明装风管：水平度每米≤3mm，总偏差≤20mm；垂直度每米≤2mm，总偏差≤20mm。

b. 暗装风管：位置应正确，无明显偏差。

② 安装顺序为先干管后支管；安装方法应根据施工现场的实际情况确定，可以在地面上连成一定的长度然后采用整体吊装的方法就位；也可以把风管一节一节地放在支架上逐节连接。整体吊装式将风管在地面上连接好，一般可接长至 10～12m 左右，用倒链或升降机将风管吊到吊架上。

③ 风管穿越需要封闭的防火、防爆的墙体或楼板时，应设预埋管或防护套管，其钢板厚度不应小于 1.6mm。风管与防护套管之间，应用不燃且对人体无危害的柔软材料封堵。

④ 复合材料风管接缝应牢固，无孔洞和开裂。当采用插接连接时，接口应匹配、无松动，端口缝隙不应大于 5mm。

⑤ 硬聚氯乙烯风管的直管段连续长度大于 20m 时，应按设计要求设置伸缩节；支管的重量不得由干管承受，必须自行设置支、吊架。

⑥ 风管系统安装完毕后，应按系统类别进行严密性检验。

（7）风帽安装

① 风帽安装高度超过屋面 1.5m，应设拉索固定，拉索的数量不得少于 3 根，且设置均匀、牢固。

② 不连接分管的筒形风帽，可用法兰直接固定在混凝土或木板底座上。当排送湿度较大的气体时，应在底座设置滴水盘并有排水措施。

（8）风口安装

① 风口安装应横平、竖直、严密、牢固、表面平整。

② 带风量调节阀的风口安装时，应先安装调节阀框，后安装风口的叶片框。同一方向的风口，其调节装置应设在同一侧。

③ 散流器风口安装时，应注意风口预留孔洞要比喉口尺寸大，留出扩散板的安装位置。

④ 洁净系统的风口安装前，应将风口擦拭干净，其风口边框与洁净室的顶棚或墙面之间应采用密封胶或密封垫料封堵严密，不得漏风。

⑤ 球形旋转风口连接应牢固，球形旋转头要灵活，不得空阔晃动。

⑥ 排烟口与送风口的安装部位应符合设计要求，与风管或混凝土风道的连接应牢固、严密。

（9）风阀安装

① 风阀安装前应检查框架结构是否牢固，调节、制动、定位等装置是否准确灵活。

② 风阀的安装与风管的安装相同，将其法兰与风管或设备的法兰对正，加上密封垫片，上紧螺栓，使其与风管或设备连接牢固、严密。

③ 风阀安装时，应使阀件的操纵装置便于人工操作。其安装的方向应与阀体外壳标注的方向一致。

④ 安装完的风阀，应在阀体外壳上有明显和准确的开启方向、开启程度的标志。

⑤ 防火阀的易熔片应安装在风管的迎风侧，其熔点的温度应符合设计要求。

7.3.5 通风与空调设备安装施工工艺

7.3.5.1 工艺流程

通风与空调设备安装工艺流程见图 7-29。

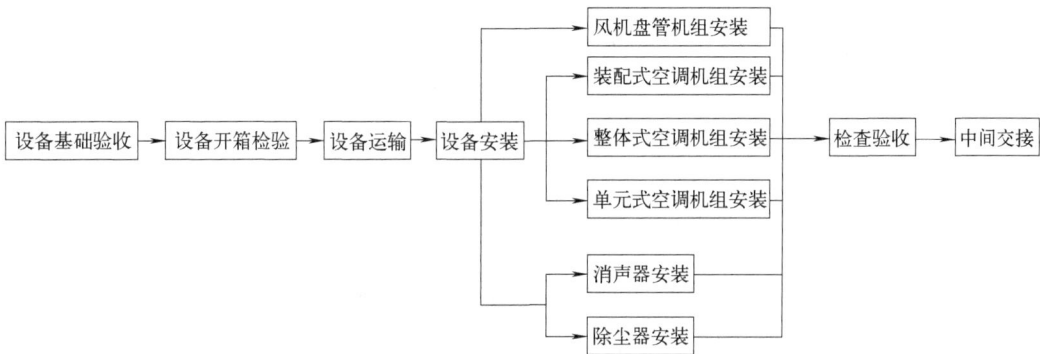

图 7-29 通风与空调设备安装工艺流程

7.3.5.2 施工操作要点

（1）通风机的安装

① 工艺流程 通风机安装工艺流程见图 7-30。

图 7-30 通风机安装工艺流程

② 基础验收

a. 风机安装前应根据设计图纸对设备基础进行全面检查，坐标、标高及尺寸应符合设备安装要求。

b. 风机安装前，应在基础表面铲出麻面，以使二次浇灌的混凝土或水泥能与基础紧密结合。

③ 通风机检查及运输

a. 按设备装箱清单，核对叶轮、机壳和其他部位的主要尺寸，进、出风口的位置方向是否符合实际要求，做好检查记录。

b. 叶轮旋转方向应符合设备技术文件的规定。

c. 进、出风口应由盖板严密遮盖。检查各切削加工面，机壳的防锈情况和转子有无变形或锈蚀、碰损的现象。

d. 搬运设备应有专人指挥，使用的工具及绳索必须符合安全要求。

④ 设备清洗

a. 风机安装前，应将轴承、传动部位及调节机构进行拆卸、清洗，使其转动灵活。

b. 用煤油或汽油清洗轴承时严禁吸烟或用火，以防发生火灾。

⑤ 风机安装。

a. 风机就位前，按设计图纸并依据建筑物的轴线、边缘线及标高线放出安装基准线。将设计基础表面的油污、泥土杂物以及地脚螺栓预留孔内的杂物清除干净。

b. 整体安装的风机，搬运和吊装的绳索不得捆绑在转子和机壳或轴承盖的吊环上。风机吊至基础上后，由垫铁找平，垫铁一般应放在地脚螺栓两侧，斜垫铁必须成对使用。风机安装好后，同一组垫铁应点焊在一起，以免受力时松动。

c. 风机安装在无减振器的支架上，应垫上 $4\sim5$mm 厚的橡胶板，找平找正后固定牢。

d. 风机安装在有减振器的机座上时，地面要平整，各组减振器承受的荷载压缩量应均匀，不偏心，安装后采取保护措施，防止损坏。

e. 通风机的机轴应保持水平，水平度允许偏差为 0.2/1000；风机与电动机用联轴器连接时，两轴中心线应在同一直线上，两轴芯径向位移允许偏差为 0.05mm，两轴线倾斜允许偏差为 0.2/1000。

f. 通风机与电动机用三角皮带传动时，应对设备进行找正，以保证电动机与通风机的轴线平行，并使两个皮带轮的中心线相重合。三角皮带拉紧程度控制：可用手敲打已安装好的皮带中间，以稍有弹性为准。

g. 安装通风机与电动机的传动皮带轮时，操作者应紧密配合，防止将手碰伤。挂皮带轮时不得把手指插入皮带轮内，防止事故发生。

h. 风机的传动装置外露部分应安装防护罩，风机的吸入口或吸入管直通大气时，应加装保护网或其他安全装置。

i. 通风机出口的接出风管应顺叶轮旋转方向接出弯管。在现场条件允许的情况下，应保证出口至弯管的距离 A 大于或等于风口出口长边尺寸的 $1.5\sim2.5$ 倍（图 7-31）。如果受现场条件限制达不到要求，应在弯管内设倒流叶片弥补。

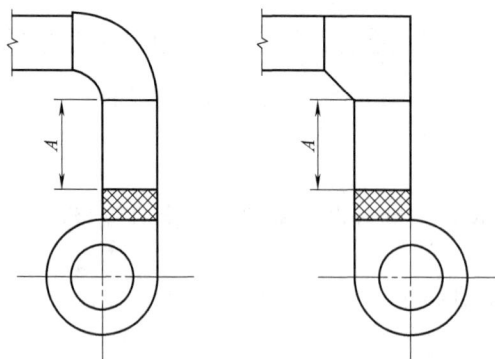

图 7-31　通风机接出风管弯管示意图

j. 现场组装风机，绳索的捆绑不得损伤机件表面，转子、轴径和轴封等处均不应作为捆绑部位。

k. 输送特殊介质的通风机转子和机壳内如涂有保护层，应严加保护。

l. 大型组装轴流风机，叶轮与机壳的间隙应均匀分布，并符合设计技术文件要求。叶轮与进风外壳的间隙见表 7-20。

表 7-20　叶轮与主体风筒对应两侧间隙允许偏差　　　　　单位：mm

叶轮直径	≤600	600～1200	1200～2000	2000～3000	3000～5000	5000～8000	＞8000
对应两侧半精间隙之差不应大于	0.5	1	1.5	2	3.5	5	6.5

m. 通风机附属的自控设备和观测仪器、仪表安装，应按设备技术文件规定执行。

n. 风机试运转：经过全面检查，手动盘车，确认供应电源相序正确后方可送电试运转，运转前轴承箱必须加上适当的润滑油，并检查各项安全措施；叶轮旋转方向必须正确；在额定转速下试运转时间不得少于 2h。运转后，再检查风机减振基础有无位移和损坏现象，做好记录。

（2）空调机组的安装

① 工艺流程　空调机组的安装流程见图 7-32。

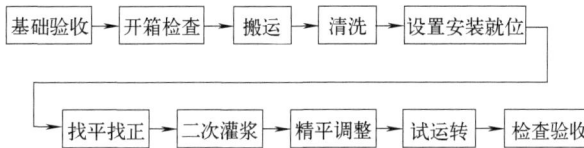

基础验收 → 开箱检查 → 搬运 → 清洗 → 设置安装就位

找平找正 → 二次灌浆 → 精平调整 → 试运转 → 检查验收

图 7-32　空调机组的安装流程

② 设备基础的验收　根据安装图对设备基础的强度、外形尺寸、坐标、标高及减振装置进行认真检查。

③ 设备开箱检查

a. 开箱前检查外包装有无受损或受潮。开箱后认真核对设备及各段的名称、规格、型号、技术条件是否符合设计要求。产品说明书、合格证、随机清单和设备技术文件应齐全。逐一检查主机附件、专用工具、备用配件等是否齐全，设备表面应无缺陷、缺损、损坏、锈蚀、受潮的现象。

b. 取下风机段活动板或通过检查门进入，用手盘动风机叶轮，检查有无与机壳相碰、风机减振部分是否符合要求。

c. 检查表冷器的凝结水部分是否畅通、有无渗漏，加热器及旁通阀是否严密、可靠，过滤器零部件是否齐全，滤料及过滤形式是否符合设计要求。

④ 设备运输　空调设备在水平运输和垂直运输之前尽可能不要开箱并保留好底座。现场水平运输时，应尽量采用车辆运输或钢管、跳板组合运输。室外垂直运输一般采用门式提升架或吊车，在机房内采用滑轮、倒链进行吊装和运输。整体设备允许的倾斜角度参照说明书。

⑤ 一般装配式空调安装

a. 阀门启闭要灵活，阀叶须平直。表面式换热器应有合格证，在规定期限内，外表面无损伤时，安装前可不做水压试验，否则应做水压试验。试验压力等于系统最高工作压力的 1.5 倍，且不低于 0.4MPa，试验时间为 2～3min；压力不得下降。空调器内挡水板，可阻挡喷淋处理后的空气夹带水滴进入风管内，使空调房间湿度稳定。挡水板安装时前后不得装反。要求机组清理干净，箱体内无杂物。

b. 现场有多套空调机组时，安装前将段体进行编号，切不可将段体互换调错，按厂家说明书，分清左式、右式，段体排列顺序应与图纸吻合。

c. 从空调机组的一段开始，逐一将段体抬上底座校正位置后，加衬垫，将相邻两个段体用螺栓连接牢固严密，每连接一个段体前，将内部清洗干净。组合式空调机组各功能段间连接后，整体应平直，检查门开启要灵活，水路畅通。

d. 加热段与相邻段体间应采用耐热材料作为垫片。

e. 喷淋段连接处要严密、牢固可靠，喷淋段不得渗水，喷淋段的检视门不得漏水。积水槽应清理干净，保证冷凝水畅通不溢水。凝结水管应设置水封，水封高度根据机外余压确定，防止空气调节器内空气外漏或室外空气进来。

f. 安装空气过滤器时方向应符合要求。

ⅰ. 框式及袋式粗、中效空气过滤器的安装要便于拆卸及更换滤料。过滤器与框架间要平整，框架与空气处理室的维护结构间应严密。

ⅱ. 自动浸油过滤器的网子应清扫干净，传动应灵活，过滤器间接缝要严密。

ⅲ. 卷绕式过滤器安装时，框架要平整，滤料应松紧适当，上下筒平行。

ⅳ. 静电过滤器的安装应特别注意平稳，与风管或风机相连的部位设柔性短管，接地电阻要小于 4Ω。

ⅴ. 亚高效、高效过滤器的安装应符合以下规定：按出场标志方向搬运、存放，安置于防潮洁净的室内。其框架端面或刀口端面应平直，其平整度允许偏差为 ±1mm，其外框不得改动。过滤器全部安装完毕，并全面清扫擦净。系统连续试车 12h 后，方可开箱检查，不得有变形、破损和漏胶等现象，合格后立即安装。安装时，外框上的箭头与气流方向应一致。用波纹板组合的过滤器在竖向安装时，波纹板垂直地面，不得反向。过滤器与框架间必须加密封垫料和涂抹密封胶，厚度为 6~8mm。定位胶贴在过滤器边框上，用梯形或榫形拼接，安装后垫料的压缩率应大于 50%。采用硅橡胶密封时，先清除边框上的杂物和油污，在常温下挤抹硅橡胶，应饱满、均匀、平整。采用液槽密封时，槽架安装应水平，槽内保持清洁无水迹。密封液宜为槽深的 2/3。现场组装的空调机组，应作漏风量测试。

g. 安装完的空调机组静压为 700Pa，在室内洁净度低于 1000 级时，漏风率不应大于 2%；洁净度高于或等于 100 级时，漏风量不应大于 1%。

⑥ 整体式空调机组的安装

a. 安装前认真熟悉图纸、设备说明书以及有关的技术资料。检查设备零部件、附属材料及随机专用工具是否齐全。制冷设备充有保护气体时，应检查有无泄漏情况。

b. 空调机组安装时，坐标、位置应准确。基础达到安装强度，基础表面应平整，一般应高出地面 100~150mm。

c. 空调机组加减振装置时，应严格按设计要求的减振型号、数量和位置进行安装并找平找正。

d. 水冷式空调机组的冷却水系统，蒸汽、热水管道及电气、动力与控制线路的安装工应持证上岗。充注氟利昂和调试应由制冷专业人员按产品说明书的要求进行。

⑦ 单元式空调机组安装

a. 分体式室外机组和冷风整体式机组的安装。安装位置应正确，目测呈水平，凝结水的排放应畅通。周边间隙应满足冷却风的循环。制冷剂管道连接应严密无渗漏。穿过的孔墙必须密封,雨水不得渗入。

b. 水冷柜式空调机组的安装。安装时其四周要留有足够空间,方能满足冷却水管道连接和维修保养的要求。机组安装应平稳。冷却水管连接应严密,不得有渗漏现象,应按设计要求设有排水坡度。

c. 窗式空调器的安装。其支架的固定必须牢靠。应设有遮阳、防雨措施,但注意不得妨碍冷凝器的排风。安装时其凝结水从出口用软塑料管引至排放地。安装后,其面板应平整,不得倾斜,用密封条将四周密封严密。运转时应无明显的窗框振动和噪声。

(3) 风机盘管及诱导管的安装

① 工艺流程。风机盘管及诱导管的安装流程见图 7-33。

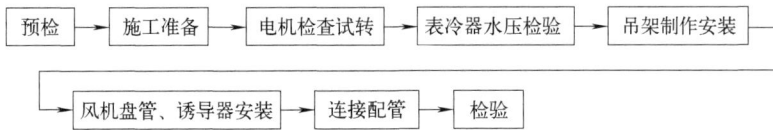

预检 → 施工准备 → 电机检查试转 → 表冷器水压检验 → 吊架制作安装 →
风机盘管、诱导器安装 → 连接配管 → 检验

图 7-33　风机盘管及诱导管的安装流程

② 安装前应检查每台电机壳体及表面交换器有无损伤、锈蚀等缺陷。

③风机盘管和诱导器应逐台进行通电试验检查,机械部分不得摩擦,电器部分不得漏电。

④ 风机盘管和诱导器应逐台进行水压试验,试验强度应为工作压力的 1.5 倍,定压后观察 2~3min,不渗不漏为合格。

⑤ 卧式吊装风机盘管和诱导器,吊架安装平整牢固,位置正确。吊杆不应自由摆动,吊杆与托盘相连应用双螺母紧固。

⑥ 诱导器安装前必须逐台进行质量检查,检查项目如下:

a. 各连接部分不得有松动、变形和产生破裂等情况,喷漆不能脱落、堵塞。

b. 静压箱接头处缝隙密封材料不能有裂痕和脱落,一次风调节阀必须灵活可靠,并调节到全开位置。

⑦ 诱导器经检查合格后按设计要求就位安装,并检查喷嘴型号是否正确。

a. 暗装卧式诱导器应用支、吊架固定,并便于拆卸和维修。

b. 诱导器与一次风管连接处应严密,防止漏风。

c. 诱导器水管接头方向和回风面朝向应符合实际要求。立式双面回风诱导器为利于回风,靠墙一面应留 50mm 以上空间。卧式双回风诱导器,要保证靠楼板一面留有足够空间。

⑧ 冷热媒水管与风机盘管、诱导器连接可采用钢管或紫铜管,接管应平直。紧固时应用扳手卡住六方接头,以防损坏铜管。凝结水管应柔性连接,软管长度不大于 300mm,材质宜用透明胶管,并用喉箍紧固严密,不渗漏,坡度应正确。凝结水畅通地排放到指定位置,水盘应无积水现象。

⑨ 风机盘管、诱导器同冷热媒管道连接,应在管道系统冲洗排污合格后进行,以防堵塞热交换器。

⑩ 暗装卧式风机盘管,吊顶应留有活动检查门,便于机组能整体拆卸和维修。

（4）消声器的安装

① 阻性消声器的消声片和消声塞，抗性消声器的膨胀腔，共振性消声器中的穿孔板孔径和穿孔率、共振腔，阻抗复合消声器中的消声片、消声壁和膨胀腔等有特殊要求的部位均应按照设计和标准图进行制作加工、组装，如图 7-34～图 7-36 所示。

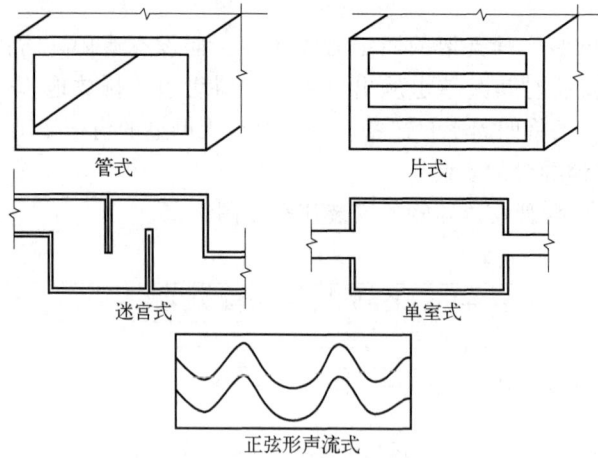

图 7-34　阻性消声器示意图

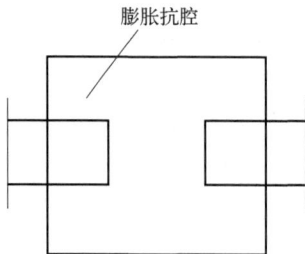

图 7-35　抗性消声器示意图

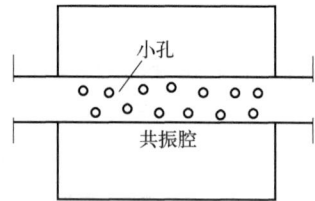

图 7-36　共振性消声器示意图

大量使用的消声器、消声弯头、消声风管和消声静压箱应选用专业设备生产厂的产品，产品应具有检测报告和质量证明文件。

② 消声器等消声设备运输时，不得有变形现象和过大振动，避免外界冲击破坏消声性能。

③ 消声器、消声弯管应单独设支、吊架，不得由风管来支撑，其支、吊架的设置应位置正确、牢固可靠。

④ 消声器支、吊架的横托板穿吊杆的螺孔距离，应比消声器宽 40～50mm。为了便于调节标高，可在吊杆端部套 50～80mm 的丝扣，以便找平、找正。加双螺母固定。

⑤ 消声器的安装方向必须正确。与风管或管件的法兰连接应保证严密、牢固。

⑥ 当通风、空调系统有恒温、恒湿要求时，消声设备外壳应作保温处理。

⑦ 消声器等安装就位后，可用拉线或吊线尺量的方法进行检查，对位置不正、扭曲、接口不齐等不符合要求的部位进行修整，达到设计和使用的要求。

（5）除尘器的安装

① 除尘器基础验收。除尘器安装前，对设计基础进行全面的检查，外形尺寸、标高、坐标应符合设计，基础螺栓预留孔位置、尺寸应正确。基础表面应铲出麻面，以便二次

灌浆。

应提交耐压试验单，验收合格后方可进行设备安装。大型除尘器安装前，对基础尚须进行水平度测定，允许偏差值±3mm。

② 水平运输和垂直运输除尘器时，应保持外包装完好。

③ 设备开箱检查验收。按除尘器设备装箱清单，核对主机、辅机、附件、支架、传动机构和其他零部件和备件的数量，主要尺寸，进、出口的位置、方向是否符合设计要求。安装前必须按图检查各零件的完好情况，若发现变形和尺寸变动，应整形或校正后方可安装。

④ 除尘器设备安装就位前，按照设计图纸，并根据建筑物的轴线、边缘线及标高线划定安装基准线。将设备基础表面的油污、泥土杂物清除掉，地脚螺栓预留孔内的杂物冲洗干净。

a. 除尘器设备整体安装吊装时，应直接放置在基础上，用垫铁找平、找正，垫铁一般应放在地脚螺栓两侧，斜垫铁必须成对使用。

b. 除尘器现场安装。当除尘器设备散件组装或分段组装时，应先组装基础、支架部分，待找平、找正固定后再向上或多机组对同时安装。箱体及灰斗应进行密封性焊接，外观应平整，折角平直，加固要牢靠。焊接框架、检修平台时，要求焊缝保持平整、牢固。

c. 除尘器设备的进口和出口方向应符合设计要求；安装连接各部法兰时，密封填料应加在螺栓内侧，以保证密封。人孔盖及检查门应压紧，不得漏气。

d. 除尘器的排尘装置、卸料装置、排泥装置的安装必须严密，并便于以后操作和维修。各种阀门必须开启灵活、关闭严密。传动机构必须转动自如，动作稳定可靠。

⑤ 袋式除尘器安装。

a. 布袋接口应牢固，各部件连接处应严密。分室反吹袋式除尘器的滤袋安装必须平直，每条滤袋的拉紧力保持在25～35N/m。与滤袋接触的短管、袋帽应光滑无毛刺。

b. 机械回转扁袋式除尘器的旋臂转动应灵活可靠，净气室上部顶盖应密封不漏气、旋转灵活。

c. 脉冲除尘器喷吹的孔眼对准文氏管的中心，同心度允许偏差±2mm。

⑥ 电除尘器安装。

a. 电除尘器壳体及辅助设备均匀接地，在各种气候条件下接地电阻应小于4Ω。

b. 清灰装置动作应灵活、可靠，不可与周围其他物件相碰。

c. 电除尘器外壳应作保温层。

（6）空气风幕机安装

① 空气风幕机安装位置、方向应正确、牢固可靠，与门框之间应采用弹性垫片隔离，防止空气风幕机的振动传递到门框上产生共振。

② 风幕机的安装不得影响其回风口过滤网的拆卸和清洗。

③ 风幕机的安装高度应符合设计要求，风幕机吹出的空气应能有效地隔断室内外空气的对流。

④ 风幕机的安装纵向垂直度和横向水平度的偏差均不应大于2/1000。

（7）洁净层流罩的安装

① 层流罩安装的高度和位置应符合设计要求，应设立单独的吊杆，并有防晃动的固定措施，以保持层流罩的稳固。

② 暗装的洁净室的层流罩与顶板相连的四周必须设有密封及隔振措施，以保证洁净室的严密性。

③ 层流罩安装的水平度允许偏差应为 1/1000，高度的允许偏差为±1mm。

（8）装配式洁净室的安装

① 地面铺设：垂直单向流洁净室的地面，采用格栅铝合金活动地板；而水平单向流和乱流洁净室，采用塑料贴面活动地面或现场铺设的塑料地板。塑料地面一般选用抗静电聚氯乙烯卷材。

② 板壁安装：板壁一般采用 1mm 的喷塑薄钢板，将两边冲压成企口形，两层板材间填充不燃的保温材料。板壁安装前应在地面弹线并校准尺寸。开始按划出的底马槽线，将铁密封条的底马槽线装好。应注意使马槽接缝与板壁接缝错开。板壁应先从转角处开始安装，板壁两边企口处各贴一层厚为 2mm 的闭孔海绵橡胶板。当相邻两块板壁的高度一致、垂直平行时，便可用顶卡子将相邻两块板壁锁牢。板壁装好后，将顶马槽和屋角进行预装，注意平直，而不是接缝与板壁的接缝错开。板壁组装结束后，应对其垂直度进行检查，垂直度允许偏差为 2/1000。

③ 顶板的安装：在部件 L 形板与骨架、L 形板与顶马槽、十字形板与骨架等连接处，均须加密封条，以保证顶板的密封性。

7.3.6 空调制冷系统安装施工工艺标准

7.3.6.1 工艺流程

① 空调设备安装流程见图 7-37。

基础检验 → 设备开箱检查 → 设备运输 → 吊装就位 → 找平找正 → 灌浆、基础抹面

图 7-37 空调设备安装流程

② 一般空调系统安装流程见图 7-38。

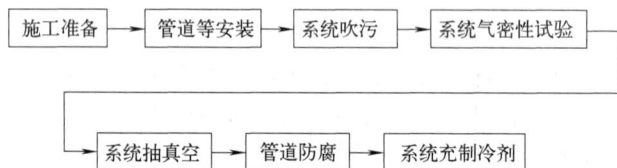

施工准备 → 管道等安装 → 系统吹污 → 系统气密性试验 → 系统抽真空 → 管道防腐 → 系统充制冷剂

图 7-38 一般空调系统安装流程

③ 水蓄冷空调系统安装流程见图 7-39。

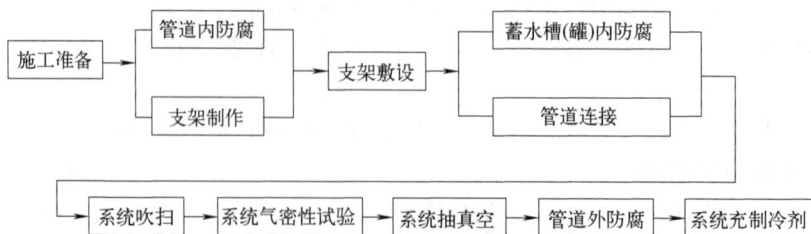

施工准备 → 管道内防腐 / 支架制作 → 支架敷设 → 蓄水槽(罐)内防腐 / 管道连接 → 系统吹扫 → 系统气密性试验 → 系统抽真空 → 管道外防腐 → 系统充制冷剂

图 7-39 水蓄冷空调系统安装流程

7.3.6.2 操作工艺

（1）制冷机组的安装

① 活塞式制冷机组

a. 基础检查验收。会同土建、监理和建设单位共同对基础质量进行检查，确认合格后进行中间交接。检查内容主要包括：外形尺寸、平面的水平度、中心线、标高、地脚螺栓的深度和间距、埋设件等。

b. 就位找正和初平。根据施工图纸按照建筑物的定位轴线弹出设备基础的纵横向中心线，利用铲车、人字拔杆将设备吊至设备基础上进行就位。应注意设备管口方向应符合设计要求，将设备的水平度调整到接近要求的程度。

利用平垫铁或斜垫铁对设备进行初平，垫铁的放置位置和数量应符合安装要求。

c. 精平和基础抹面。设备初平合格后，应对地脚螺栓孔进行二次灌浆，所用的细石混凝土或水泥砂浆的强度等级应比基础强度等级高 1～2 级。灌浆前应清理孔内的污物、泥土等杂物。每个孔洞灌浆必须一次完成，分层捣实，并保持螺栓处于垂直状态。待其强度达到 70% 以上时，方能拧紧地脚螺栓。

设备精平后应及时电焊垫铁，设备底座与基础表面间的空隙应用混凝土填满，并将垫铁埋在混凝土内，灌浆层上表面应略有坡度，以防油、水流入设备底座，抹面砂浆应密实、表面光滑美观。

利用水平仪法或铅垂线法在气缸加工面、底座或与底座平行的加工面上测量，对设备进行精平，使机身纵、横向水平度的允许偏差为 1/1000，并应符合设备技术文件的规定。

d. 拆卸和清洗。用油封的制冷压缩机，如在设备文件规定的期限内，且外观良好、无损坏和锈蚀时，仅拆洗缸盖、活塞、气缸内壁、曲轴箱内的润滑油。用充有保护性气体或制冷工质的机组，如在设备技术文件规定的期限内，气体压力无变化，且外观完好，可不做压缩机的内部清洗。

设备拆卸清洗的场地应清洁，并具有防火设备。设备拆卸时，应按照顺序进行，在每个零件上做好记号，防止组装时颠倒。

采用汽油进行清洗时，清洗后必须涂上一层机油，防止锈蚀。

② 螺杆式制冷机组

a. 螺杆式制冷机组的基础检查、就位找正初平的方法同活塞式制冷机组，机组安装的纵向和横向水平偏差均不应大于 1/1000，并应在底座或底座平行的加工面上测量。

b. 脱开电动机与压缩机间的联轴器，启动电动机，检查电动机的转向是否符合压缩机要求。

c. 设备地脚螺栓孔的灌浆强度达到要求后，对设备进行精平，利用百分表在联轴器的端面和圆周上进行测量、找正，其允许偏差应符合设备技术文件规定。

③ 离心式制冷机组

a. 离心式制冷机组的安装方法与活塞式制冷机组基本相同，机组安装的纵向和横向水平偏差均不应大于 1/1000，并应在底座或底座平行的加工面上测量。

b. 机组吊装时，钢丝绳设在蒸发器和冷凝器的筒体外侧，不要使钢丝绳在仪表盘、管路上受力，钢丝绳与设备的接触点应垫木板。

c. 机组在连接压缩机进气管前，应从吸气口观察导向叶片和执行机构、叶片开度与指向位置，按设备技术文件的要求调整一致并定位，最后连接电动执行机构。

d. 安装时设备基础地板应平整，底座安装应设置隔振器，隔振器的压缩量应一致。

④ 溴化锂吸收式制冷机组

a. 安装前，设备的内压应符合设备技术文件规定的出厂压力。

b. 机组在房间内布置时，应在机组周围留出可进行保养作业的空间。多台机组布置时，两机组间的距离应保持在1.5~2m。

c. 溴化锂制冷机组就位后的初平及精平方法与活塞式制冷机组基本相同。

d. 机组安装的纵向和横向水平偏差均不应大于1/1000，并应在该设备技术文件规定的基准面上测量。水平偏差的测量可采用U形管法或其他方法。

e. 燃油或燃气直燃型溴化锂制冷机组及附属设备的安装还应符合《建筑设计防火规范》（GB 50016—2014）的相关要求。

⑤ 模块式冷水机组

a. 设备基础平面的水平度、外形尺寸应满足设备安装技术文件的要求。设备安装时，在基础上垫以橡胶减振块，并对设备进行找正找平，使模块式冷水机组的纵向水平偏差不超过1/1000。

b. 多台模块式冷水机组并联组合时，应在基础上增加型钢底座，并将机组牢固地固定在底座上。连接后的模块机组外壳应保持完好无损、表面平整，并连接成统一整体。

c. 模块式冷水机组的进、出水管连接位置应正确，严密不漏。

d. 风冷模块式冷水机组的周围，应按设备技术文件要求留有一定的通风空间。

⑥ 大、中型热泵机组

a. 空气热源热泵机组周围应按设备不同留有一定的通风空间。

b. 机组应设置隔振垫，并有定位措施，防止设备运行发生位移，损害设备接口及连接的管道。

c. 机组供、回水管侧应留有1~1.5m的检修距离。

（2）附属设备

① 制冷系统的附属设备如冷凝器、贮液器、油分离器、中间冷却器、集油器、空气分离器、蒸发器和制冷剂泵等就位前，应检查管口的方向与位置、地脚螺栓孔与基础的位置，并应符合设计要求。

② 附属设备的安装除应符合设计和该设备技术文件规定外，尚应符合下列要求：

a. 附属设备的安装，应进行气密性试验及单体吹扫，气密性试验压力应符合设计和设备技术文件的规定；

b. 卧式设备的安装水平偏差和立式设备的垂直度偏差均不宜大于1/1000；

c. 当安装带有集油器的设备时，集油器的一端应稍低；

d. 洗涤式油分离器的进液口的标高宜比冷凝器的出液口标高低；

e. 当安装低温设备时，设备的支撑和与其他设备接触处应增设垫木，垫木应预先进行防腐处理，垫木的厚度不应小于绝热层的厚度；

f. 与设备连接的管道，其进、出口方向及位置应符合工艺流程和设计的要求。

③ 制冷剂泵的安装，应符合下列要求：

a. 泵的轴线标高应低于循环贮液桶的最低液面标高，其间距应符合设备技术文件的规定；

b. 泵的进、出口连接管管径不得小于泵的进、出口直径；两台及两台以上的进液管应单独敷设，不得并联安装；

c. 泵不得空运转或在有气蚀的情况下运转。

（3）管道安装

① 制冷系统管道安装

a. 管道预制：制冷系统的阀门，安装前应按设计要求对型号、规格进行核对检查，并按照规范要求做好清洗和强度、严密性试验。

制冷剂和润滑油系统的管道、管件应将内外壁铁锈及污物清除干净，除完锈的管道应将管口封闭，并保持内外壁干燥。

从液体干管引出支管，应从干管底部或侧面接出；从气体干管引出支管，应从干管上部或侧部接出。

管道成三通连接时，应将支管按制冷剂流向弯成弧形再进行焊接，当支管与干管直径相同且管道内径小于 50mm 时，须在干管的连接部位换上大一号管径的管段，再按以上规定进行焊接。

不同管径管道对接焊接时，应采用同心异径管。

紫铜管连接宜采用承插焊接，或套管式焊接，承口的扩口深度不应小于直径，扩口方向应迎介质流向。

紫铜管切口表面应平齐，不得有毛刺、凹凸等缺陷。

乙二醇系统管道连接时严禁焊接，应采用丝接或卡箍连接。

b. 阀门安装：阀门安装的位置、方向、高度应符合设计要求，不得反装。

安装有手柄的手动截止阀，手柄不得向下。电磁阀、调节阀、热力膨胀阀、升降式止回阀等，阀头均应向上竖直安装。

热力膨胀阀的感温包，应装于蒸发器末端的回气管上，应接触良好，绑扎紧密，并用隔热材料密封包扎，其厚度与管道保温层相同。

安全阀安装前，应检查铅封情况、出厂合格证书和定压测试报告，不得随意拆启。

c. 仪表安装：所有测量仪表按设计要求均采用专用产品，并应有合格证书和有效的检测报告。

所有仪表应安装在光线良好、便于观察、不妨碍操作和检修的地方。

压力继电器和温度继电器应装在不受振动的地方。

d. 系统吹扫、气密性试验及抽真空。

ⅰ. 系统吹扫：整个制冷系统是一个密封而又清洁的系统，不得有任何杂物存在，必须采用洁净干燥的空气对整个系统进行吹扫。应选择在系统的最低点设排污口。用压力 0.5～0.6MPa 的干燥空气进行吹扫；如系统较长，可采用几个排污口分段进行。此项工作按次序连续反复进行多次，当用白布检查吹出的气体无污垢后为合格。

ⅱ. 系统气密性试验：系统内污物吹净后，应对整个系统进行气密性试验。制冷剂为氨的系统，采用压缩空气进行试验；制冷剂为氟利昂的系统，采用瓶装压缩氮气进行试验。对于较大的制冷系统也可采用压缩空气，但须干燥处理后再充入系统。

检漏方法：用肥皂水对系统所有焊接、阀门、法兰等连接部位进行仔细涂抹检漏。

在实验压力下，经稳压 24h 后观察压力值，不出现压力降为合格。试验过程中如发现泄漏要做好标记，必须在泄压后进行检修，不得带压修补。系统气密性试验压力见表 7-21。

系统压力	活塞式制冷机			离心式制冷机
	R717、R502	R22	R12、R134a	R11、R123
低压系统	1.8	1.8	1.2	0.3
高压系统	2.0	2.5	1.6	0.3

表 7-21　系统气密性试验压力　　　　　　　　　　　　　　单位：MPa

ⅲ. 系统抽真空试验：在气密性试验后，采用真空泵将系统抽至剩余压力小于 5.3kPa（40mmHg），保持 24h，氨系统压力以不发生变化为合格，氟利昂系统压力回升不应大于 0.35kPa（4mmHg）。

e. 管道防腐、管道防锈：制冷管道、型钢和支、吊架等金属制品必须做好除锈防腐处理，安装前可在现场集中进行，如采用手工除锈时，用钢丝刷或砂布反复清刷，直至露出金属光泽，再用棉纱擦净锈尘。刷漆时，必须保持金属面干燥、洁净、漆膜附着良好，油漆厚度均匀，无遗漏。制冷管道刷漆的种类、颜色应按设计或验收规范规定执行。

乙二醇系统管道内壁需作环氧树脂防腐处理。

f. 管道保温应符合制冷管道保温要求。

g. 系统充制冷剂：制冷系统充灌制冷剂时，应将装有质量合格的制冷剂的钢瓶在磅秤上做好记录，用连接管与机组注液阀接通，利用系统内真空度将制冷剂注入系统。

当系统的压力在 0.196～0.294MPa 时，应对系统再次进行检验。查明泄漏后应予以修复，再充灌制冷剂。

当系统压力与钢瓶压力相同时，即可启动压缩机，加快充入速度，直至符合有关设备技术专家规定的制冷剂重量。

② 燃油系统管路安装

a. 机房内油箱的容量不得大于 1m³，油位应高于燃烧器 0.10～0.15m，油箱顶部应安装呼吸阀，油箱还应设置油位指示器。

b. 为防止油中的杂质进入燃烧器、油泵及电磁阀等部件，应在管路系统中安装过滤器，一般可设在油箱的出口处和燃烧器的入口处。油箱的出口处可采用 60 目的过滤器，而燃烧器的入口处则可采用 140 目较细的过滤器。

c. 燃油管路应采用无缝钢管，焊接前应清除管内的铁锈和污物，焊接后应作强度和严密性试验。

d. 燃油管道的最低点应设置排污阀，最高点应设置排气阀。

e. 装有喷油泵回油管路时，回油管路系统中应装有旋塞、阀门等部件，保证管道畅通无阻。

f. 在无日用油箱的供油系统，应在储油罐与燃烧器之间安装空气分离器，并应靠近机组。

g. 管道采用无损检测时，其抽取比例和合格等级应符合设计文件要求。

h. 当管道系统采用水冲洗时，合格后还应用干燥的压缩空气将管路中的水分吹干。

③ 燃气系统管路安装

a. 管路应采用无缝钢管，并采用明装敷设。特殊情况下采用暗装敷设时，必须便于安装和检查。

b. 燃气管路的敷设，不得穿越卧室、易燃易爆品仓库、配电间、变电室等部位。

c. 当燃气管路的设计压力大于机组使用压力范围时，应在进机组之前增加减压装置。

d. 燃气管路进入机房后，应按设计要求配置球阀、压力表、过滤器及流量计等。

e. 燃气管路宜采用焊接连接，应作强度、严密性试验和气体泄漏量试验。

f. 燃气管路与设备连接前，应对系统进行吹扫，其清洁度应符合设计和有关规范的规定。

7.3.7　空调水系统管道与设备安装施工工艺标准

7.3.7.1　工艺流程

空调水系统管道与设备安装工艺流程见图 7-40。

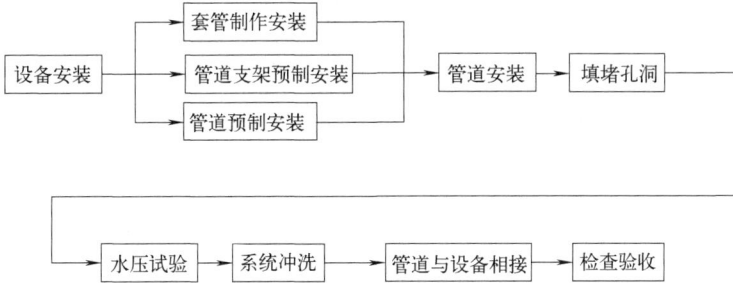

图 7-40　空调水系统管道与设备安装工艺流程

7.3.7.2　操作工艺

（1）设备安装

① 水泵安装

a. 施工前，应对土建施工的基础进行复查验收，特别是基础尺寸、标高、轴线、预留孔洞等应符合设计要求。基础表面平整、混凝土强度达到设备安装要求。

b. 水泵安装前，检查水泵的名称、规格型号，核对水泵铭牌的技术参数是否符合设计要求；水泵外观应完好，无锈蚀或损坏；根据设备装箱清单，核对随机所带的零部件是否齐全，有无缺损和锈蚀。

c. 对水泵进行手动盘车，盘车应灵活，没有卡涩和异常声音等现象。

d. 水泵吊装时，吊钩、索具、钢丝绳应挂在底座或泵体和电机的吊环上；不允许挂在水泵或电机的轴、轴承座或泵的进出口法兰上。

e. 水泵就位在基础上，装上地脚螺栓，用平垫铁和斜垫铁对水泵进行找平找正，并拧上地脚螺栓的螺母。

f. 地脚螺栓二次灌浆时，应保持螺栓处于垂直状态，混凝土的强度应比基础高 1～2 级，且不低于 C25，并做好对地脚螺栓的保护工作。

g. 用水平仪和线坠在水泵进出口法兰和底座加工面上测量，对水泵进行精平工作，整体安装的水泵纵向水平度偏差不应大于 0.1/1000，横向水平度偏差不应大于 0.2/1000；解体安装的水泵纵、横向水平偏差均不应大于 0.05/1000。

h. 水泵与电机采用联轴器连接时，用百分表在联轴器的轴向和径向进行测量和调整，使两轴心的允许偏差：轴向倾斜不应大于 0.2/1000，径向位移不应大于 0.05mm。

i. 有隔振要求的水泵安装，其橡胶减振垫或减振器的规格型号和安装位置应符合设计要求。

② 冷却塔安装

a. 安装前应对支腿基础进行检查，冷却塔的支腿基础标高应位于同一水平面上，高度允许误差为±20mm。

b. 塔体立柱腿与基础预埋钢板和地脚螺栓连接时，应找平找正，连接稳定牢固。冷却塔各部位的连接件应采用热镀锌或不锈钢螺栓。

c. 收水器安装后片体不得有变形，集水盘的拼接缝处应严密不渗漏。

d. 冷却塔的出水口及喷嘴的方向和位置应正确。

e. 风筒组装应保证风筒的圆度，尤其是喉部尺寸。

f. 风机组装应严格按照风机安装的标准进行，安装后风机的叶片角度应一致，叶片端部与风筒壁的间隙应均匀。

g. 冷却塔的填料安装应疏密适中、间距均匀，四周要与冷却塔内壁紧贴，块体之间无间隙。

h. 单台冷却塔安装水平度和垂直度允许偏差均为 2/1000。同一冷却系统的多台冷却塔安装时，各台冷却塔的水平高度应一致，高度差不应大于 30mm。

③ 水处理设备安装

a. 水处理设备的基础尺寸、地脚螺栓或预埋钢板的埋设应满足设备安装的要求，基础表面应平整。

b. 水处理设备的吊装应注意保护设备的仪表和玻璃观察孔的部位。设备就位找平后拧紧地脚螺栓进行固定。

c. 与水处理设备连接的管道，应在试压、冲洗完毕后再连接。

d. 冬季安装，应将设备内的水放空，防止冻坏设备。

（2）管道安装

① 套管制作安装

a. 套管管径应比穿墙板的干管、立管管径大 1～2 号。保温管道的套管应留出保温层间隙。

b. 套管的长度：过墙套管的长度＝墙厚＋墙两面抹灰厚度；过楼板套管的长度＝楼板厚度＋板底抹灰厚度＋地面抹灰厚度＋20mm（卫生间 30mm）。

c. 镀锌铁皮套管适用于过墙支管，要求卷制规整，咬口接缝，套管两端平齐，打掉毛刺，管内外要防腐。

d. 套管安装：位于混凝土墙、板内的套管应在钢筋绑扎时放入，可电焊或绑扎在钢筋上。套管内应填以松散材料，防止混凝土浇筑时堵塞套管。对有防水要求的套管应增加止水环，穿砖砌体的套管应配合土建及时放入。套管应安装牢固、位置正确、无歪斜。

e. 穿楼板的套管应把套管与管道之间的空隙用铅油麻丝和防水油膏填实封闭，穿墙套管可用石棉绳填实。

② 管道预制

a. 下料：使用与测绘相同的钢盘尺进行量尺，并注意减去管段中管件所占的长度，并注意加上拧进管件内螺纹尺寸，让出切断刀口值。

b. 套丝：用机械套扣之前，先用所属管件试扣。

c. 调直：调直前，先将有关的管件上好，再进行调直。

d. 清除麻（石棉绳）丝：将丝扣接头处的麻丝头用短锯条切断，再用布条等将其除净。

e. 编号、捆扎：将预制件逐一与加工草图进行核对、编号，并妥善保管。

③ 管道支架制作安装

a. 下料：支架下料一般宜用砂轮切割机进行切割，较大型钢可采用氧乙炔切割，切割后应将氧化皮及毛刺等清洗干净。

b. 开孔：开孔应采用电钻加工，不得采用氧乙炔割孔。钻出的孔径应比所穿管卡直径大 2mm 左右。

c. 螺纹加工：吊杆、管卡等部件的螺纹可用车床加工，也可用圆板牙进行手工扳丝。

d. 组对、点焊：组对应按加工详图进行，且应边组对边矫形、边点焊边连接，直至成型。

e. 校核、焊接：经点焊成型的支、吊架应用标准样板进行校核，确认无误方可进行正式焊接。

f. 矫形：宜采用大锤、手锤等在平台或钢圈上进行，然后以标准样板检验是否合格。

g. 防腐处理：制作好的支、吊架应按设计要求，及时做好除锈防腐处理。

h. 安装支、吊架：用水冲洗孔洞，灌入 2/3 的 1:3 的水泥砂浆，将托架插入洞内，插入深度必须符合设计要求。找正托架使其对准挂好的小线，然后用石块或碎砖挤紧塞牢。再用水泥砂浆灌缝抹平，待达到强度后方可安装管道。固定在空心砖墙上时，严禁采用膨胀螺栓。

④ 干支管安装

a. 干管安装：干管若为吊卡时，在安装管道前，必须先把地沟或顶棚内吊卡按坡向顺序依次穿在型钢上，安装管路时先把吊卡按卡距套在管道上，把吊卡抬起将吊卡长度按坡度调整好，再穿上螺栓螺母，将管安装好。

托架上安管时，把管先架在托架上，上管前先把第一节管带上 U 形卡，然后安装第二节管，各节管段照此进行。

管道安装应从近户处或分支点开始，安装前要检查管内有无杂物。在丝头处抹上铅油缠好麻丝，一人在末端找平管道，一人在接口处把第一节管道相对固定，对准丝口，依丝扣自然锥度，慢慢转动入口，到用手转不动时，再用管钳咬住管件，用另一管钳上管，松紧度适宜，外露 2~3 扣为好。最后清除麻头。

焊接连接管道的安装程序与丝接管道相同，从第一节管开始，把管扶正找平，使甩口方向一致，对准管口，调直后即可用点焊，然后正式施焊。

遇有方形补偿器，应在安装前按规定做好预拉伸，用钢管支撑，电焊固定，按位置把补偿器摆好，中心加支吊托架，按管道坡向用水平尺逐点找好坡度，再把两边接口对正、找直、点焊焊死。待管道调整完，固定卡焊牢后，方可把补偿器的支撑管拆掉。

按设计图纸或标准图中的规定位置、标高，安装阀门、集气罐等。

管道安装完，首先检查坐标、标高、坡度、变径、三通等的位置是否正确。用水平尺核对、复核调整坡度，合格后将管道固定牢固。

要装好楼板上钢套管，摆正后使套管上端高出地面面层 20mm（卫生间 30mm），下端与顶棚抹灰相平。水平穿墙管与墙的抹灰面相平。

b. 立管安装：首先检查和复核各层预留孔洞、套管是否在同一垂直线上。

安装前，按编号从第一节管开始安装，由上向下，一般两人操作为宜，先进行预安装，确认支管三通的标高、位置无误后，卸下管道抹铅油缠麻丝，将立管对准接口的丝扣扶正角度慢慢转动入扣，直至手拧不动为止，用管钳咬住管件，用另一把管钳上管，松紧适宜，外露 2～3 扣为宜。

检查立管的每个预留口的标高、角度是否正确、平正。确认后将管道放入立管管卡内紧固，然后填塞套管缝隙或预留孔洞。预留管口暂不施工时，应做好保护措施。

c. 支管安装：核对各设备的安装位置及立管预留口的标高、位置是否正确，做好记录。安装活接头时，子口一头安装在来水方向，母口一头安装在去水方向。

丝头抹油缠麻，用手托平管道，随丝扣自然锥度入扣，手拧不动时，用管钳将管道拧到松紧适度，丝扣外露 2～3 扣为宜。然后对准活接头，把麻丝抹上铅油套在活接口上，对正子母口，带上锁母，用管钳拧到松紧适度，清净麻头。

用钢尺、水平尺、线坠校核支管的坡度和距墙尺寸，复查立管及设备有无移动。合格后固定管道和堵抹墙洞缝隙。

d. 管道卡箍连接。

镀锌钢管预制：用滚槽机滚槽，在需要开孔的部位用开孔机开孔。

安装密封圈：把密封圈套入管道口一端，然后将另一管道口与该管口对齐，把密封圈移到两管道口密封面处，密封圈两侧不应伸入两管道的凹槽。

安装接头：把接头两处螺栓松开，分成两块，先后在密封圈上套上两块外壳，插入螺栓，对称上紧螺帽，确保外壳两端进入凹槽直至上紧。

机械三通、机械四通：先在外壳上去掉一个螺栓，松开另一螺母直到与螺栓端头平齐，将下壳旋离上壳约 90℃，把上壳出口部分放在管口开口处对中并与孔成一直线，再沿管端旋转下壳使上下两块合拢。

法兰片：松开两侧螺母，将两块法兰分开，分别将两块法兰片的环形键部分装入开槽端凹槽里，再把两侧螺栓插入拧紧，调节两侧间隙相近，安装密封垫要将"C"形开口处背对法兰。

⑤ 阀门安装

a. 安装前，应仔细核对型号与规格是否符合设计要求，检查阀杆和阀盘是否灵活，有无卡住和歪斜现象。并按有关规定对阀门进行强度试验和严密性试验，不合格者不得进行安装。

b. 水平管道上的阀门，阀杆宜垂直向上或向左右偏 45°，也可水平安装，但不宜向下。垂直管道上的阀门阀杆，必须顺着操作者方向安装。

c. 搬运阀门时，不允许随手抛掷；吊装时，绳索应拴在阀体与阀盖的法兰连接处，不得拴在手轮或阀杆上。

d. 阀门安装时应保持关闭状态，并注意阀门的特性及介质流动方向。

e. 阀门与管道连接时，不得强行拧紧其法兰上的连接螺栓；对螺纹连接的阀门，其螺纹应完整无缺，拧紧时宜用扳手卡住阀门一端的六角阀体。

f. 安装螺纹连接阀门时，一般应在阀门的出口端加设一个活接头。

g. 对待操作机构或传动装置的阀门，应在阀门安装好后，再安装操作机构或传动装置。且在安装前先对它们进行清洗，安装完后还应进行调整，使其动作灵活、指示准确。

⑥ 水压试验

a. 连接安装水压试验管路。根据水源的位置和管路系统情况，制订出试压方案和技术措施。根据试压方案连接试压管路。

b. 灌水前的检查。检查试压系统中的管道、设备、阀件、固定支架等是否按照施工图纸和设计变更内容全部施工完毕，并符合有关规范要求。

对于不能参与试验的系统、设备、仪表及管道附件是否已采取安全可靠的隔离措施。

试压用的压力表是否已经校验，其精度等级不得低于1.5级，表盘的最大刻度值应符合试验要求。

试压试验前的安全措施是否已经全部落实到位。

c. 进行水压试验的操作。打开水压试验管路中阀门，开始向系统注水。

开启系统上各高处的排气阀，使管道内的空气排尽。待灌满水后，关闭排气阀和进水阀，停止向系统注水。

打开连接加压泵的阀门，用电动或手动试压泵通过管路向系统加压，同时拧开压力表上的旋塞阀，观察压力表升高情况，一般分2～3次升至试验压力。在此过程中，每加压至一定数值时，应停下来对管道进行全面检查，无异常现象方可再继续加压。

系统试压达到合格验收标准后，放掉管道内的全部存水，填写试验记录。

⑦ 系统冲洗

a. 冲洗前应将系统内的仪表加以保护，并将孔板、喷嘴、滤网、节流阀及止回阀的阀芯等拆除，妥善保管，待冲洗合格后复位。对不允许冲洗的设备及管道应进行隔离。

b. 水冲洗的排放管应接入可靠的排水井或沟中，并保证排水畅通和安全，排放管的截面积不应小于被冲洗管道截面积的60％。

c. 水冲洗应以管内可能达到的最大流量或不小于1.5m/s的流速进行。

d. 水冲洗以出口水色和透明度与入口处目测一致为合格。

e. 蒸汽系统宜采用蒸汽吹扫，也可以采用压缩空气进行。采用蒸汽吹扫时，应先进行暖管，恒温1h后方可进行吹扫，然后自然降温至环境温度，再升温暖管，恒温进行吹扫，如此反复一般不少于3次。

f. 一般蒸汽管道，可用刨光木板置于排汽口处检查，板上应无铁锈、脏物为合格。

7.3.8　防腐与绝热施工工艺标准

7.3.8.1　防腐

（1）工艺流程

防腐工艺流程为：除锈→表面清理→刷底漆→面漆。

（2）操作工艺

① 除锈、去污

a. 人工除锈时可用钢丝刷或粗纱布擦拭，直到露出金属光泽，再用棉纱或抹布擦净。

b. 喷砂除锈时，所用的压缩空气不得含有油脂和水分，空气压缩机出口处，应装设油水分离器；喷砂所用砂粒，应坚硬且有棱角，筛出其中的泥土杂质，并经过干燥处理。

c. 清除油污，一般可采用碱性溶剂进行清洗。

② 油漆施工要点

a. 油漆作业的方法应根据施工要求、涂料的性能、施工条件、设备情况进行选择。

b. 涂漆施工的环境温度宜在5℃以上，相对湿度在85％以下。

c. 涂漆施工时空气中必须无煤烟、灰尘和水汽；室外涂漆遇雨、雾时应停止施工。

③ 涂漆的方式

a. 手工涂刷：手工涂刷应分层涂刷，每层应往复进行，并保持涂层均匀，不得漏涂；

快干漆不宜采用手工涂刷。

b. 机械涂刷：采用的工具为喷枪，以压缩空气为动力。喷射的漆流应和喷漆面垂直，喷漆面为平面时，喷嘴与喷漆面应相距 250～350mm；喷漆面为曲面时，喷嘴与喷漆面的距离应为 400mm 左右。喷涂施工时，喷嘴的移动应均匀，速度宜保持在 13～18m/min。

④ 涂漆施工程序　涂漆施工程序是否合理，对漆膜的质量影响很大。

a. 第一层底漆或防锈漆，直接涂在工作表面上，与工作表面紧密结合，起防锈、防腐、防水、层间结合的作用；第二层面漆（调和漆和磁漆等），涂刷应精细，使工件获得要求的色彩。

b. 一般底漆或防锈漆应涂刷一道到两道；第二层的颜色最好与第一层颜色略有区别，以检查第二层是否有漏涂现象。每层涂刷不宜过厚，以免起皱和影响干燥。如发现不干、皱皮、流挂、露底时，须进行修补或重新涂刷。

c. 表面涂调和漆或磁漆时，要尽量涂的薄而均匀。如果涂料的覆盖力较差，也不允许任意增加厚度，而应逐次分层涂刷覆盖。每涂一层漆后，应有一个充分干燥的时间，待前一层表面干燥后才能涂下一层。

d. 每层漆膜的厚度应符合设计要求。

7.3.8.2　风管及部件绝热

（1）操作流程

① 一般材料保温。材料保温操作流程如图 7-41 所示。

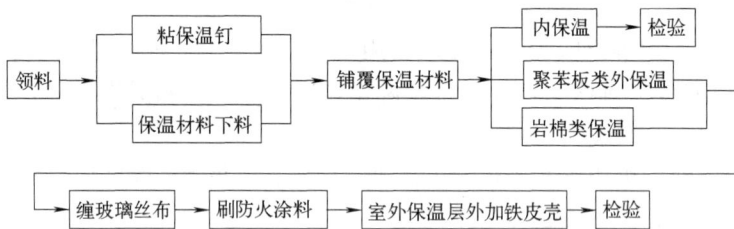

图 7-41　材料保温操作流程

② 橡胶保温操作流程：领料→下料→刷胶水→粘贴→接头处贴胶带→检验。

③ 铝镁质保温操作流程：涂抹膏料→粘贴→接缝处理→收光→缠纤维布→刷防水→检验。

（2）操作工艺

① 绝热材料下料要准确，切割端面要平直。

② 粘贴保温钉前要将风管壁上的尘土、油污擦净，将胶黏剂分别涂抹在管壁和保温钉黏结面上，稍后再将其粘上。矩形风管或设备保温钉黏结应均匀，其数量为底面每平方米不应少于 16 个，侧面不应少于 10 个，顶面不应少于 8 个。首行保温钉至风管或保温材料边沿的距离不应小于 120mm。

③ 绝热材料铺覆应使纵、横缝错开。小块绝热材料应尽量铺覆在风管上表面。

④ 各类绝热材料做法。

a. 内绝热。绝热材料如采用岩棉类，铺覆后应在法兰处绝热材料断面上涂抹固定胶，防止纤维被吹起来，岩棉内表面应涂有固定涂层。

b. 聚苯板类外绝热。聚苯板铺好后，在四角放上短包角，然后薄钢带作箍，用打包钳卡紧，钢带箍每隔 50mm 打一道。

  c. 岩棉类外绝热。对明管绝热后在四角加长条铁皮包角，用玻璃丝布缠紧。

  ⑤ 缠玻璃丝布。缠绕时应使其互相搭接，使绝热材料外表形成三层玻璃丝布缠绕。

  ⑥ 玻璃丝布外表要刷两道防火涂料，涂层应严密均匀。

  ⑦ 室外明露风管在绝热层外宜加上一层镀锌钢板或铝皮保护层。

  ⑧ 全用铝镁质膏体材料时：将膏体一层一层地直接涂抹于需要保温保冷的设备或管道上。第一层的厚度应在 5mm 以下，第一层完全干燥后，再做第二层（第二层的厚度可以 10mm 左右），依次类推，直到达到设计要求的厚度，然后再表面收光即可。表面收光层干燥后，就可进行特殊要求的处理，如涂刷防水涂料、油漆或包裹玻纤布、复合铝箔等。

  ⑨ 有铝镁质标准型卷毡材时：先将铝镁质膏体直接涂抹于卷毡材上，厚度为 2～5mm，将涂有膏体的卷毡材直接粘贴于设备或管道上。如需要做两层以上的卷毡材时，将涂有膏体的卷毡材分层粘贴上去，直到达到设计要求的保温厚度，表面再用 2mm 左右的膏体材料收光即可。表面收光层干燥后，就可进行特殊要求的处理，如涂刷防水涂料、油漆或包裹玻纤布、复合铝箔等。

7.3.8.3　管道及设备绝热

（1）施工程序

  ① 预制瓦块：散瓦→断镀锌钢丝→和灰→填充材料→合瓦→钢丝绑扎→填缝→抹抹保护壳。

  ② 管壳制品：散管壳→合管壳→缠裹保护壳。

  ③ 裹保温：裁料→缠裹保温材料→包扎保温层。

  ④ 设备及箱罐铅丝网石棉灰保温：焊钩钉→刷油→绑扎钢丝网→抹石棉灰→抹保护层。

  ⑤ 橡胶保温：领料→下料→刷胶水→粘贴→接头处贴胶带→检验。

  ⑥ 铝镁质保温：涂抹膏料→粘贴→接缝处理→收光→缠玻纤布→刷防水。

（2）操作工艺

  ① 各种预制瓦块运至施工地点，在沿管线散瓦时必须确保瓦块的规格尺寸与管道的管径相配套。

  ② 安装保温块时，应将瓦块内侧抹 5～10mm 的石棉灰泥，作为填充料。瓦块的横缝搭接应错开，纵缝应朝下。

  ③ 预制瓦块根据直径大小选用 18 号、20 号镀锌钢丝进行绑扎、固定。绑扎接头不宜过长，并将接头插入瓦块内。

  ④ 预制瓦块绑扎完后，应用石棉灰将缝隙处填充，勾缝抹平。

  ⑤ 外抹石棉水泥保护壳（其配比石棉灰：水泥＝3：7）按设计规定厚度抹平压光，设计无规定时，其厚度为 10～15mm。

  ⑥ 立管保温时，其层高小于或等于 5m，每层应设一个支撑托盘，层高大于 5m，每层应不少于 2 个。支撑托盘应焊在管壁上，其位置应在立管卡子上部 200mm 处，托盘直径不大于保温层的厚度。

  ⑦ 管道附近的保温，除寒冷地区室外架空管道及室内防结露保温的法兰、阀门等附件按设计要求保温外，一般法兰、阀门、套管伸缩器等不应保温，并在其两侧应留 70～80mm 的间隙，在保温端部抹 60°～70°的斜坡，设备容器上的人孔、手孔及可拆卸部件保温层端部

应做成 45°斜坡。

⑧ 保温管道的支架处应留膨胀伸缩缝，并用石棉绳或玻璃棉填满。

⑨ 用预制瓦块做管道保温层，在直线管段上每隔 5～7m 应留一条间隙为 5mm 的膨胀缝，在弯管处管径小于或等于 300mm 时应留一条间隙为 20～30mm 的膨胀缝，用石棉绳或玻璃棉填塞。

⑩ 用管壳制品作保温层，其操作一般由两个人配合，一人将壳缝剖开对包在管上，两手用力挤住，另外一人缠裹保护壳，缠裹时用力要均匀，压茬要平整、粗细要一致。

⑪ 若采用不封边的玻璃丝布作保护壳时，要将毛边折叠，不得外露。块状保温材料采用缠裹式保温（如聚乙烯泡沫塑料），按照管径留出搭茬量，将料做好，为确保其平整美观，一般应将搭茬留在管道内侧。

⑫ 管道绝热用薄钢板做保护层，其纵缝搭口应朝下，薄钢板的搭接长度一般为 30mm。

⑬ 设备及箱罐保温一般表面比较大，目前，采用较多的有砌筑泡沫混凝土块或珍珠岩块，外抹麻刀、白灰、水泥保护壳。

⑭ 用 CAS 标准型卷毡材时，先将 CAS 膏体直接涂抹于卷毡材上，厚度为 2～5mm，将涂有膏体的卷毡材直接粘贴于设备或管道上。如果要做两层以上的卷毡材时，在第二层卷毡材的表面涂抹厚度为 2～5mm 的膏体材料，将涂有膏体的 CAS 卷毡材粘贴上去，依次类推，直到达到设计要求的保温厚度，表面再用 2mm 左右的膏体材料收光即可。表面收光层干燥后，就可进行特殊要求的处理，如涂刷防水涂料、油漆或包裹玻纤布、复合铝箔等。

⑮ 按照实际工程经验，用 CAS 标准卷毡材进行保温处理时，CAS 防水型卷毡材和 CAS 专用保冷材料进行保温冷处理时，安装方法同上，只需将 CAS 膏体材料换为 CAS 低温胶黏剂即可。

⑯ 全用 CAS 膏体材料时，将膏体一层一层地直接涂抹于需要保温保冷的设备或设备管道上，第一层的厚度应在 5mm 以下，第一层完全干燥后，再做第二层（第二层的厚度可以在 10mm 左右），依次类推，直到达到设计要求的厚度，然后再表面收光即可。表面收光层干燥后，就可进行特殊要求的处理，如涂刷防水涂料、油漆或包裹玻纤布、复合铝箔等。

7.3.8.4 制冷管道保温

（1）工艺流程

制冷管道保温工艺流程为：绝热层→防潮层→保护层。

（2）操作工艺

① 绝热层施工方法

a. 直管段立管应自下而上顺序进行，水平管应从一侧或弯头直管段处顺序进行。

b. 硬质绝热层管壳，可采用 16～18 号镀锌钢丝双股捆扎，捆扎的距离不应大于 400mm，并用黏结材料紧贴在管道上，管壳之间的缝隙不应大于 2mm，并用黏结材料勾缝填满，环缝应错开，错开距离不小于 75mm，管壳缝隙设在管道轴线的左右侧，当绝热层大于 80mm 时，绝热层应分层铺设，层间应压缝。

c. 半硬质及软质材料制品的绝热层可采用包装钢带或 14～16 号镀锌钢丝进行捆扎，其捆扎的间距，对半硬质绝热制品不应大于 300mm，对软质绝热制品不大于 200mm。

d. 每块绝热制品上捆扎件不得少于两道。

e. 不得采用螺旋式缠绕捆扎。

f. 弯头处应采用定型的弯头管壳或用直管壳加工成虾米腰块，每个应不少于 3 块，确保管壳与管壁紧密结合，美观平滑。

g. 设备管道上的阀门、法兰及其他可拆卸部件保温两侧应留出螺栓长度加 25mm 的空隙。阀门、法兰部位则应单独进行保温。

h. 遇到三通处应先做主干管，后做分支管。凡穿过建筑物保温管的套管，与管道四周间隙应用保温材料堵塞紧密。

i. 管道上的温度计插座宜高出所设计的保温厚度。不保温的管道不要同保温管道敷设在一起，保温管道应与建筑物保持足够的距离。

② 防潮层施工方法

a. 垂直管应自下而上，水平管应从低到高顺序进行，环向搭缝口应朝向低端。

b. 防潮层应紧紧粘贴在隔热层上，封闭良好，厚度均匀松紧适度，无气泡、折皱、裂缝等缺陷。

c. 用卷材作防潮层，可用螺旋形缠绕的方式牢固粘贴在隔热层上，开头处应缠两圈后再呈螺旋形缠绕，搭接宽度为 30~50mm。

d. 用油毡纸做防潮层，可用包卷的方法包扎，搭接宽度为 50~60mm。油毡接口朝下，并用沥青玛碲脂密封，每 300mm 扎镀锌钢丝或铁箍一道。

③ 保护层施工方法　保温结构的外表必须设置保护层（保护壳），一般采用玻璃丝布、塑料布、油毡包缠或采用金属护壳。

a. 用玻璃丝布缠裹，垂直管应自下而上，水平管则应从最低点向最高点顺序进行，开始应缠裹两圈后再呈螺旋状缠裹，搭设宽度应为 1/2 布宽，起点和终点应用胶黏剂或镀锌钢丝捆扎。应缠裹严密，搭设宽度均匀一致，无松脱、翻边、皱折和鼓包，表面应平整。

b. 玻璃丝布刷涂料或油漆，刷涂前应清除管道表面上的尘土、油污。油刷上沾的涂料不宜太多，以防滴落在地上或其他设备上。

c. 金属保护层的材料，宜采用镀锌钢板或薄铝合金板。当采用普通钢板时，其内外表面必须涂敷防锈涂料。立管应自上而下，水平管应从管道低处向高处顺序进行，使横向搭接缝口朝顺坡方向。纵向搭设应放在管道两侧，缝口朝下。如采用平搭缝，其搭缝宜为 30~40mm。有防潮层的保温不得使用自攻螺栓，以免刺破防潮层，保护层端头应封闭。

7.3.9　系统调试施工工艺

7.3.9.1　工艺流程

（1）调试前的准备工作

① 熟悉资料。系统调试前，调试人员应熟悉空调系统的全部设计资料，包括图纸和设计说明书，充分领会设计意图，了解各种设计参数、系统的全貌以及空调设备的性能及使用方法等。熟悉送（回）风系统、供冷和供热系统、自动调节系统的特点，特别要注意调节装置和检验仪表所在位置。

② 现场检查。调试人员要会同设计、施工和建设单位，对已安装好的系统进行现场验收。

③ 编制调试方案。调试方案内容包括调试的目的要求、进度、程序、方法、安全措施、仪器仪表的配套及人员安排等。调试方案要报送专业监理工程师审核批准。调试结束后，必须提供完整的调试资料和报告。

（2）调试的主要项目和程序

系统调试可以按以下项目和程序进行试验和调整：

① 空调设备单机试运转及调试；

② 系统风量的测定和调整；

③ 空调水系统的测定和调整；

④ 自动调节和监测系统的检验、调整与联动运行；

⑤ 室内参数的测定和调整；

⑥ 防排烟系统的测定和调整。

7.3.9.2 操作工艺和调试要点

（1）设备单机试运转及调试内容和规定

① 通风机、空调机组中的风机。

a. 风机外观检查：

核对风机、电动机型号、规格及皮带轮直径是否与设计相符。

检查风机、电动机皮带轮的中心轴线是否平行，地脚螺栓是否已拧紧。

检查风机进、出口处柔性短管是否严密，传动皮带松紧程度是否适合。

检查轴承处是否有足够润滑油。

用手盘动皮带时，叶轮是否有卡阻现象。

检查风机调节阀门的灵活性，定位装置的可靠性。

检查电机、风机、风管接地线连接的可靠性。

b. 风机的启动与运转：

点动风机，检查叶轮运转方向是否正确，运转是否平稳，叶轮与机壳有无摩擦和不正常声响。

风机启动后，应用钳形电流表测量电机的启动电流，待风机运转正常后再测量电动机运转电流，检查电机的运行功率是否符合设备技术文件的规定。

风机在额定转速下连续运行 2h 后，应用数字温度计测量其轴承的温度，滑动轴承外壳最高温度不得超过 70℃，滚动轴承不得超过 80℃。

② 水泵。

a. 水泵的外观检查：

检查水泵和其附属系统的部件应齐全，各紧固连接部位不得松动；

用手盘动叶轮时应轻便、灵活、正常，不得有卡、碰现象和异常的振动和声响。

b. 水泵的启动和运转：

水泵与附件管路系统上的阀门启闭状态要符合调试要求，水泵运转前，应将入口阀全开，出口阀全闭，待水泵启动后再将出口阀打开。

点动水泵，检查水泵的叶轮旋转方向是否正确。

启动水泵，用钳形电流表测量电动机的启动电流，待水泵正常运转后，再测量电动机的运转电流，检查其电机运行功率值，应符合设备技术文件的规定。

水泵在连续运行 2h 后，应用数字温度计测量其轴承的温度，滑动轴承外壳最高温度不得超过 70℃，滚动轴承不得超过 75℃。

③ 冷却塔。

a. 冷却塔运转前准备工作：

清扫冷却塔内的杂物和尘垢，防止冷却水管或冷凝器等堵塞。

冷却塔和冷却水管路系统用水冲洗，管路系统应无漏水现象。

检查自动补水阀的动作状态是否灵活准确。

b. 冷却塔运转：

冷却塔风机与冷却水系统循环试运行不少于 2h，运转时冷却塔本体应稳固、无异常振动。

用声级计测量其噪声应符合设备技术文件的规定。

冷却塔试运转工作结束后，应清洗集水池。

冷却塔试运转后，如长期不使用，应将循环管路及集水池中的水全部放出，防止设备冻坏。

④ 制冷机组、单元式空调机组的试运转，应符合设备技术文件和现行国家标准《制冷设备、空气分离设备安装工程施工及验收规范》（GB 50274）的有关规定，正常运转不应小于 8h。

⑤ 电控防火、防排烟风阀（口）：电动防火阀、防排烟风阀（口）的手动、电动操作应灵活、可靠，信号输出要正确。在调试前要检查所有的阀门均应全部开启。

（2）通风与空调系统风量的测定

空调系统风量的测定内容包括：测定总送风量、新风量、回风量、排风量，以及各干、支风管内风量和送（回）风口的风量等。

① 风管内风量的测定方法

a. 测量截面位置和测量截面内侧点位置的确定：在用毕托管和倾斜式微压计测系统总风量时，测定截面应选在气流比较均匀稳定的地方。一般都选在局部阻力之后大于或等于 4 倍管径（或矩形风管大边尺寸）和局部阻力之前大于或等于 1.5 倍管径（或矩形风管大边尺寸）的直管段上，当条件受到限制时，距离可适当缩短，且应适当增加测点数量。

测点截面内侧点的位置和数目，主要根据风管形状而定，对于矩形风管，应将截面划分为若干个相等的小截面，并使各小截面尽可能接近正方形，测点位于小截面的中心处，小截面的面积不大于 $0.05m^2$。在圆形风管内测量速度时，应根据管径的大小，将截面分成若干个面积相等的同心圆环，每个圆环上测量四个点，且这四个点必须位于互相垂直的两个直径上，所划分的圆环数目，可按表 7-22 选用。

表 7-22　圆行风管划分圆环数表

圆形风管直径/mm	200 以下	200～400	400～700	700 以上
圆环数/个	3	4	5	5～6

b. 绘制系统草图：根据系统的实际安装情况，参考设计图纸，绘制出系统单线草图供测试时使用；在草图上，应标明风管尺寸、测定截面位置、送（回）风口的位置等，在测定截面处应说明该截面的设计风量、面积。

c. 测量方法：将毕托管插入测试孔，全压孔迎向气流方向，使倾斜式微压计处于水平状态，连接毕托管和倾斜式微压计，在测量动压时，无论处于吸入管段还是压出管段，都是将较大压力（全压）接"＋"处，较小压力（静压）接"－"处，将多向阀手柄扳向"测量"位置，在测量管标尺上即可读出酒精柱长度，再乘以倾斜测量管所固定的位置上的仪器

常数 K 值，即得所测量的压力值。

d. 风管内风量的计算。通过风管截面的风量（L）可以按下式确定：

$$L = 3600FV$$

式中，F 为风管截面积，m^2；V 为测量截面内平均风速，m/s。

根据所测量的动压值通过计算求出平均风速（v）：

$$v = \sqrt{\frac{2gP_{db}}{\rho}}$$

式中，g 为重力加速度，m/s^2，一般取 $9.8m/s^2$；ρ 为空气的密度，kg/m^3；P_{db} 为测得的平均动压，kPa。

e. 系统总风量的调整：系统总风量的调整可以通过调节风管上风阀开度的大小来实现。

② 送回风口风量的测定

a. 各送（回）风口或吸风罩风量的测定有两种方法：

ⅰ. 用热球风速仪在风口截面处定点测量法进行测量，测量时可按风口截面的大小，划分为若干个面积相等的小块，在其中心处测量。对于圆形风口 [图 7-42（a）]，按其直径大小可分别测 4 个点或 5 个点；对于条缝形风口 [图 7-42（b）]，在其高度方向至少应有两个测点，沿条缝方向根据其长度分别取位 4、5、6 对测点；对于尺寸较大的矩形风口 [图 7-42（c）] 可分为同样大小的 8～12 个小方格进行测量；对于尺寸较小的矩形风口 [图 7-42（d）]，一般测 5 个点即可。

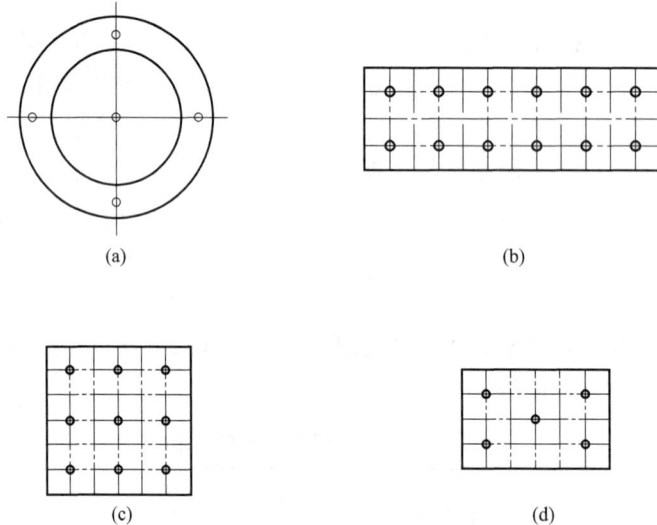

图 7-42　测定截面测点的位置和数目示意图

ⅱ. 可用叶轮风速仪采用匀速移动测量法测量：对于截面积不大的风口，可将风速仪沿整个截面按一定的路线慢慢地匀速移动，移动时风速仪不得离开测定平面，此时测得的结果可认为是截面平均风速，此法须进行三次，取其平均值。

送（回）风口和吸风罩风量（L）的计算：

$$L = 3600FvK$$

式中，F 为送风口的外框面积，m^2；K 为考虑送风口的结构和装饰形式的修正系数，

一般取 $0.7\sim1.0$；v 为风口外测得的平均风速 m/s。

b. 风量调整：目前使用的风量调整方法有流量等比分配法、基础风口调整法和逐段分支调整法，调试时可根据空调系统的具体情况采用相应的方法进行调整。

（3）空调水系统的调试

空调工程水系统应冲洗干净，不含杂物，并排出管道系统中的空气，系统连续运行应达到正常、平稳。系统调试后，各空调机组的水流量应符合设计要求，允许偏差为20%。

① 冷却水系统的调试：启动冷却水泵和冷却塔，进行整个系统的循环清洗，反复多次，直至系统内的水不带任何杂质，水质清洁为止，在系统工作正常的情况下，用流量计测量冷却水的流量，并进行调节，使之符合要求。

② 冷冻水系统的调试：冷冻水系统的管路长且复杂，系统内清洁度要求高，因此，在清洗时要求严格、认真，冷冻水系统的清洁工作属封闭式的循环清洗，反复多次，直至水质洁净为止。最后开启制冷机蒸发器、空调机组、风机盘管的进水阀，关闭旁通阀，进行冷水系统管路的充水工作。在充水时要在系统的各个最高点安装自动排气阀进行排气。

（4）自动调节和监测系统的检验、调整与联动运行

通风与空调工程的控制和监测设备应能与系统的检测元件和执行机构正常沟通，系统的状态参数应能正确显示，设备联锁、自动调节器、自动保护应能正确动作。

① 系统投运前的准备工作

室内校验：严格按照使用说明或其他规范对仪表逐台进行全面性能校验。

现场校验：仪表装到现场后，还需进行诸如零点、工作点、满刻度等一般性能校验。

② 自动调节系统的线路检查

a. 按控制系统设计图纸与有关的施工规程，仔细检查系统各组成部分的安装与连接情况。

b. 检查敏感元件安装是否符合要求，所测信号是否正确反映工艺要求，对敏感元件的引出线，尤其是弱电信号线，要特别注意强电磁场干扰情况。

c. 对调节器着重于手动输出、正反向调节作用、手/自动的无扰切换。

d. 对执行器着重于检查其开关方向和动作方向，阀门开度与调器输出的线性关系、位置反馈、能否在规定数值起动、全行程是否正常、有无变差和呆滞现象。

e. 对仪表连接线路的检查：着重查错、查绝缘情况和接触情况。

f. 对继电信号检查：人为地施加信号，检查被调量超过预定上、下限时的自动报警及自动解除报警的情况等，此外，还要检查自动联锁线路和紧急停车按钮等安全措施。

（5）空调房间室内参数的测定和调整

① 室内温度和相对湿度的测定：室内温度、相对湿度波动范围应符合实际的要求；室内温度、相对湿度的测定，应根据设计要求来确定工作区，并在工作区内布置测点。一般舒适性空调房间应选择人经常活动的范围或工作面为工作区。恒温恒湿房间离围护结构0.5m，离地高度 $0.5\sim1.5m$ 处为工作区。

a. 测点的布置：送、回风口处；恒温工作区内具有代表性的地点（如沿着工艺设备周围布置或等距布置）；室中心（没有恒温要求的系统，温、湿度只测此一点）；敏感元件处。测点数按表7-23确定。

表 7-23　温、湿度测点数

波动范围	室面积≤50m²	每增加 20～50m²
$\Delta t=\pm(0.5\sim2)℃$ $\Delta RH=\pm(5\%\sim10\%)$	5 个	增加 3～5 个
$\Delta t\leqslant\pm0.5℃$	点间距不应大于 2m,点数不应少于 5 个	
$\Delta RH\leqslant\pm5\%$		

b. 有恒温恒湿要求的洁净室。室温波动范围按各测点的各次温度中偏离控制点温度的最大值,占测点总数的百分比整理成累计统计曲线,90%以上测点的偏差值在室温波动范围内,为符合设计要求。区域温度以各测点中最低的一次测试温度为基准,各测点平均温度与其偏差值的点数,占测点总数的百分比整理成累计统计曲线,90%以上测点所达到的偏差值为区域温差,应符合设计要求。相对温度波动范围可按室温波动范围的规定执行。

② 室内静压差的测定:静压差的测定应在所有门窗关闭的条件下,由高压向低压、由里向外进行,检测时所使用的微压计,其灵敏度不应低于 2.0Pa。为了保持房间的正压,通常靠调节房间回风量和排风量的大小来实现。

③ 空调室内噪声的测定:空调房间噪声测定,一般以房间中心离地面 1.2m 高度处为测点,噪声测定时要排除本底噪声的影响。

④ 净化空调系统应进行下列项目的测试。

a. 风量或风速的测试:单向流洁净室采用室截面平均风速和截面积乘积的方法确定送风量,离高效过滤器 0.3m,垂直于气流的截面作为采样测试截面,截面上测点间距不宜大于 0.6m,测点数不应少于 5 个,用热球风速仪测得各测点的风速读数的算术平均值作为平均风速。

对于单向流洁净室,采用风口法或风管法确定送风量,做法如下:

ⅰ. 风口法是在安装有高效过滤器的风口处,根据风口形状连接辅助风管进行测量,即用镀锌钢板或其他不产尘材料做成与风口形状及内截面相同,长度等于 2 倍风口长边尺寸的直管段,连接于风口外部。在辅助风管出口平面上,按最少测点数不少于 6 点均匀布置,使用热球风速仪测定各测点之风速,然后,以求取的风口截面平均风速乘以风口净截面面积求取测定风量。

ⅱ. 对于风口上风侧有较长的支管段,且已经或可以打孔时,可以用风管法确定风量。测定断面应位于大于或等于局部阻力部件前 3 倍管径或长边长的部位。

ⅲ. 对于矩形风管,是将测定截面分割成若干个相等的小截面,每个小截面尽可能接近正方形,边长不应大于 200mm,测点数不宜少于 3 个。

ⅳ. 对于圆形风管,应根据管径的大小,将截面划分为若干个面积相等的同心圆环,每个圆环测 4 点。根据管径确定圆环数量,不宜少于 3 个。

b. 室内空气洁净度等级的测试:室内空气洁净度等级必须符合设计规定的等级或在商定验收状态下,大于等于 5 级的单向流洁净室,在门开启的状态下,测定距离门 0.6m 室内侧工作高度处空气的含尘浓度,亦不应超过室内洁净度等级上限的规定。

检测仪器的选用,应使用采样速率大于 1L/min 的光学粒子计数器,在仪器选用时应考虑粒径鉴别能力、粒子浓度适用范围和计数效率,仪表应有有效的检定合格证书。

ⅰ. 采样点的规定可见表 7-24。

表 7-24　最低限度的采样点数 NL 表

采样点数 NL	2	3	4	5	6	7	8	9	10
洁净区面积 A /m²	2.1～6.0	6.1～12.0	12.1～20.0	20.1～30.0	30.1～42.0	42.1～56.0	56.1～72.0	72.1～90.0	90.1～110.0

注: 1. 在水平单向流时, 面积 A 为与气流方向呈垂直的流动空气截面的面积;
　　2. 最低限度的采样点数 NL 按公式 $NL = 0.5A$ 计算 (四舍五入取整数)。

采样点均匀分布于整个面积内, 并位于工作区的高度 (距地坪 0.8m 的水平面), 或设计单位、业主特指的位置。

ⅱ. 采样量的确定: 每次采样的最少采样量见表 7-25。

表 7-25　每次采样的最少采样量　　　　　　　　　单位: L

洁净度等级	粒径/μm					
	0.1	0.2	0.3	0.5	1.0	5.0
1	2000	8400	—	—	—	—
2	200	840	1960	5680	—	—
3	20	84	196	568	2400	—
4	2	8	20	57	240	—
5	2	2	2	6	24	680
6	2	2	2	2	2	68
7	—	—	—	2	2	7
8	—	—	—	2	2	2
9	—	—	—	2	2	2

每个采样点的最少采样时间为 1min, 采样量至少为 2L; 每个洁净室 (区) 最少采样次数为 3 次。当洁净区仅有一个采样点时, 则在该点至少采样 3 次; 对预期空气洁净度等级达到 4 级或更洁净的环境, 采样量很大, 可采用 ISO 14644-1 附录 F 规定的顺序采样法。

ⅲ. 检测采样的规定。

采样时采样口处的气流速度, 应尽可能接近室内的设计气流速度。

对单向流洁净室, 其粒子计数器的采样管口应迎着气流方向; 对于非单向流洁净室, 采样管口宜向上。

采样管必须干净, 连接处不得有渗漏。采样管的长度应根据允许长度确定, 无规定时不宜大于 1.5m。

室内的测定人员必须穿洁净工作服, 且不宜超过 3 名, 并应远离或位于采样点的下风侧静止不动或微动。

ⅳ. 记录数据评价。空气洁净度测试中, 当全室 (区) 测点为 2～9 点时, 必须计算每个采样点的平均粒子浓度 C_i 值、全部采样点的平均粒子浓度 N 及其标准差, 导出 95% 置信上限值。

采样点超过 9 点时, 可采用算术平均值 N 作为置信上限值。

每个采样点的平均粒子浓度 C_i 应小于或等于洁净度等级规定的限值, 见表 7-26。

表 7-26　洁净度等级及悬浮粒子浓度限值

洁净度等级	大于或等于表中粒径 D 的最大浓度 C_n/(pc/m³)					
	$0.1\mu m$	$0.2\mu m$	$0.3\mu m$	$0.5\mu m$	$1.0\mu m$	$15.0\mu m$
1	10	2	—	—	—	—
2	100	24	10	4	—	—
3	1000	237	102	35	8	—
4	10000	2370	1020	352	83	—
5	100000	23700	10200	3520	832	29
6	1000000	237000	102000	35200	8320	293
7	—	—	—	352000	83200	2930
8	—	—	—	3520000	832000	29300
9	—	—	—	35200000	8320000	293000

c. 单向流洁净室截面平均速度及速度不均匀度的检测：洁净室垂直单向流和非单向流应选择距墙或围护结构内表面大于 0.5m、离地面高度 0.5～1.5m 作为工作区，水平单向流以距送风墙或围护结构内表面 0.5m 处的纵断面为第一工作面，测定风速应用测定架固定风速仪，以避免人体干扰，不得不用手持风速仪测定时，手臂应伸至最长位置，尽量使人体远离测头。

室内气流流型的测定，宜采用发烟或悬挂丝线的方法，进行观察测量与记录。然后，标在记录的送风平面的气流流形图上，一般每台过滤器至少对应 1 个观察点。

风速不均匀度 β_0 按下列公式计算：

$$\beta_0 = \frac{S}{v}$$

式中，v 为各测点风速的平均值，m/s；S 为标准差。

d. 静压差的检测。静压差的测定应在所有的门关闭的条件下，由高压向低压，由平面布置上与外界最远的里间房间开始，依次向外测定，检测时所使用的补偿微压计，其灵敏度不应低于 2.0Pa。

有孔洞相通的不同等级相邻的洁净室，其洞口处应有合理的气流流向，洞口的平均风速大于等于 0.2m/s 时，可用热球风速仪检测。

为了保持房间的正压，通常靠调节房间回风量和排风量的大小来实现。

（6）防排烟系统的测定

防排烟系统联合试运行与调试的结果（风量及正压），必须符合设计与消防的规定。

在风量满足设计要求的情况下，按每次开启三个楼层的加压风口，风口风量及相关区域的正压应符合设计与消防的规定。

第8章
制冷系统安装

8.1 冷库安装施工

8.1.1 总体要求

8.1.1.1 建筑环境要求

① 做冷库前，要求用户将冷库范围的地坪下降200～250mm，并做好早坪。

② 要求在每个冷藏库的下面留有排水地漏和冷凝水排放管，冷冻库库内不设排水地漏且冷凝水排放管必须设在冷库外。

③ 低温库要求铺设地坪加热丝，并且一备一用，并在地面铺好加热丝后，进行2mm左右的早坪保护，才可以铺设地坪保温层。如果冷库所在楼层为最低层，低温库地坪可以不做加热丝。

常见冷库地坪处理办法如图8-1所示。

8.1.1.2 隔热板

隔热板必须符合国家标准，并持有技术监督局检测报告。

（1）绝热材料

绝热材料应使用聚氨脂发泡两面带喷塑钢板或不锈钢板的复合保温板材料，厚度至少100mm。保温材料为阻燃型，无氯氟碳化合物。允许为改善性能加入一定比例的增强材料，但不能因此减低隔热性能。

（2）隔热板壁板

① 内、外面板为彩色钢板。

② 彩色钢板涂膜层必须无毒、无异味、耐腐蚀，符合国际食品卫生标准。

（3）隔热板整体性能要求

① 隔热板的安装结合面不允许有外露的隔热材料，结合面上不得有凸凹大于1.5mm的缺陷。

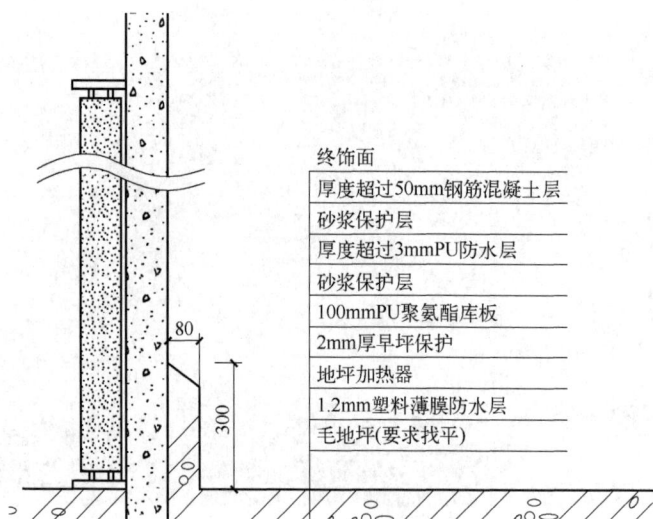

图 8-1 冷库地坪（单位：mm）

终饰面
厚度超过50mm钢筋混凝土层
砂浆保护层
厚度超过3mmPU防水层
砂浆保护层
100mmPU聚氨酯库板
2mm厚早坪保护
地坪加热器
1.2mm塑料薄膜防水层
毛地坪（要求找平）

② 隔热板的板面应保持平整光滑，不应有翘曲、划伤、磕碰、凹凸不平等缺陷。

③ 允许在隔热板的内部采取增强性措施来提高机械强度，但不允许降低隔热效果。

④ 隔热板的周边材料必须采用与隔热材料相同的高密度硬质材料，不允许使用其他导热系数较大的材料。

⑤ 隔热墙板与地面相接处应有防止冷桥的措施。

⑥ 隔热板之间的板缝处须采用玻璃胶或其他无毒、无异味、无有害物质挥发、符合食品卫生要求并且密封性良好的胶性材料密封。

⑦ 隔热板之间的联接结构应保证接缝之间的压力和接缝处连接牢固。

（4）隔热板安装要求

库板和库板之间的接缝必须密封良好，两库板之间的拼接缝要求小于1.5mm，同时在结构上要求牢固可靠。库体拼接完后，所有库板接缝应涂连续均匀的密封胶。库板拼接示意图如图 8-2 所示。

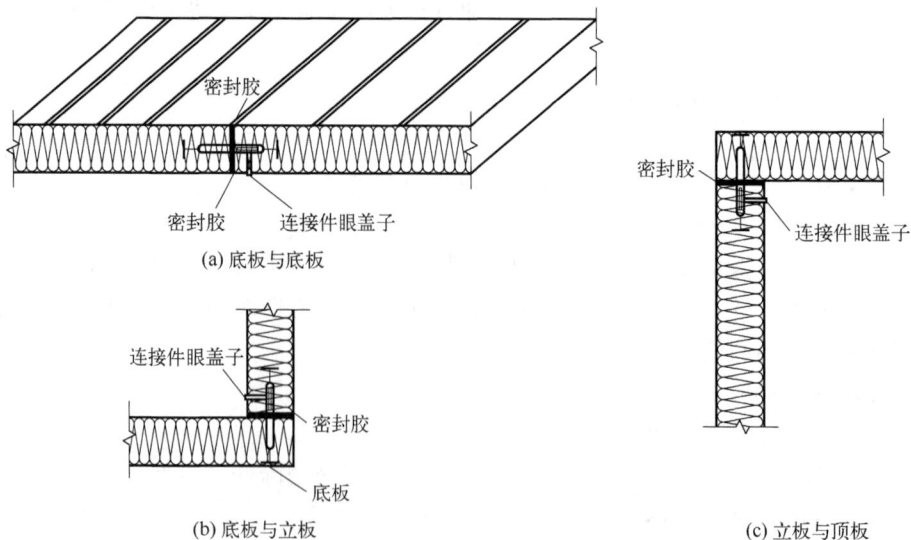

(a) 底板与底板

密封胶
密封胶　连接件眼盖子

(b) 底板与立板

连接件眼盖子
密封胶
底板

(c) 立板与顶板

密封胶
连接件眼盖子

图 8-2 库板拼接示意图

当顶板跨度超过 4m 或冷库顶板要载重时，必须对冷库顶板进行吊装。螺栓位置要选择库板中点，为使库板受力尽可能均匀，必须按照图 8-3 所示使用铝合金角钢或蘑菇帽。

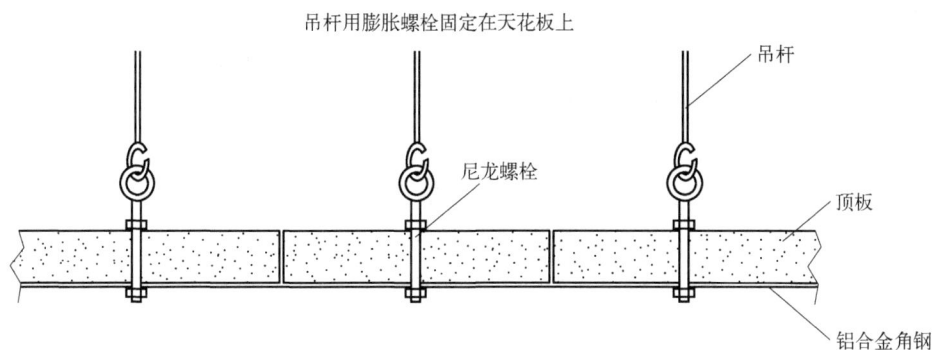

图 8-3　冷库顶板吊装示意图

（5）库体隔热板接缝的密封性要求

① 应保证墙板与地面结合处墙板的隔热材料与地坪中的隔热材料密切相接，有可靠的密封、防潮处理。

② 隔热板的接缝若采用现场灌注发泡方式密封结合，首先应保证使两块隔热板的隔热材料能够紧密相贴，然后使用密封胶布贴匀结合面，消除空隙，确保隔热材料黏合牢固。

③ 隔热板接缝处的密封材料本身应抗老化、耐腐蚀、无毒、无异味、无有害物质挥发、符合食品卫生要求并且密封性良好。接缝处的密封材料不得有偏移、离位现象，保证接缝处的密封严实、均匀。

④ 若采用密封胶条密封隔热板的接缝，接缝尺寸不得大于 3mm。

⑤ 组成库体的隔热板沿其高度方向必须是整体的，无水平的中间接缝。

⑥ 冷库地坪隔热层的厚度应≥100mm。

⑦ 库体顶棚的吊点结构必须采取措施减低"冷桥"效应，吊点的孔洞处应予以密封处理。

⑧ 与库板相连的吊点材料的导热系数应较小，库的内表面也应采用同样材料的罩帽将吊点遮盖。

8.1.1.3　装配式冷库库门要求

① 装配式冷库配置 3 种门：铰链门、自动单侧滑动门、单侧滑动门。

② 冷库门厚度、面层和绝热性能要求与库板相同，门框及门的结构不应有冷桥。

③ 所有低温冷库门门框内应埋设防止门的密封条被冻结的电加热或介质加热装置，当采用电加热时需提供电热保护装置和安全措施。

④ 小型冷藏库、冷冻库库门为手动平开门，门的表面要求同隔热板面板，库门把手及库门结构不应有"冷桥"，库门开度＞90°。

⑤ 冷库库门带有门锁，门锁具有安全脱锁功能。

⑥ 所有库门都必须开关灵活、轻便，门框及门本身的密封接触平面必须光滑、平整，不得有翘曲、毛刺或螺丝端头歪斜、外露而产生刮、擦现象，保证密封胶条能够贴实门框周边。

8.1.1.4　库体附件

① 低温冷库（库温<－5℃）地面下须配置电热防冻装置及其温度自动调控装置，以有效防止库板地面的冻结变形。

② 库内装设防潮、防爆的荧光照明灯，能在－25℃条件下正常工作，灯罩应防潮、防腐、防酸、防碱。库内灯光照明度应满足货物进出和取存的要求，地面照度>2001x。

③ 冷库内所有装置、设备均应做防腐、防锈处理，但必须保证涂层无毒、不污染食物、无异味、便于清洁、不易滋生细菌、符合食品卫生要求。

④ 管线孔洞均须做密封、防潮和隔热保温处理，并使表面光整。

⑤ 低温冷库应有压力平衡装置，以防止和消除温度骤变时库体过大的压力差及其引起的库体变形。

⑥ 冷库外部沿过道处应设置防撞装置。库门内应装设耐低温透明塑料门帘。

⑦ 温显仪要求安装在库门附近。

⑧ 冷藏库必须设置排水地漏，以便清洗冷库时污水排出。

8.1.2　冷风机、管路安装

8.1.2.1　冷风机安装

① 冷风机的安装位置要求远离库门，在墙的中间，安装后的冷风机应保持水平。

② 冷风机吊装在顶板上，其固定必须用专用的尼龙螺栓（材质尼龙66），以防冷桥形成。

③ 当用螺栓固定冷风机时，要求在顶板上部加装长度大于100mm、厚度大于5mm的方木块，以增加库板承重面积，防止库板凹陷变形，同时可以防冷桥形成。

④ 冷风机和背墙之间的距离为300～500mm，或按冷风机厂家提供的尺寸。

⑤ 冷风机风向不能倒转，确保冷风机往外吹风。

⑥ 当冷库化霜时风机电机必须断开以防止融霜时将热风吹入库内。

⑦ 冷库装货高度应低于冷风机底部至少30cm。

冷风机安装示意图如图8-4所示。

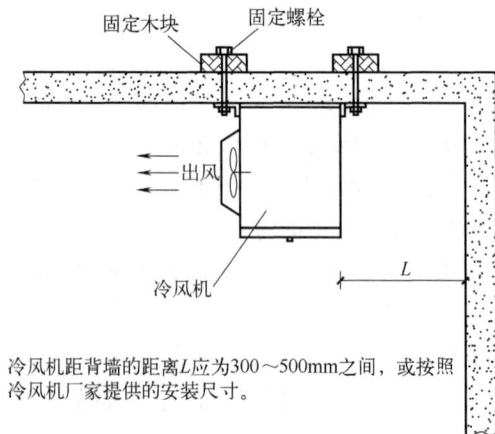

冷风机距背墙的距离L应为300～500mm之间，或按照冷风机厂家提供的安装尺寸。

图8-4　冷风机安装示意图

8.1.2.2 制冷管路安装

① 在安装膨胀阀时，感温包必须扎紧在水平回气管上部，并保证与回气管接触良好，在回气管外应加以保温，以防止感温包受库温的影响。

② 冷风机回气管爬升出库前在上升管底部都要安装回油弯。

③ 冷藏加工间和冷藏库或中温柜共用一台机组时，冷藏加工间回气管路和其他冷藏库或中温柜管路连接前必须加蒸发压力调节阀。

④ 每个冷库必须在回气管和供液管路上各安装独立的球阀，以便于调试维修。

8.1.2.3 排水管安装

① 设置在库内的排水管路应尽量短；设置在库外的排水管应走在冷库背面或侧面不显眼处，以防碰撞及影响美观。

② 冷风机的排水管通往冷库外应有一定的坡度，使融霜水顺利地排出库外。

③ 工作温度小于 5℃ 的冷库，其库内排水管必须加装保温管（壁厚大于 25mm）。

④ 冷冻库排水管必须安装加热丝。

⑤ 在库外的连接管必须加装排水存水弯，管内保证一定的液封，以防止大量的库外热空气进入冷库内。

⑥ 为防止排水管脏堵，每个冷库必须单独设一个化霜水排水地漏（冷藏库可设在库内，冷冻库必须设置在库外）。

排水管安装示意图见图 8-5。

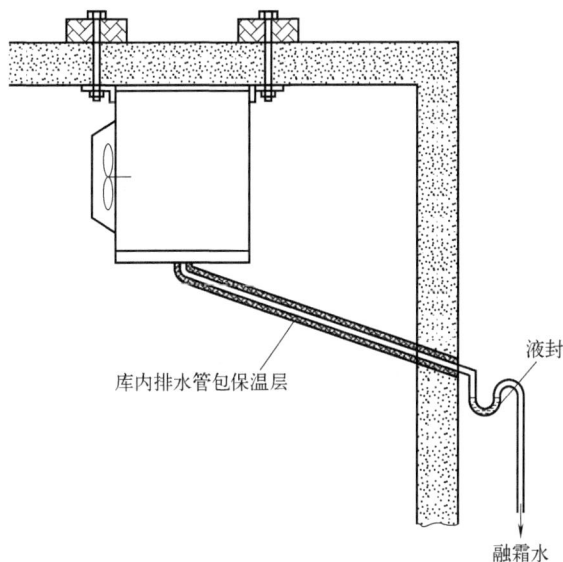

图 8-5 排水管安装示意图

8.1.3 冷库负荷计算

准确的冷库负荷应按照计算软件进行计算，常用的软件有 Wittboxnp4.12、Crs.exe 等。在存放食品种类、食品入库温度、存放周期、开门次数、操作人数等因素不能确定的情况下，可按照下列方法进行估算。

8.1.3.1 冷藏库和冷冻库冷负荷

冷藏库和冷冻库冷负荷按 $W_0 = 75\text{W/m}^3$ 计算，并乘以以下修正系数：

① 若冷库容积 $V < 30\text{m}^3$，开门次数较频繁的冷库，乘以系数 $A_1 = 1.2$；

② 若 $30\text{m}^3 \leqslant V < 100\text{m}^3$，开门次数较频繁的冷库，乘以系数 $A_2 = 1.1$；

③ 若 $V \geqslant 100\text{m}^3$，开门次数较频繁的冷库，乘以系数 $A_3 = 1.0$；

④ 若为单个冷库时，乘以系数 $B_1 = 1.1$；

⑤ 其他情况，乘以系数 $B_2 = 1$。

最终冷负荷：$W = A \times B \times W_0 \times$ 容积。

8.1.3.2 加工间负荷匹配

对于开放式加工间，按 $W_0 = 100\text{W/m}^3$ 计算，并乘以以下修正系数；对于封闭式加工间，按 $W_0 = 80\text{W/m}^3$ 计算，并乘以以下修正系数。

① 若加工间容积 $V < 50\text{m}^3$，乘以系数 $A = 1.1$；

② 若 $V \geqslant 50\text{m}^3$，乘以系数 $A = 1.0$。

最终冷负荷：$W = A \times W_0 \times$ 容积

8.1.3.3 冷风机及机组选配

不同用途冷库参数如表 8-1 所示。

表 8-1 不同用途冷库参数

冷库类型	使用温度	湿度条件	TD/℃	储藏、用途	冷风机蒸发温度	机组蒸发温度
冷藏库	5~8℃	高湿度 80%~90%	5	蔬菜、鲜花	0℃	-3℃
冷藏库	0~2℃	通常 65%~70%	8	肉、鱼、带包装的冷藏食品	-8℃	-10℃
冷冻库	-20~-18℃	通常 65%~70%	7	冷冻食品	-25℃	-28℃
加工间	12~18℃	通常 65%~70%	10		2℃	0℃

注：TD 为冷风机蒸发温度和库内温度的差。

① 冷风机的冷却能力与 TD 成正比，当增大 TD 时冷风机的冷冻能力也随之增大，同时冷风机翅片结霜量也随之增加，另外库内湿度降低储藏品干耗增加。一般情况下按照上表选择温度差 TD 值。

② 选择冷风机的冷冻能力要＞冷库负荷；其对应的蒸发温度＝库内温度－TD。

③ 如果一个冷库可以选择至少有两个风机的冷风机，则不要选择只有一个风机的冷风机。这样在一个风机损坏还未更换的情况下，另外的风机还能维持制冷效果。

④ 通常情况下，加工间和冷藏库的冷风机翅片间距为 3~5mm，冷冻库的冷风机翅片间距为 6~8mm。

⑤ 选择制冷机组的冷冻能力要≥冷库负荷/0.85，其对应的蒸发温度须比冷风机蒸发温度低 2~3℃（必须考虑阻力损失）。

冷库工程监理检验表如表 8-2 所示。

表 8-2 冷库工程监理检验表

工程监理检验 BOM

工程名称			检查人		检查日期	
检查项目			标准	实测（只填写是或否）	纠偏单或负债单号	备注
冷库	1	库板、冷库门、冷风机、冷库附件、冷库尺寸是否符合要求	应与合同或标准一致			
	2	所用附件是否和标准一致	应与合同或标准一致			
	3	库板拼接缝是否涂密封胶	密封胶应涂得连续无间断			
	4	库板对接处是否整齐	整齐,对接处闪缝≤1mm			
	5	冷库基础是否做防水处理	应做防水处理			
	6	冷库地坪是否符合要求	应与合同及用户要求一致			
	7	冷冻库排水管是否加装加热丝	应加装加热丝,以防冰堵			
	8	所有冷库内排水管是否加保温棉	应加保温棉,以防冰堵			
	9	每个冷库膨胀阀安装是否符合要求	感温包扎紧在水平回气管上部,并保证与回气管接触良好,在回气管外应加以保温			
	10	冷风机回气管爬升出库前是否在上升管底部做回油弯	在上升管底部安装回油弯			
	11	冷藏加工间回气管在和其他中温柜(或冷藏库)管路连接前是否安装蒸发压力调节阀	应安装蒸发压力调节阀			
	12	化霜时风机是否停转	应停转			
	13	电控箱内控制元件是否符合标准	应和标准一致			
	14	冷藏库库内是否预埋排水地漏	应预埋排水地漏			
	15	开机后,库内温度能否达标	达到合同规定的温度			

共 15 项   实测____项   合格____项   不合格____项

8.2 冷库安装施工工艺

8.2.1 冷库防水防潮层

8.2.1.1 水乳型氯丁橡胶沥青防水涂料

水乳型氯丁橡胶沥青防水涂料又名氯丁胶乳沥青防水涂料，是以阳离子型氯丁胶乳与阳离子型沥青乳液混合构成，它区别于以汽油为溶剂型氯丁橡胶沥青防水涂料（油性防水涂料），无毒、无味、不可燃、无环境污染。其性能见表8-3。

表 8-3　氯丁胶乳沥青防水涂料性能

项目	性能
外观	深棕色乳状液
黏度	0.25Pa·s
含固量	不小于43％
耐热性	80℃、5h无变化
黏结力	≥0.2MPa
不透水性	动水压0.1～0.2MPa,0.5h不透水
耐碱性	在饱和的氢氧化钙熔液中浸15d表面无变化
抗裂性	基层裂缝宽度≤2mm时涂膜不裂
涂膜干燥时间	表干(触指干燥)不大于4h,实干(半硬干燥)不大于24h

（1）防水层作法（基础及墙面平整）

① 基层上刷一层涂料；

② 待表面不粘手后，边刷涂料边铺贴第一层玻纤布；

③ 待表面不粘手后，刷一层涂料覆盖；

④ 待表面不粘手后，刷面层涂料或再铺贴第二层玻纤布。

（2）玻璃丝布要求及施工方法

① 玻璃丝布要求密实度好、韧性好，一般使用8cm×8cm；

② 玻璃丝布铺贴时，搭接长度不少于5cm；

③ 铺贴第二层时，其接缝必须与第一层错开20cm以上。

8.2.1.2 丙纶卷材防水

防水层作法（基础清理修整找平后）

（1）施工操作程序

施工操作程序为：验收基层（找平层）→清扫基层（找平层）→制备黏结胶→处理复杂部位→铺贴复合卷材→检验复合卷材施工质量→保护层施工→验收。

（2）配制黏结剂

按要求配制好黏结胶置水泥黏结剂：按体积，3份水＋6份425♯普通硅酸盐水泥＋1份107或801建筑胶，混合搅拌均匀。

（3）复合卷材施工

复合卷材施工前必须找平，经验收合格，含水率在30％～50％时即可进行复合卷材施工。

① 复杂部位处理。防水层施工前，应按图纸要求做好复杂部位（阴角、阳角、冲洗管、穿墙管等）的附加层，复杂部位的附加层用复合卷材、水泥胶或聚氨酯胶处理黏结。

② 复合卷材铺贴。复合卷材铺贴时，先在铺贴部位将复合卷材预放 3～12m，找正方向后在中间处固定，将卷材一端卷至固定处粘贴，这端粘贴完毕后，再将预放的卷材另一端卷回至已粘贴好的位置，连续铺贴直至整幅完成。

铺贴方法：将水泥胶用毛刷涂到基层（找平层）和卷材对应的表面厚约 1.0mm，然后粘贴卷材，同时在卷材上表面用刮板将粘贴接面排气压实，排出多余部分黏结胶。垂直面复合卷材必须纵向粘贴，自上而下对正，自下而上排气压实，要求基层与卷材同时涂胶，厚度均约 1.0mm。

③ 接缝施工。接缝涂胶部位要求基层干净、干燥。屋面防水用水泥胶接缝时，接缝与卷材粘贴可同时进行，两个黏结面同时涂胶，接缝满胶，胶层厚度为 1.0～1.6mm，接缝压实后在接缝边缘再涂刷一层水泥胶，厚度为 0.8～1.0mm，涂刷宽度从接缝边缘向两边延伸 30mm，接缝不允许有露底、打皱、翘曲、起空现象。用聚氨酯胶接缝时应在黏结胶固化后进行，具体操作方法：

a. 翻起上层卷材，将胶涂在下层卷材上，涂胶应连续均匀，厚度在 1.0mm 左右，涂胶后黏合压实。翻起时应防止复合卷材与基层剥离。

b. 将黏结剂均匀涂刷在找平层表面，然后铺粘卷材。用橡胶刮板刮平，刮出多余空气及黏结剂，使其充分黏合在一起。

c. 卷材与卷材平铺，其缝口另外用 20cm 宽的卷材重新黏结。

8.2.2　保温层的施工方法

① 当防水防潮层做好后，要求保温材料紧贴楼层顶部，如果顶部严重不平或无法紧贴顶部，必须做平整及牢固的压条。因为上方无压条，当冷风机启动时产生强大的气流，很容易将保温材料的接缝撕裂。导致漏冷气，不保温。如果顶板跨度超过 4m，必须加装夹板木梁等，使保温材料紧贴楼层顶部。

② 保温材料的黏结，采用聚氨脂现场发泡黏结，局部接缝可用筒装发泡剂补粘。

③ 库门的安装：库门安装应与外墙平，先将门从门框上取下，用筒装发泡剂将门框固定在门洞里，固化后进行第二次黏结，直到库门四周所有缝口饱满充足。门洞尺寸上下左右大于门框尺寸不得超过 2cm。

④ 库体底部的安装：当墙体及顶部做好后，一般用切下的余料填满底部，再用散装发泡剂填缝，做好后用防水卷材铺平，接缝处用玻璃丝布或 20cm 宽的卷材及水性防水涂料或防水黏结剂处理后，满刷一层防水涂料，再做 2cm 厚水泥砂浆保护层，干结后，扎钢筋 $\phi 8mm$，间距 10～15cm，做混凝土 6cm 以上，干结 48h 后，即可开机降温至 0℃，24h 后可将温度降至 -20℃。

8.2.3　保温板的安装

① 先将底板下料，与墙板下部连接处切 45°断面，处理多余泡沫，平整断面。

② 板与板之间先用枪式发泡剂在承口面打上 1/2 个平面的发泡剂，卡好，打上连接铆钉，连接铆钉间距不超过 25cm，而且均匀，接头、弯头处铆钉距接口最远点不超过 5cm。

③ 墙板与墙板的连接方式参照底板与底板间连接方式，墙板与底板间采用 45°断面拼接。

④ 墙板 90°拐角处，墙板间采用 45°断面拼接。

⑤ 库门的安装：在安装了第一个角板之后就应该开始安装库门，采取在库板上承插连接铆固，由门的两边向后做墙板。

⑥ 顶板的安装：先将顶板两端多出的不平的泡沫切平，与墙板上部连接处切 45°断面，处理多余泡沫，平整断面。

⑦ 角铝的安装：要求平整，转角处切 45°角拼装，距接头、转角缝口 5cm，打铆钉铆固，铆钉间距均匀并且不超过 25cm。冷库外角做包边时，要求所有的缝口必须打胶密封，横包边的宽度大于所包库板的厚度，在转角时，以横包边压在立包角上，库内必须使用 50mm×50mm 的大角铝或圆弧铝。

⑧ 安装顺序：a. 先定场地；b. 放线；c. 地上打角铝定位；d. 拼装底板；e. 墙板、库门；f. 角板、顶板；g. 安装角铝；h. 清洁卫生。

8.2.4　冷库电路安装

① 电脑控制箱安装水平底部开孔尽量靠墙。在使用电钻开孔时，需防止铁屑进入空气开关、接触器、继电器内部，造成故障。

② 进电控箱的线管，$\phi 32mm$ 以下的需装进线锁母，使用中型线管，塑料管卡，管卡间距不超过 80cm，转弯、线盒前后端管卡不超过 25cm，要求配管横平、竖直。

③ 如果采用线槽配线，要求拼缝严密成 45°角，在配电箱上开条形孔，要求孔的周围有防护措施，以免线被割破。

④ 冷库内一般不允许接线头，如必须接头，接头处必须采取防水防潮措施，一般采用自粘带防水，外面再用黑胶布增加机械强度。

⑤ 控制箱内接线要求排列整齐，干净、线头压接牢固、可靠。

机组接线正确、可靠，防止因为振动造成线被磨破和螺栓顶破线皮，谷轮压缩机要求压缩机接线端子打 704 硅橡胶密封。所有曲轴箱加热器均需涂上导热硅脂，电磁阀出线口向下，化霜探头用细铜丝绑扎在离风机 5cm 以内的回气管上，库温探头绑在冷风机后下方，离冷风机 30～50cm 范围内，库灯接线压紧，线禁止碰到金属外壳，并尽量远离灯泡。防止灯泡烤坏电线。

⑥ 冷风机接线，进线需做滴水弯，进线禁止从上部直接进入冷风机接线盒，冷风机化霜加热管接线因各厂家不一样接到端子上的方式也不一样，要求所有超过三根的接线化霜管全部采取 Y 形连接。因化霜电流较大，特别注意应将线头压紧。排水加热线穿过冷风机内部时，防止加热管烧坏加热线。

⑦ 门封加热器，接线时注意区分门封加热器的电压，因接线头在保温层内，特别注意接头必须良好可靠，以免过热造成火灾。一般电压为 36V，电流在 3A 左右。

⑧ 线管配线。把绝缘导线穿在管内敷设，称为线管配线。这种配线方式比较安全可靠，可避免腐蚀性气体侵蚀和遭受机械损伤，一般用于公用建筑内和工业厂房中。

线管配线有明配和暗配两种。明配是把线管敷设在墙上以及其他明露处，要求配得横平竖直，整齐美观。暗配是把线管埋设在墙内、楼板或地坪内，以及其他看不见的地方，不要求横平竖直，只要求管路短，弯头少。线管配线的操作程序，通常是先选好管道，对管道进行一系列加工后，再敷设管路，最后把导线穿入管内，并与各种用电设备连接。

⑨ 选择线管。施工中常用的线管有水煤气、电线管和硬塑料管三种。水煤气管的管壁

较厚（3mm，管径以外径计），适用于潮湿和有腐蚀气体场所内明敷或埋地；电线管的管壁较薄（1.5mm，管径以内径计），适用于干燥场所明敷或暗敷；硬塑料管耐腐蚀性较好，但机械强度不如水煤气钢管和电线管，它适用于腐蚀性较大的场所明敷或暗敷。

线管配好后，为便于穿线，配管前，应考虑导线的截面、根数和管径是否适合，一般要求管内导线的总面积（包括绝缘层）不应超过线管内径截面积的40%。线管的直径可按表8-4选择。

表 8-4　单芯导线穿管直径选择表　　　　　　　　单位：mm

管线	焊接钢管(管内导线根数)									电线管(管内导线根数)							
线芯截面/mm²	2	3	4	5	6	7	8	9	10	10	9	8	7	6	5	4	3	2
1.5	15			20			25			32			25			20		
2.5		15			20			25		32			25			20		
4	15		20			25		32		32				25			20	
6		20			25		32			40		32			25		20	
10	20		25		32		40		50			40			32		25	
16		25		32	40		50						40				32	
25		32		40		50		70									40	32
35	32	40		50		70		80								40		

注：表中管径的单位为 mm。

为便于穿线，在下列情况下，须装设拉线盒，否则应选用大一级的管径：

a. 在无弯头时，管道全长在 30m 处；

b. 当有一个弯头时，管道全长在 20m 处；

c. 当有两个弯头时，管道全长在 12m 处；

d. 当有三个弯头时，管道全长在 8m 处。

⑩ 弯管。根据线路敷设的需要，线管改变方向需要将管道弯曲。但在线路中，如果管道弯头多了，就会造成穿线困难，因此，施工时要尽量减少弯头。为便于穿线，管道的弯曲角度一般不应大于 90°。管道弯曲半径，明配管不应小于管道直径的 6 倍；暗配管不应小于管道直径的 10 倍。钢管和电线管的弯曲，可采用弯管器。操作时，先将管道需要弯曲部位的前段放在弯管器内，管道的焊缝放在弯曲方向的背面或旁边，以防管道弯扁，然后用脚踩住管道，手握弯管器柄，稍加一定的力，使管道弯成所需的弯曲半径。

⑪ 配管。管道加工好后，就可按预定的线路进行配管。配管工作一般从配电箱端开始，逐段配至用电设备处，有时也可从用电设备段开始，逐段配至配电箱处，无论从哪端开始，都应使整个管路接通。

a. 明配管：为使配管整齐美观，管路应沿建筑物水平或垂直敷设。当管道沿墙壁、柱子和屋架等处敷设时，可用管卡或管夹固定，当管道沿建筑物的金属构件敷设时，薄壁管应用支架、管卡固定，厚壁管可用电焊直接点焊在钢构件上，但点焊时切不可烧穿管道，以免影响穿线。管卡间的最大允许距离见表 8-5。

b. 管道连接：钢管与钢管之间的连接，无论是明配管还是暗配管，最好采用管箍连接，尤其是埋地和防爆线管。为了保证管接口的严密性，管道的丝扣部分，应涂以铅油缠上麻丝，用管道钳拧紧，并使两管端间吻合。

表 8-5　管卡间的最大允许距离　　　　　　　　　　　　　　单位：mm

管壁厚度	钢管直径			
	13～20	25～32	38～50	65～100
3	1500	2000	2500	3500
1.5	1000	1500	2000	2500

c. 管道接地在管路中有了接头，整个管路的导电性往往满足不了要求，接地的可靠性不能保证。为了安全用电，钢管与钢管（除采用套筒焊接外）、钢管与配电箱及接线盒等连接处都应作好系统接地。接头处焊上跨接地线。钢管与配电箱连接地线。为便于检修，可先在钢管上焊以专用接地螺栓，然后用接地导线与配电箱可靠连接。

8.2.5　压缩机的安装

① 压缩机在出厂时都充注了不同压力的保护性气体。

② 压缩机在固定到底架时，必须有避震措施，如橡胶垫，减震弹簧等，固定螺栓有限位措施及防滑措施。

③ 吸气管、排气管的连接如下。

a. 在焊接前将阀杆的拧紧螺栓拧松，全开阀门，并用湿毛巾严密包裹阀体。

b. 焊接时，将管内通入少量的氮气，并将火焰以 45° 左右的角度指向接口的中上部，这样焊接出来的铜管缝口内焊材丰富、饱满、牢固、可靠。

c. 排气管的连接一般采用高银焊条，以增加焊点的韧度。

④ 压缩机安装必须水平，不同的压缩机有不同的控制管、线，详见压缩机安装说明。

8.2.6　冷风机的安装

① 根据冷库尺寸结构、开门的方向及机组位置定出冷风机安装的最佳位置，回风面距墙板不得低于 40cm，土建库在顶部无防护时，距顶不小于 100mm。

② 直接安装在库板上的冷风机，其承载风机的库板变形弧度的最大点不超过 2cm，否则必须加固库板，或将冷风机固定在支架上，或以支架固定，吊装时可采用手动葫芦。

③ 冷风机的检查。

a. 冷风机的型号是否与设计相符，例如温度、蒸发面积、电压等。

b. 冷风机有无外伤。

c. 冷风机出厂时都已充注了保护气体，检查还有没有压力。

④ 冷风机焊接前先将保护气体放空，再去掉堵板及堵头，焊接时小心火焰不要将冷风机的油漆烧坏。

⑤ 排水管的安装。由于冷库内温度很低，排水很容易冻结，所以在砖墙及库板上开孔时，必须有较大的斜度至冷风机排水接头，库温低于 0℃ 时排水管需做 10mm 以上厚度的保温；库温低于 −10℃，排水管必须做保温和加装排水加热线。

8.2.7　系统管路的安装

8.2.7.1　管路的安装

① 制冷机与附属设备之间制冷剂管道的连接，其坡度与坡向应符合设计及设备技术文

件要求。当设计无规定时，应符合表 8-6 的规定。

表 8-6　制冷剂管道坡度、坡向

管道名称	坡向	坡度
压缩机吸气水平管	压缩机	≥10/1000
压缩机排气水平管	油分离器	≥10/1000
冷凝器水平供液管	贮液器	(1～3)/1000
油分离器至冷凝器水平管	油分离器	(3～5)/1000

② 采用承插焊接连接的铜管，其插接深度应符合表 8-7 的规定，承插的扩口方向应迎介质流向。当采用套接钎焊焊接连接时，其插接深度应不小于承插连接的规定。

表 8-7　承插式焊接的铜管承口的扩口深度表　　　　　单位：mm

铜管规格	≤DN15	DN20	DN25	DN32	DN40	DN50	DN65
承插口的扩口深度	9～12	12～15	15～18	17～20	21～24	24～26	26～30

③ 采用对接焊缝组对时，管道的内壁应齐平，错边量不大于 0.1 倍壁厚，且不大于 1mm。

④ 凡是会出现存油弯的地方必须加装油弯，油弯的直径尽可能短，竖管最大限度每增加 4m 做一个油弯，并且保证在竖管中最低温度时，氟的流速不高于 8m/s，最高温度时，氟的流速不高于 12m/s。

⑤ 管路的固定，回气管 $\phi 19～22mm$ 固定间距不超过 1m，$\phi 25～28mm$ 不超过 1.5m，$\phi 32～42mm$ 不超过 2m，管路的焊接需通氮气，焊接时不能用手固定铜管，因银焊流动性很好，容易产生极细小的漏点，且不易被查出。大型工程需将铜管固定在托码上。

⑥ 管路的保温。

a. 保温层选择优质的无孔海绵，厚度为回气管的最低温度与室外最高温度的温差，$S = \Delta t \times 0.5$（mm/℃）

b. 保温管必须贯穿整个回气管，防止回气管过热度过高，降低压缩机的制冷量。

c. 保温管在包扎时，松紧适中，过紧会降低保温层厚度，过松会影响扎带对保温管的密封性，竖管在包扎时必须由下至上，扎带与扎带的压接均匀，压接宽度不低于 1/2 扎带宽。

8.2.7.2　过滤器的安装

① 过滤器必须区分老工质和替代工质，因老工质所用的过滤芯由 80％左右的分子筛和 20％活性铝组成，活性铝会消耗润滑油中的添加剂，一般使用在较高冷凝温度的系统里，并使用老工质。新工质所使用的过滤芯是 100％分子筛，不含活性铝，不会对油中的添加剂造成消耗。

② 过滤器必须注意安装方向，过滤器打开后需在 10min 内安装完毕。

③ 过滤器的连接：喇叭口连接，需在喇叭口上涂一层冷冻油，调整铜管将喇叭口装正，焊接时火焰不得指向过滤器，并用湿毛巾包裹过滤器。

④ 在系统运行中，当发现过滤器两端有温差时，就必须更换，当更换过滤器时，严禁用火焰焊接将过滤器焊掉，只能将铜管割断，取下废过滤器，再将新过滤器换上。注意过滤器的安装方向。

8.2.7.3　视液镜的安装

喇叭口连接需在喇叭口上涂一层冷冻油，调整铜管将喇叭口上正。焊接的，先将视液镜窗口拆下，焊接时不能将火焰指向视液镜体，有焊接加长管的，可不拆视液镜窗，必须用湿毛巾先将镜体严密包裹，再行焊接。

8.2.7.4　电磁阀的安装

① 首先区分电磁阀的接口尺寸与实际要求尺寸是否一致。

② 区分电磁阀的额定电压，与现场电压是否相符。

③ 无加长管的焊接电磁阀，在焊接前拆下线圈，包上湿毛巾再行焊接，严禁将火烧到阀杆。

④ 电磁阀标识方向与氟的流动方向相同。

8.2.7.5　膨胀阀的安装

① 首先确定膨胀阀与设计是否相同。

② 安装位置：距冷风机一般不超过3m，方便调整，检修膜片水平。

③ 外平衡膨胀阀的平衡管要垂直插入水平回气管的上端，插入深度不得超过2mm，焊接时注意不要给焊条过多，以免平衡管堵塞，平衡管必须有减振措施，以免由于机组的振动造成平衡管断裂。

④ 焊接连接时，一般在地面先将膨胀阀焊接管加长，焊接时必须用很湿的毛巾将膨胀阀严密包裹，以免温度过高损坏膨胀阀。

⑤ 感温包的绑扎：感温包不能垂直安装，严禁将感温包尾部向下。

⑥ 感温包的位置不能在存油弯、控制元件、外接管之后，严禁在合并管之后，感温包要求与回气管的温度最大限度地接近。一般采用铜皮、细铜丝绑扎，以增加导热量，再在感温包处增加保温层，最大限度地防止外界温度的干扰。

8.2.8　系统的压力试验（检漏）

① 系统加压前首先要知道该系统所需要的压力值是多少。

② 认真了解系统中各部件所能承受的最高压力。

③ 断开不能承受试验压力的部件。

④ 只能使用氮气或其他惰性气体试压。

⑤ 要求试压的气体干燥，且瓶口向上或倾斜向上，放出气体吹刷加压管内部杂质，再对系统进行加压，至 $2\sim3kgf/cm^2$ 时，初查有无漏点，如无漏点再加压至 $10kgf/cm^2$，复查有无漏点，如无漏点，再将压力加高至需要压力，再复查有无漏点，如无漏点，30min后记下当时的环境温度及压力，24h以后，核对压力有无变化，注意现在的环境温度，与记录的环境温度有多少温差。

8.2.9　抽真空、加氟

① 在确认系统无漏点后，打开所有阀门，从高低压侧同时抽真空，如果系统安装有视液镜，抽真空于视液镜显示干燥后再抽30min停止，或抽到真空泵无排气再抽30min，注意真空泵内油位必须在中线以上，因为真空泵油不足将导致真空度大幅度降低。

② 了解抽真空的主要作用。

a. 高真空度可将系统中的水分排出，因水在不同压力下的沸点不同，在绝对压力为

$0.0077kgf/cm^2$ 时，水的沸点为 3℃，在绝对压力为 $0.018kgf/cm^2$ 时水的沸点为 15.5℃，在绝对压力为 $0.07kgf/cm^2$ 时，水的沸点为 39℃，在绝对压力为 $0.17kgf/cm^2$ 时，水的沸点为 56℃。所以根据系统最低温度点达到需要的真空度，就能保证系统的干燥程序。

b. 排出系统中的不凝性气体，分三次抽真空：第一次抽真空至不排气后，再抽 30min，第二次加氟至 $0kgf/cm^2$，再抽真空至不排气，第三次重复第二次步骤至不排气再抽 30min。

③ 加氟：先从储液器加氟至需求氟量的 80%，再从压缩机的高压耳阀向低压耳阀加气态氟，可以有效防止高压腔内积液而损坏压缩机。

8.2.10 开机前的准备工作

8.2.10.1 电控箱的检查

① 检查电控箱内的清洁卫生，有条件的可用干燥气体吹扫，并做好记录。

② 检查电控箱内每颗压线螺栓是否压紧，有无铜丝伸出端口外或杂乱。

③ 检查电控箱接地是否有效——接地线的大小及接地阻值。

④ 检查供电电压是否符合要求：a. 相间电压；b. 相对 N 电压；c. 对地电压。

⑤ 进出电控箱的线路与电控箱进线口必须有防护圈。

⑥ 设定电控箱内各种参数。

8.2.10.2 压缩机组的检查

① 压缩机接线是否正确，有无松动，按压缩机本身的要求做好防护措施；

② 检查压缩机油位，是否在 $1/2 \sim 2/3$ 处，如果不足，压缩机必须加油；

③ 检查压缩机的所有阀门是否都处在全开位置（检修口有仪表仪器管应处在接近全开位置），密封螺栓是否拧紧，有无漏气；

④ 检查机组本身控制器（如压力控制器、压差控制器、过热保护器等）接线是否正确可靠，调定值与使用工况是否相符；

⑤ 检查冷凝器、储液器、阀门是否在全开位置（检修口有仪表、仪器的阀门应处在接近全开位置）；

⑥ 脱开压缩机试风扇或水泵、冷却塔的正反转。

8.2.10.3 检查冷风机管路系统

① 检查膨胀阀是否在全开位置；

② 检查冷风机接线是否正确可靠，特别是冷风机化霜线路应采用 Y 形接法，负荷分配均匀；

③ 检查冷风机排水管在冷库外有无存水弯或水封，排水加热线与化霜加热管的距离是否太近，排水加热线是否出墙；

④ 检查冷风机正反转，有无螺栓松动；

⑤ 检查到冷风机接线盒的电线有无存水弯。

8.2.11 开机调试

① 当电控箱、机组、膨胀阀、冷风机检查设定完毕，就可以送电预热，曲轴油箱温度升至 60℃后就可开机试运转。

② 试运转时要特别注意：a. 压缩机油位；b. 高低压压力表压力。

③ 10min 后，油位稳定，高低压压力稳定就可以进行以下调试：

a. 观察回气管温度、回气压力和压缩机机体温度，调整膨胀阀的开启度。标准为到达预定温度时，压缩机低压阀回气管 10cm 处，回气过热度 10℃。

b. 观察视液镜内液体的干燥度、状态，加足制冷剂。补加液态氟时，严格控制速度。直接回气型压缩机，严禁从低压加液态氟。

c. 冬季调机时，注意控制高压的冷凝压力，R22 不要低于 10kgf/cm²。

d. 压力控制器的调节，半封闭压缩机，实际动作值高压水冷不超过 18kgf/cm²，风冷不超过 20kgf/cm²，全封闭压缩机实际动作值水冷不超过 18kgf/cm²，风冷不超过 24kgf/cm。根据实际使用的最低蒸发温度，再加 5℃ 的过热度所对应的蒸发压力，做为低压保护点。

e. 压差控制器，检查油压差，正常范围 1.4～3.5kgf/cm²，保护压力不低于 0.7bar（1bar=100kPa）。

f. 热继电器的调定值，以压缩机额定电流为准。

g. 在试机过程中，随时观察压缩机油位、高低压压力及各电器接线点线的温度。

h. 试验化霜：观察化霜退出温度及化霜退出时间，冷风机顶部温度是否过高。

8.2.12 施工图的会审记要及图纸答疑

① 施工各方提出的施工疑问，技术协作。

② 设计单位的答疑，图纸修改。

③ 施工各方对其他施工单位的配合要求：

a. 施工方案的制定、审核，甲、乙方及监理备案；

b. 施工方案的执行情况（填写施工日志）；

c. 对各子项的技术交底资料的保管；

d. 隐蔽工程记录，甲方代表验收签字；

e. 分部、分项、子项的单独验收签字；

f. 综合验收记录及工程质量评定；

g. 对甲方人员的培训记录；

h. 派工单、用户档案、压缩机检修报告、冷库检修报告、市场不良品分析报告的填写；

i. 遗留问题的解决方案。

8.3 氨制冷系统安装工程施工及验收

适用范围：适用于以活塞式、螺杆式、回转式氨制冷压缩机为主机，以水作为冷却介质的水冷式冷凝器及其辅助设备。

8.3.1 依据标准

①《风机、压缩机、泵安装工程施工及验收规范》（GB 50275—2010）；

②《制冷设备、空气分离设备安装工程施工及验收规范》（GB 50274—2010）；

③《工业金属管道工程施工规范》（GB 50235—2010）；

④《制冷系统及热泵　安全与环境要求》（GB/T 9237—2017）；

⑤《工业设备及管道绝热工程设计规范》（GB 50264—2013）；

⑥《液体无水氨》（GB/T 536—2017）。

8.3.2　制冷设备的安装

8.3.2.1　一般要求

① 氨制冷系统所采用的制冷设备及阀门、压力表等必须选用氨专用产品。

② 阀门、管件等严禁采用铜和铜合金材料（磷青铜除外）。

③ 与制冷剂接触的铝密封垫片应使用高纯度的铝材。

④ 法兰、螺纹等连结处的密封材料，应选用耐油橡胶石棉板、聚四氟乙烯生料带、氯丁橡胶密封液。

8.3.2.2　制冷压缩机及制冷压缩机组的安装

① 本节适用于带有公共底座整体出厂的活塞式制冷压缩机及制冷压缩机组的安装和压缩机、电动机、油分离器、油冷却器等部件在同一公共底座上的螺杆式制冷压缩机组的安装。对于解体出厂或无公共底座的制冷压缩机的安装应按设备技术文件和现行国家标准《风机、压缩机、泵安装工程施工及验收规范》（GB 50275—2010）的有关规定执行。

② 对于制冷压缩机及制冷压缩机组的安装应符合现行国家标准《制冷设备、空气分离设备安装工程施工及验收规范》（GB 50274—2010）的有关规定。

8.3.2.3　辅助设备的安装

① 制冷系统的辅助设备（如冷凝器、贮液器、中间冷却器、油分离器、集油器、低压循环贮液器、氨泵等）就位前，应检查其基础及地脚螺栓孔的位置、尺寸，并应符合设计文件中设备管道接口的方向；对于空气分离器等吊挂式辅助设备，尚应检查其支、吊点的位置是否符合设计文件的要求。

② 辅助设备安装前，应进行单体吹污，吹污可用0.8MPa（表压）的压缩空气进行，次数不应少于3次，直至无污物排出为止。

③ 辅助设备安装前，应进行单体气密性试验，其试验压力应按设计文件和设备技术文件的规定进行。

④ 无特殊要求的卧式辅助设备安装，水平偏差和立式辅助设备安装的铅垂度偏差均不宜大于1/1000。

⑤ 油包或放油口在设备一端的贮液器、卧式氨液分离器、卧式蒸发器等设备的安装，应以2/1000的坡度坡向放油口一方。

⑥ 四重管式空气分离器应水平安装，氨液进口端应高于另一端，其坡度应为2%。

⑦ 安装在常温环境下的低温设备，其支座下应增设硬质垫木，垫木应预先进行防腐处理，垫木的厚度应按设计文件的要求确定。

⑧ 氨泵的安装应符合下列要求：

a. 氨泵轴线的标高应低于低压循环贮液器的最低液面标高，其间距应符合设计文件和设备技术文件的规定。

b. 氨泵进液管道上应尽量减少弯头，必须使用弯头时，其弯曲半径应尽量大，氨泵进出液管道上应严格避免形成"气囊"或"油囊"。

c. 氨泵进液管上的过滤器安装位置应尽量靠近氨泵。

8.3.2.4　现场组装及现场制作的制冷辅助设备的安装

① 现场组装、现场制作的制冷设备应符合设计文件和设备技术文件的要求，并应符合

现行国家标准《制冷系统及热泵　安全与环境要求》(GB/T 9237—2017) 的有关规定。

② 对于现场组装的制冷设备，安装前应将设备零部件及附属管道清洗干净，并应检查零部件表面有无损伤及缺陷，合格后方可按设备装配图纸进行组装。

③ 现场组装、现场制作的氨制冷系统中的制冷设备必须进行单体吹污及气密性试验。

④ 现场组装或拼装的蒸发式冷凝器、立管式或螺旋管式蒸发器及氨制冰设备等应符合设计文件、设备技术文件及国家现行标准的有关规定。

⑤ 隧道式、螺旋式和往复式冻结装置的现场组装除应符合设计文件及设备技术文件的要求外，尚应符合下列要求：

a. 传动装置应灵活，运转可靠。

b. 风机的安装应符合现行国家标准《风机、压缩机、泵安装工程施工及验收规范》(GB 50275—2010) 的有关规定，风机电线穿孔处必须嵌橡皮圈，并应做好防潮密封处理。

c. 厢体接缝应紧密，厢体及接缝不得出现结露、结霜等漏冷现象。

d. 检修用保温门开、关应灵活，不得有变形及密封性能不良等现象。

⑥ 蒸发排管的制作与安装除应满足设计文件的规定外，尚应满足下列要求：

a. 蒸发排管所采用的管材应符合《风机、压缩机、泵安装工程施工及验收规范》(GB 50275—2010) 规定。

b. 蒸发排管的加工制作应符合《风机、压缩机、泵安装工程施工及验收规范》(GB 50275—2010) 规定，并不得以两个 90°压制弯头焊接代替 180°弯头。

c. 蒸发排管气、液集管上的开孔必须采用钻孔，不得采用气割成孔。

d. 蒸发排管的安装应符合表 8-8 的规定。

表 8-8　蒸发排管安装要求

序号	检查部位	允许偏差
1	集管上的开孔位置： 沿轴线方向位移 垂直轴线方向位移	≤1.5mm 不允许
2	同一冷间各组蒸发排管的标高	±5mm
3	模式蒸发排管各横管的平行度	≤1/1000
4	立式蒸发排管各立管的平行度	≤1/1000
5	蒸发排管平面的翘曲(一角扭出平面的距离)	≤3mm
6	顶排管的水平误差	≤1/1000
7	顶排管中部上下弯曲	不允许

e. 经试验合格后的蒸发排管其外表面应进行防腐处理，一般可刷红丹酚醛防锈漆两道。

f. 蒸发排管表面应整洁、无油污。

8.3.3　阀门、自控元件及仪表安装

8.3.3.1　阀门的安装

① 阀门的选用应根据设计文件或使用工况（工作压力、工作温度等）的要求确定。

② 对于进、出口密封性能良好，并在其质保期的氨制冷系统及相关润滑油系统所用的阀门，可只清洗密封面；不符合该条件的阀门均应拆卸、清洗，并应按阀门的有关要求更换

填料及垫片。对氨液（气）过滤器应检查其金属滤网是否符合该设备技术文件的要求。

③ 每个阀门及氨液（气）过滤器均应逐个进行气密性试验，其试验压力应按设计文件和设备技术文件的规定进行。

④ 阀门安装应符合制冷系统中氨的流向（加氨用阀门除外）。带手柄的阀门，阀柄的朝向应符合设计文件和阀门技术文件的要求。

⑤ 成排安装的阀门（如阀站），阀门手轮的中心应在同一直线上。

8.3.3.2 自控元件及仪表的安装

① 自控元件的安装应符合《风机、压缩机、泵安装工程施工及验收规范》（GB 50275—2010）国家相关规定。

② 电磁阀、旁通阀、止回阀、恒压阀、浮球液位控制器等均应逐个进行气密性试验。

③ 安全阀、旁通阀、压力表在安装前，应由相关计量部门进行校验、铅封。

④ 电磁阀、电磁主阀、电磁恒压主阀、恒压阀、恒压主阀等阀体的安装，应符合相关技术文件的要求。

⑤ 浮球液位控制器必须垂直安装，不允许有倾斜角度，并应进行动作灵敏性试验。

⑥ 压力（压差）控制器应垂直安装在振动小的地方，并应检查预调控制压力。压差控制器两端，高、低压连接管应连接正确，不可接反。

⑦ 氨压力表的安装除应符合设计文件的规定外，尚应满足下列要求。

a. 精度要求：当表盘最大刻度压力≤1.6MPa 时应不低于 2.5 级，＞1.6MPa 时应不低于 1.5 级。

b. 压力表应垂直安装。安装在压力波动较大设备、管道上的压力表，其导压管应采取减振措施，压力表的导压管上不得接其他用途的管道。

c. 安装在室外的压力表应做防雨、遮阳等防护设施。

⑧ 温度控制器的安装除应符合设计文件和设备技术文件的规定外，尚应满足下列要求。

a. 温度控制器应垂直安装。

b. 冷库用温度控制器的感温元件应安装在具有代表性温度的地方，其周围介质应具有良好的流动性。

c. 安装于管道或密封容器的感温元件应按设计文件的要求放在充有冷冻油的套管中。

8.3.4 氨制冷系统管道的安装

8.3.4.1 一般规定

① 氨制冷系统管道及输送含氨的冷冻机油的管道、管件的材质、规格、型号以及焊接材料的选用应根据设计文件或使用工况（工作压力、工作温度等）的要求确定。

② 与制冷系统管道安装有关的土建工程应检验合格并满足安装要求。

8.3.4.2 管道加工及管件制作

① 制冷系统管道安装之前，应将管道的氧化皮、污杂物和锈蚀除去，使管道壁出现金属光泽面，并应将其两端封闭放置于干燥避雨的地方待用。

② 管道切口端面应平整，不得有裂纹、重皮。其毛刺、凸凹、缩口、熔渣、氧化铁、铁屑等应予以清除。

③ 管道切口平面倾斜偏差应小于管道外径的 1%，且不得超过 3mm。

④ 弯管制作及其质量要求应符合现行国家标准《工业金属管道工程施工规范》（GB

50235）的有关规定。

　　⑤ 焊制三通支管的垂直偏差不应大于其高度的 1%，且不大于 3mm，并应兼顾制冷剂正常工作流向。

　　⑥ 管道伸缩弯应按设计文件的要求制作。

8.3.4.3　管道支、吊架制作

　　① 管道支、吊架的形式、材质、加工尺寸等应符合设计文件的规定，管道支、吊架应牢靠，并保证其水平度和垂直度。

　　② 管道支、吊架所用型钢应平直，确保与每根管道或管垫接触良好。

　　③ 管道支、吊架焊缝应进行外观检查，不得有漏焊、欠焊、裂纹、咬肉等缺陷。其焊接变形应予矫正。

　　④ 管道支、吊架应进行防锈防腐处理。

8.3.4.4　管道焊接

　　① 管道坡口的加工方法宜采用机械方法，也可采用氧乙炔焰等方法，但必须除净其表面 10mm 厚度的氧化皮等污物，并将影响焊接质量的凸凹不平处磨削平整。

　　② 管道、管件的坡口形式和尺寸的选用，应考虑容易保证焊接接头的质量，填充金属少，便于操作及减少焊接变形等原则。坡口形式和尺寸应符合表 8-9 的规定。

表 8-9　焊接坡口形式和尺寸

序号	坡口名称	坡口形式	手工焊坡口尺寸		
1	Ⅰ形坡口		T c	1.0～3.0mm 0～1.5mm	3.0～6.0mm 0～2.5mm
2	V形坡口		T α c p	3.0～9.0mm 65°～75° 0～2.0mm 0～2.0mm	9.0～26.0mm 55°～65° 0～3.0mm 0～3.0mm
3	T形接头 Ⅰ型坡口		T c	2.0～9.0mm 0～2.0mm	— —

　　③ 不同管径的管道对接焊接时，应采用管道异径同心接头，也可将大管径的管道焊接端滚圆缩小到与小管径管道相同管径后焊接，但对于大管径管道滚圆缩径时，其壁厚应不小于设计计算壁厚。焊接时，其壁应做到平齐，壁错边量不应超过壁厚的 10%，且不大于 2mm。

　　④ 管道焊缝的位置应符合下列要求：

　　a. 管道对接焊口中心线距弯管起弯点不应小于管道外径（不包括压制弯管）。

　　b. 直管段两对接焊口中心面间的距离，当公称直径≥150mm 时，不应小于 150mm；当公称直径＜150mm 时，不应小于管道外径。

c. 管道对接焊口中心线与管道支、吊架边缘的距离以及距管道穿墙墙面和穿楼板板面的距离均应不小于 100mm。

d. 不得在焊缝及其边缘上开孔。管道开孔时，焊缝距孔边缘的距离不应小于 100mm。

⑤ 管道焊接宜采用氢弧焊打底、电弧焊盖面的焊接工艺。

⑥ 每条焊缝施焊时，应一次完成。

⑦ 焊缝的补焊次数不得超过两次，否则应割去或更换管道重焊。

⑧ 不得在管道保有压力的情况下进行焊接。

⑨ 焊接应在环境温度 0℃ 以上的条件下进行，如果气温低于 0℃，焊接前应注意清除管道上的水汽、冰霜，并要预热，使被焊母材有手温感，预热范围应以焊口为中心，两侧不小于壁厚的 3～5 倍。

⑩ 管道焊缝的检查应符合现行国家标准《工业金属管道工程施工规范》（GB 50235—2010）的有关规定。对于设计温度低于 −29℃ 的低温管道，焊缝应进行 100% 射线照相检验；其他管道焊缝应进行抽样射线照相检验，抽样比例不得低于 5%。

8.3.4.5 管道安装

① 管道需采用套丝安装时，套丝后管壁的有效厚度应符合设计用管道壁厚。丝扣螺纹连接处应均匀涂抹黄铅粉与甘油调制的填料，或用聚四氟乙烯生料带作填料，填料不得涂入管内。

② 管道上仪表接点开孔和焊接宜在管道安装前进行。

③ 埋地管道必须经气密试验检查合格后并经沥青防腐处理，才能覆盖。

④ 从压缩机到室外冷凝器的高压排气管道穿过墙体时，应留有 10～20mm 的空隙，空隙不应填充材料。

⑤ 管道安装允许偏差值应符合表 8-10 的规定。

表 8-10　管道安装允许偏差值　　　　　　　　　　单位：mm

项目			允许偏差
坐标	架空及地沟	室外	25
		室内	15
	埋地		60
标高	架空及地沟	室外	±20
		室内	±15
	埋地		±25
水平管道平直度	$DN \leqslant 100$		0.2%L，最大 50
	$DN > 100$		0.3%L，最大 80
立管铅垂度			0.5%L，最大 30
成排管道间距			15
交叉管的外壁或隔热层间距			20

注：L 为管子有效长度；DN 为管子公称直径。

⑥ 氨制冷系统管道的坡向及坡度当设计无规定时，宜采用表 8-11 的规定。

⑦ 管道加固必须牢靠。有隔热层的管道在管道与支架之间应衬垫木或其他隔热管垫，垫木应预先进行防腐处理，垫木或隔热管垫的厚度应符合设计文件的规定。

表 8-11　制冷系统管道坡向及坡度围　　　　　　　　　　　　　单位:%

管道名称	坡向	坡度
氨压缩机排气管至油分离器的水平管段	坡向油分离器	0.3~0.5
与安装在室外冷凝器相连接的排气管	坡向冷凝器	0.3~0.5
氨压缩机吸气管的水平管段	坡向低压循环贮液器或氨液分离器	0.1~0.3
冷凝器至贮液器的出液管其水平管段	坡向贮液器	0.1~0.5
液体分配站至蒸发器的供液管水平管段	坡向蒸发器(空气冷却器、排管)	0.1~0.3
蒸发器至气体分配站的回气管水平管段	坡向蒸发器(空气冷却器、排管)	0.1~0.3

8.3.5　氨制冷系统排污

① 制冷系统管道安装完成后,应用 0.8MPa（表压）的压缩空气对制冷系统管道进行分段排污,并在距排污口 300mm 处以白色标识板设靶检查,直至无污物排出为止。

② 排污前,应将系统的仪表、安全阀等加以保护,并将电磁阀、止回阀的阀芯以及过滤器的滤网拆除,待抽真空试验合格后方可重新安装复位。

③ 系统排污洁净后,应拆卸可能积存污物的阀门,并将其清洗干净然后重新组装。

8.3.6　氨制冷系统试验

8.3.6.1　氨制冷系统气密性试验

① 气密性试验应用干燥洁净的压缩空气进行。试验压力当设计文件无规定时,高压部分应采用 1.8MPa（表压）,中压部分和低压部分应采用 1.2MPa（表压）。

② 试验应采用空气压缩机。压力应逐级缓升至规定试验压力的 10%,且不超过 0.05MPa 时,保压 5min,然后对所有焊接接头和连接部位进行初次泄漏检查,如有泄漏,则应将系统同大气连通后进行修补并重新试验。经初次泄漏检查合格后再继续缓慢升压至试验压力的 50%,进行检查,如无泄漏及异常现象,继续按试验压力的 10% 逐级升压,每级稳压 3min,直至达到试验压力。保压 10min 后,用肥皂水或其他发泡剂刷抹在焊缝、法兰等连接处,检查有无泄漏。

③ 对于制冷压缩机、氨泵、浮球液位控制器等设备、控制元件在试压时可暂时隔开。系统开始试压时须将玻璃板液位指示器两端的阀门关闭,待压力稳定后再逐步打开两端的阀门。

④ 系统充气至规定的试验压力,保压 6h 后开始记录压力表读数,经 24h 后再检查压力表读数,其压力降应按下式计算,并不应大于试验压力的 1%,当压力降超过以上规定时,应查明原因,消除泄漏,并应重新试验,直至合格。

$$\Delta P = P_1 - \frac{273 + t_2}{273 + t_1} P_2$$

式中,ΔP 为压力降,MPa;P_1 为试验开始时系统中的气体压力（绝对压力）,MPa;P_2 为试验结束时系统中的气体压力（绝对压力）,MPa;t_1 为试验开始时系统中的气体温度,℃;t_2 为试验结束时系统中的气体温度,℃。

⑤ 气密性试验前应将不应参与试验的设备、仪表及管道附件加以隔离。

8.3.6.2　氨制冷系统抽真空试验

① 氨制冷系统抽真空试验应在系统排污和气密性试验合格后进行。

② 抽真空时,除关闭与外界有关的阀门外,应将制冷系统中的阀门全部开启。抽真空

操作应分数次进行，以使制冷系统压力均匀下降。

③ 当系统剩余压力小于 5.333kPa 时，保持 24h，系统压力无变化为合格。系统如发现泄漏，补焊后应重新进行气密性试验和抽真空试验。

8.3.6.3 氨制冷系统充氨试验

① 制冷系统充氨试验必须在气密性试验和抽真空试验合格后进行，并应利用系统的真空度分段进行，不得向系统灌入大量的氨液。充氨试验压力为 0.2MPa 表压。

② 氨制冷系统检漏可采用酚酞试纸进行，如发现泄漏，应将修复段的氨气排净，并与大气相通后方可进行补焊修复，严禁在管路含氨的情况下补焊。

8.3.7 制冷设备和管道防腐及保冷

8.3.7.1 制冷设备和管道防腐

① 制冷设备和管道防腐工程应在系统严密性试验合格后进行。

② 涂漆前应清除设备、管道表面的铁锈、焊渣、毛刺、油和水等污物。

③ 涂漆施工宜在 5～40℃ 的环境温度下进行，并应有防火、防冻、防雨措施。

④ 涂漆应均匀、颜色一致；漆膜附着力应牢固，无剥落、皱皮、气泡、针孔等缺陷。

⑤ 对于没有保温层的制冷设备及管道的外壁，涂漆的种类、颜色等应符合设计文件的要求；当设计无规定时，一般应采用防锈漆打底、调和漆罩面的施工工艺。设备及管道涂刷面漆的颜色宜采用表 8-12 的规定。制冷压缩机及机组和空气冷却器可不需要涂漆。

表 8-12　制冷设备及管道涂漆颜色

设备及管道名称	颜色名称	设备及管道名称	颜色名称
冷凝器	银灰（B04）	高压气体管、安全管、均压管	大红（R03）
贮液器	淡黄（Y06）	放油管	赭黄（YR02）
油分离器	大红（R03）	放空气管	乳白（Y11）
集油器	赭黄（YR02）	高、低压液体管	淡黄（Y06）
氨液分离器	天（酞）蓝（PB09）	吸气管、回气管	天（酞）蓝（PB09）
低压循环贮液器	天（酞）蓝（PB09）	铸铁阀门的阀体	黑
中间冷却器	天（酞）蓝（PB09）	截止阀手轮	淡黄（Y06）
排液桶	天（酞）蓝（PB09）	节流阀手轮	大红（R03）

注：表中括号内编号为漆膜颜色标准的编号。

⑥ 蒸发排管的防腐应符合相关规定，可不涂刷调和面漆。

⑦ 埋于地下的管道防腐处理应符合《工业设备及管道绝热工程设计规范》（GB 50264—2013）规定。

⑧ 采用镀锌薄钢板、不锈钢薄钢板、防锈薄铝板等做隔热保温材料的金属保护层时，其表面可不涂漆，刷贴色环，色环的宽度和间距宜采用表 8-13 的规定。

表 8-13　色环的宽度、间距表

管路保温层外径/mm	色环宽度/mm	色环间距/m
<150	50	1.5～2.0
150～300	70	2.0～2.5
>300	100	5.0

8.3.7.2　制冷设备及管道保冷

① 制冷设备及管道保冷工程应符合设计文件的要求，并按隔热层、防潮层、保护层的顺序施工。

② 保冷工程应在制冷设备及管道气密性试验合格及制冷系统充氨试验合格后进行（立式螺旋管蒸发器等箱体保冷除外），施工前，需保冷的设备、管道外表面应保持清洁、干燥，冬季、雨雪天施工应有防冻、防雨雪措施。

③ 隔热层、防潮层、保护层的材料性能及施工技术要求应符合现行国家标准《工业设备及管道绝热工程设计规范》（GB 50264—2013）的有关规定。

④ 需保冷的管道，穿过墙体或楼板时其隔热层不得中断。

⑤ 隔热层厚度的允许偏差为±5mm，

⑥ 严禁将需保冷的容器上的阀门、压力表及管件埋入容器隔热层。

8.3.8　氨制冷系统充氨

① 制冷系统充氨必须在制冷系统气密性试验和制冷设备及管道隔热工程完成并经检验合格后进行。

② 制冷系统用液氨（钢瓶装或槽车装）质量应符合现行国家标准《液体无水氨》（GB/T 536—2017）的有关规定，并采用不低于一等品指标的液氨。

③ 液氨的充注量应符合设计文件的要求。充氨操作时，应逐步进行，不得将设计用氨量一次性注入系统中。

8.3.9　氨制冷系统试运转

① 制冷系统试运转除应按设计文件和设备技术文件的有关规定进行外，尚应符合下列要求：

a. 单体制冷设备（如制冷压缩机、蒸发式冷凝器及空气冷却器用风机等）空载运行正常，贮液器、中间冷却器、氨液分离器和低压循环贮液器等液位正常。氨泵不得空转或在有气蚀的情况下运转。

b. 制冷系统配套冷却水系统试运转正常。

c. 制冷系统配套电气控制系统调试正常。

d. 制冷系统中，浮球液位控制器、压力控制器等自控元件动作灵敏，工作状态稳定。

e. 温、湿度仪表及其他仪表显示应准确，误差范围应符合设计文件及设备技术文件的规定。

② 系统充氨后，应将氨制冷压缩机及制冷机组逐台进行带负荷试运转，每台压缩机最后一次连续运转时间不得少于24h，每台压缩机累计运转时间不得少于48h。

③ 制冷系统试运转合格后，应将系统过滤器拆下，进行彻底清洗并重新组装。

8.3.10　工程验收

① 氨制冷系统经带负荷运转合格后，方可办理工程验收。

② 工程未办理工程验收，设备不得投入使用。

③ 工程验收应具备下列资料：

a. 设备开箱检查记录及设备技术文件、设备出厂合格证书、检测报告等。

b. 氨制冷系统用阀门、自控元件、仪表等出厂合格证、检验记录或试验资料等。

c. 氨制冷系统用主要材料的各种材质报告的证明文件。

d. 基础复检记录及预留孔洞、预埋管件的复检记录。

e. 隐蔽工程施工记录及验收报告。

f. 设备安装重要工序施工记录。

g. 管道焊接检验记录。

h. 制冷系统排污及严密性试验记录。

i. 系统带负荷试运转及降温记录。

g. 设计修改通知单、竣工图。

k. 施工安装竣工报告等其他有关资料。

8.4 制冷机组的安装及试运转

8.4.1 制冷机组安装、试运转的基本要求

① 制冷机组系指包括压缩机、电动机及其成套附属设备在内的整体式或组装式制冷装置。

② 制冷机组应在底座的基准面上找正、找平。

③ 制冷机组的自控元件、安全保护继电器、电器仪表的接线和管道连接应正确。

④ 制造厂出厂但未充灌制冷剂的制冷机组，应按有关设备技术文件的规定充灌制冷剂；设备技术文件上没有规定的应按以下顺序进行充灌：

a. 气密性试验；

b. 采用真空泵将系统抽至剩余压力小于 5.3332kPa；

c. 充灌制冷剂并检漏。

⑤ 制冷机组的气密性试验，应符合下列要求：

a. 当按表 8-14 的规定区别试验压力为高低压系统有困难时，可统一按低压系统试验压力进行系统气密性试验。

表 8-14　气密性试验压力　　　　　　　　　　　　　　单位：MPa

制冷剂	高压系统试验压力	低压系统试验压力
R717、R22	1.764	1.176
R12	10568	0.98
R11	0.196	0.196

b. 在规定压力下保持 24h，然后充气 6h 后开始记录压力表读数，再经 18h，其压力降不应超过按 8.3.6.1 中公式计算的计算值。如超过计算值，应进行检漏，查明后消除泄漏，并应重新试验，直至合格。

c. 气密性试验中应采用氮气或干燥空气进行系统升压。

⑥ 制冷机组的气密性试验合格后，应采用真空泵将系统抽至剩余压力小于 5.332kPa（40mmHg），保持 24h，系统升压不应超过 0.667kPa（5mmHg）。

⑦ 制冷机组充灌制冷剂时，应将装有质量合格的制冷剂钢瓶与机组的注液阀接通，利用机组的真空度，使制冷剂注入系统；当系统内的压力升至 0.196～0.294MPa（2～3kgf/cm²）

（氟利昂）或 0.098～0.196MPa（1～2kgf/cm²）（氨）时，应对系统进行检漏；查明泄漏处后应予以修复，再充灌制冷剂；当系统压力与钢瓶压力相同时，即可开动压缩机，加快充入制冷剂的速度，直至符合有关设备技术文件规定的制冷条件后，再缓慢充入制冷剂。

⑧ 制冷机组的试运转应符合下列要求。

a. 试运转前：

ⅰ. 检查安全保护继电器的整定值；

ⅱ. 检查油箱的油面高度；

ⅲ. 开启系统中相应的阀门；

ⅳ. 给设备供冷却水；

ⅴ. 向蒸发器供载冷剂液体；

ⅵ. 将能量调节装置调到最小负荷位置或打开旁通阀。

b. 启动运转：

ⅰ. 启动压缩机，并应立即检查油压，待压缩机转速稳定后，其油压符合有关设备技术文件的规定（专门供油泵的先启动油泵）；

ⅱ. 容积式压缩机启动时应缓缓开启吸气截止阀和节流阀；

ⅲ. 检查安全保护继电器的，动作应灵敏；

ⅳ. 应根据现场情况和设备技术文件的规定，确定在最小负荷下所需运转的时间；

ⅴ. 运转过程中应进行以下各项检查，并做好记录：油箱油面的高度和各部位供油的情况；润滑油的压力和温度；吸排气的压力和温度；进排水温度和冷却水供应情况；运动部件有无异常声响，各连接部位有无松动、漏气、漏油、漏水等现象；电动机的电流、电压和温升；能量调节装置动作是否灵敏，浮球阀及其他液位计工作是否稳定；机组的噪声和振动。

c. 停车：

ⅰ. 应按设备技术文件规定的顺序停止压缩机的运转；

ⅱ. 最后关闭水泵或风机系统，并应排放所有易冻积水。

⑨ 制冷机组试运转后，应拆洗吸气过滤器和滤油器，并更换润滑油。

8.4.2 活塞式制冷设备的安装及试运转

8.4.2.1 整体安装的活塞式制冷压缩机及压缩机组的安装

本节适用于整体安装的单台制冷压缩机及带有公共底座的压缩机组（包括压缩机、电动机或压缩机冷凝机组）的安装。

压缩机及压缩机组的安装，应在曲轴外露部位与压缩机底座平行的其他加工平面上找正、找平，其纵向和横向的水平度不应超过 0.2/1000。

8.4.2.2 附属设备及管道的安装

① 制冷压缩机的附属设备（如冷凝器、贮液器、油分离器、中间冷却器、集油器、空气分离器和蒸发器等）就位前，其管口方位，地脚螺栓孔和基础的位置应符合设计要求，管口内部应畅通。

② 采用氮气或干燥空气为介质进行气密性试验的试验压力。应符合有关的规定。试验时宜在螺栓连接处和焊接接缝处涂上发泡剂，观测有无泄漏。

③ 附属设备的安装除应执行设计规范中有关规定外，尚应符合下列要求：

a. 卧式设备的水平度和立式设备的铅垂度，应符合有关设备技术的规定；

b. 安装带有集油器的设备时，集油器的一端应稍低，其坡度应符合有关设备技术文件的规定；

c. 洗涤式油分离器的进液口宜比冷凝器的出液口低；

d. 安装低温设备时，应增设垫木，垫木应预先经防腐处理；

e. 设备安装时应分清管道接头，严禁接错。

④ 制冷设备管道的敷设，除应符合现行国家标准《工业金属管道工程施工规范》（GB 50235—2010）和《工业金属管道工程施工质量验收规范》（GB 50184—2011）外，尚应符合下列要求：

a. 管道内的氧化皮、污物等杂物，宜采用喷砂法清除，并应在出现金属光泽面后将两端封死；

b. 系统中的供液管不应出现向上凸起的弯曲，吸气管不应出现向下凹陷的弯曲；

c. 连接管道的法兰、零件和焊缝不应埋于墙内或不便检修的地方；

d. 排气管穿过墙壁时，应加保护套管，管道与套管之间应留有10mm左右的间隙，间隙内不应填充材料；

e. 管道放在支架上不应衬垫木，但包有保温层的管道应衬垫木，垫木厚度应与保温厚度相同。

⑤ 设备之间连接管道的敷设坡向应符合表8-15的规定，坡度应符合设计或设备技术文件的规定。

表 8-15 制冷设备管道敷设坡向

管道名称	坡向
压缩机进气水平管(氨)	蒸发器
压缩机进气水平管(氟利昂)	压缩机
压缩机排气水平管	油分离器
油分离器至冷凝器的水平管	油分离器
机器间至调节站的供液管	调节站
调节站至机器间的回气管	调节站

⑥ 当吸气管和排气管设于同一支架或吊架时，吸气管应放在排气管的下面，其管道间的距离不应小于200～250mm。钢管弯头采用可控硅中频弯管机弯管。

⑦ 在液体管上接支管，应从主管的底部接出；在气体管上接支管，应从主管的上部接出。

⑧ 设备和管道的保温层厚度，应符合设计或设备技术文件的规定。

⑨ 润滑系统和制冷管道上的阀门，应具有产品合格证，其进出口端封闭良好的可在安装前只清洗密封面。

由于包装而损坏的阀门，应逐个进行拆卸清洗，并应更换填料和垫片；填料和垫片均应符合产品要求。

⑩ 制冷系统中的自动控制阀件，安装前应按有关设备技术文件的规定验收，并应清洗密封面。

⑪ 润滑油管道和制冷剂管道上的阀门，应逐个进行气密性试验。其他管道上的阀门，应按现行国家标准《工业金属管道工程施工规范》（GB 50235—2010）中的有关低压阀门的

规定进行气密性试验。

⑫ 立式压缩机的单向阀应安装在竖管上，卧式压缩机的单向阀应安装在水平管上。阀门必须按制冷剂流动的方向装设，严禁反装。

8.4.2.3 活塞式制冷压缩机及其系统试运转

① 整体安装的压缩机和压缩机组，以及现场组装的压缩机，系统安装后应先进行单机试运转（制冷机组除外）。

② 压缩机试运转前应符合下列要求：

a. 冷却水系统供水应畅通；

b. 安全阀出厂铅封应完整；

c. 压力、温度、压差等继电器的整定值应符合设备技术文件的规定；

d. 曲轴箱的油面高度应符合设备技术文件的规定；

e. 应将气缸盖和吸气阀片等拆下，加适量润滑油，再装上气缸盖，盘动压缩机数转，使活塞、气缸及各滑动面上的润滑油分布均匀，各运动部件应转动灵活，无过紧及碰撞现象；

f. 瞬时启动电动机，检查转向是否正确。

③ 现场组装的压缩机应符合下列要求：

a. 启动压缩机并运转 10min 后，应停车检查各摩擦部位的润滑和温升情况，待一切正常后，再继续运转 2h；

b. 各摩擦部位的温升不应超过 30℃，轴承的最高温度不应超过 70℃；

c. 润滑油的压力及温度应符合有关设备技术文件的规定；

d. 轴封处不应有油的滴漏；

e. 运转中各运动部位应无异常声响，紧固件应无松动现象。

④ 现场组装的压缩机空气负荷试运转，应符合下列要求：

a. 在吸、排气阀安装固定后，应调整活塞止点间隙，符合设备技术文件的规定；

b. 装上气缸盖，启动压缩机，并在规定的排气压力下运转 4h；如无规定时，排气压力应为 0.343MPa。

c. 润滑油压力应比吸气腔压力高 0.098～0.294MPa，油温不应高于 70℃；

d. 气缸套的冷却水进口温度不应大于 35℃，出口温度不应大于 45℃；

e. 试运转时的最高排气温度不应超过表 8-16 的规定。

表 8-16　制冷剂最高排气温度

制冷剂	最高排气温度/℃	制冷剂	最高排气温度/℃
R717、R22	145	R12	130

f. 吸、排气阀的阀片跳动声响应正常；

g. 各摩擦部位的温度应符合有关设备技术文件的规定；

h. 各连接部位、轴封、填料、气缸盖和阀件应无漏气、漏油、漏水现象。

⑤ 活塞式制冷系统的吹净应符合下列要求：

a. 压缩机空气负荷试运转合格后，应迅速全部打开设备最低处的阀门，按操作程序进行系统吹净，并在距离阀门 200mm 处用白布（白纸）检查，直至无污物；

b. 吹净应采用压力为 0.49～0.588MPa（5～6kgf/cm²）的氮气或干燥空气按顺序反复

多次进行，然后彻底清洗阀门，重新组装，直至系统中排出的空气洁净为止。

⑥ 系统吹净合格后，应按规定进行系统气密性试验。

⑦ 充灌制冷剂应在系统气密性试验、吹净、抽真空试验均合格后进行；

⑧ 制冷系统的负荷试运转应符合《制冷设备、空气分离设备安装工程施工及验收规范》（GB 50274—2010）的规定。

8.4.3　螺杆式制冷设备的安装及试运转

① 螺杆式制冷压缩机通过弹性联轴器与电动机直联，它与油分离器及油冷凝器等部件设置在同一支架上，出厂时即为螺杆式制冷压缩机组。

② 螺杆式制冷压缩机组安装时，应对基础进行找平，其纵、横向水平度不应超过 1/1000。

③ 螺杆式制冷压缩机接管前，应先清洗吸、排气管道；管道应作必要的支承。连接时应注意不要使机组变形。

④ 螺杆式制冷压缩机试运转前，应符合下列要求：

a. 将电机与螺杆式制冷压缩机分开，并检查电动机的转向是否正确；

b. 检查油泵转向是否正确；

c. 检查吸气侧、排气侧压力继电器、过滤器用的压差继电器、油压与冷却水用的压力继电器和油压继电器的动作是否灵敏；

d. 安装联轴节，并重新找正。压缩机轴线与电机轴线的不同轴度应符合有关设备技术文件的规定；

e. 将制冷机油加入油分离器或冷却器中，加油量应保持在视油镜的 1/2～3/4 处；

f. 按规定向系统充灌制冷剂。

⑤ 螺杆式制冷压缩机的启动运转应符合下列要求：

a. 润滑油的压力、温度和各部分的供油情况，应符合有关设备技术文件的规定；

b. 油冷却器的水管供水应畅通；

c. 应启动油泵，通过油压调节阀来调节油压，使之与排气压力差符合有关设备技术文件的规定；

d. 应调节四通阀，使之处于减负荷或增负荷的位置，并检查滑阀移动是否正常；

e. 应使压缩机作短时间的全速运转，并观察压力表的压力、电流表的电流，检查主机机体与轴承处的温度，听听有无异常声音。

⑥ 附属设备及管道的安装，应符合有关设备技术文件的规定。

8.4.4　离心式制冷设备的安装及试运转

8.4.4.1　离心式制冷设备的安装

① 安装前，机组内的内压应符合有关设备技术文件规定的出厂压力。

② 制冷机组应在与压缩机底面平行的其他加工平面上找正水平，其纵向、横向不水平度均不应超过 0.1/1000。

③ 离心式制冷压缩机应在主轴上找正纵向水平，其不水平度不应超过 0.03/1000；在机壳分面上找正横向水平，其不水平度不应超过 0.1/1000。

④ 连接压缩机进气管前，应通过吸气口观察导向叶片和执行机构，以及叶片开度和仪表指示位置，并应按有关设备技术文件的要求调整一致，然后连接电动执行机构。

8.4.4.2　离心式制冷系统的试运转

① 润滑系统试验。油泵转向正确后，应开动油泵，使润滑油循环 8h 以上，然后拆洗滤油器，更换新油，重新进行运转。运转中的油温、油压、油面高度应符合设备技术文件的规定。

② 系统气密性试验。系统安装后，应将干燥空气或氮气充入系统，使其符合设备技术文件规定的试验压力，然后宜用发泡剂检查或在干燥空气中混入适量规定的制冷剂，用卤素检漏仪检查。所有设备、管道、法兰及其接头处不得有渗漏现象。试验压力也可采用回收装置的小压缩机来产生，但必须严格按设备技术文件规定的要求进行。

③ 无负荷运转。

a. 应关闭压缩机吸气口的导向片进气阀。使压缩机排气口与大气相通。

b. 开动油泵，调节循环润滑系统，使其正常运转。

c. 瞬间启动压缩机，并观察转向是否正确，以及有无卡住和碰撞等现象。

d. 再次启动压缩机，进行半小时无负荷运转试验，并观察油温、油压、摩擦部位的温升、机器的响声及振动是否正常。

④ 抽真空试验。应将系统抽至剩余压力小于 5.332kPa（40mmHg），并保持 24h，系统升压不应超过 0.667kPa（5mmHg）。抽真空时，应另备真空泵或用系统中回收装置的小压缩机来进行。达不到真空要求时，应再次进行气密性试验，查明泄漏处，予以修复，然后再次进行抽真空试验，直至合格。

⑤ 应按规定向系统充灌制冷剂。

⑥ 负荷运转。

a. 按要求供给冷却水。

b. 开动油泵，调节润滑油系统，使其工作正常。

c. 利用放空装置，排除系统中的空气。

d. 启动压缩机，并根据机器运转情况，逐步开启吸气阀和导向叶片，并注意快速通过喘振区，使压缩机正常工作。

e. 在最小负荷下，根据现场情况和设备技术文件的规定确定所需的运转时间。运转过程中应检查机组的响声、振动、润滑压力、温度、各摩擦部位的温度、电动机温升和各种仪表指示等，均应符合设备技术文件的规定，并记录各项数据。

8.4.4.3　附属设备及管道的安装

附属设备及管道的安装应符合有关设备技术文件的规定。

8.4.5　溴化锂吸收式制冷设备的安装及试运转

① 机组安装前，设备的内压符合设备技术文件规定的出厂压力。

② 设备就位后，应按设备技术文件规定的基准面（如管板上的测量标记孔或其他加工面）找正水平，其纵向、横向不水平度均不应超过 0.5/1000；双筒吸收式制冷机应分别找正上下筒的水平。

③ 真空泵就位后，应找正水平，抽气连接管应采用金属管，其直径应与真空泵的进口直径相同；如必须采用橡胶管作吸气管时，应采用真空胶管，并对管接头处采取密封措施。

④ 屏蔽泵应找下水平，电线接头处应防水密封。

⑤ 蒸汽管和冷媒水管应隔热保温，保温层的厚度和材料应符合设计规定。

⑥ 制冷系统安装后，应对设备内部进行清洗。清洗时，将清洁水加入设备内，开动发生器泵、吸收器泵和蒸发器泵，使水在系统内循环，反复多次，并观察水的颜色直至设备内部清洁为止。

⑦ 进行制冷系统气密性试验时，系统内应充入压力为 0.196MPa（2kgf/cm^2）的干燥空气，并充灌适量规定的制冷剂，用卤素检漏仪检查设备及管道的密封性。

⑧ 进行制冷设备真空泵试验时，应在真空泵吸入管道上装上真空度测量仪，关闭真空泵上与制冷系统连通的阀门，启动真空泵，抽至压力在 0.133kPa（1mmHg）以下时停泵，然后观察真空度测量仪，确定有无泄漏。

⑨ 进行制冷系统抽真空试验时，应将系统压力抽至 0.267kPa（2mmHg），关闭真空泵上的抽气阀门，保持 24h，系统内压力上升不应超过 0.133kPa（1mmHg）。

⑩ 向制冷系统加入按设备技术文件规定配制的溴化锂溶液，应先在容器中进行沉淀，然后将系统抽真空至压力为 0.267kPa（2mmHg）以下，再将与抽气连接的连接管一端连接于热交换器稀溶液加液阀门，并扎紧使其密封，连接管的另一端插入加液桶中，离桶底 100mm。溶液的加入量应符合设备技术文件的规定。

⑪ 制冷系统的试运转应符合下列要求。

a. 启动运转。

ⅰ. 应向冷却水系统供水和向蒸发器供冷媒水，水温均不应低于 20℃，水量应符合设备技术文件的规定。

ⅱ. 启动发生器泵、吸收器泵及真空泵，使溶液循环，继续将系统内空气抽除，使真空度高于 0.133kPa（1mmHg）。

ⅲ. 应逐渐开启蒸汽阀门，向发生器供汽，使机器先在较低蒸汽压力状态下运转，无异常现象后，再逐渐提高蒸汽压力至设备技术文件的规定值，并调节制冷机，使其正常运转。

b. 运转中。

ⅰ. 稀溶液、浓溶液和混合溶液的浓度和温度应符合设备技术文件的规定。

ⅱ. 冷却水、冷媒水的水量、水温和进出口温度差应符合设备技术文件的规定。

ⅲ. 加热蒸汽的压力、温度和凝结水的温度、流量应符合设备技术文件的规定。

ⅳ. 制冷剂水中溴化锂的相对密度不应超过 1.1。

ⅴ. 系统应保持规定的真空度。

ⅵ. 屏蔽泵的工作稳定，应无阻塞、过热、异常声响等现象。

ⅶ. 各种仪表指示应正常。

8.4.6 蒸汽喷射式制冷设备的安装及试运转

8.4.6.1 蒸发器、冷凝器的安装

① 安装蒸发器、冷凝器前，应分别对每组冷凝排管进行气密性试验，试验压力为 0.294MPa（3kgf/cm^2），不得有泄漏现象。冷凝排管安装的倾斜方向应与冷凝水的流向相同。

② 蒸发器、混合式冷凝器、辅助冷凝器就位后，应进行铅垂度或水平度校正，其不铅垂度和不水平度均不应超过 1.5/1000。

③ 蒸发器、混合式主冷凝器两中心线间垂直距离的允许偏差，不应超过 12mm；

④ 辅助冷凝器的安装要求应与混合式主冷凝器的相同。

⑤ 主喷射器整体试装后，应将蒸发器、混合式冷凝器同主喷射器的连接法兰焊牢。

8.4.6.2 主喷器、辅助喷射器的安装

安装主喷器、辅助喷射器时应保证喷嘴、混合段、扩压器喉部和扩压器后段同轴，其不同轴度不应超过0.5mm；各效喷嘴不得装错。

8.4.6.3 蒸汽喷射式制冷设备蒸汽管道、水管道的安装

① 为保证工作蒸汽的清洁，有一定的干燥度，应在喷射器前装设汽水分离器、蒸汽过滤器和疏水器。喷射器的供气管道与蒸汽总管（即分汽缸）连接时，应有10/1000的坡度，并坡向蒸汽总管。

② 制冷水、冷却水和蒸汽管道安装后，应进行水压试验，试验压力为工作压力的1.5倍。试压合格后应放水，再用压缩空气吹净，并应拆洗阀门。

③ 管道的法兰垫片。

a. 蒸汽管道的法兰垫片应采用石棉橡胶板，制冷水及冷却水管道的法兰垫片应采用橡胶板。

b. 法兰内径小于400mm时，垫片厚度应为2mm；法兰内径大于400mm时，垫片厚度应为3mm；

c. 垫片的任何部分不得盖住通孔截面，其边缘应光滑加圆整。

d. 蒸汽喷射式制冷设备系统安装后，应进行气密性试验。试验方法可采用下列两种：

i. 关闭系统与水管、气管或与大气相通的阀门，没有阀门的用盲板封好；从第二辅助喷射器的蒸汽接管处充入压力达0.294MPa的压缩空气，进行24h的气密性试验；过6h后记录压力表读数，再经过24h，其压力波动应符合相关规定。

ii. 利用辅助喷射器，将系统抽真空后进行密封性试验。利用第一、第二辅助喷射器将系统抽真空至剩余压力小于21.328kPa，关闭与大气相通的阀门，经一定时间后，记录系统内的压力上升值及其相应时间，系统压力总的上升值不得超过46.655kPa，然后按下式计算中心系统内每小时漏入空气的总量：

$$G = \frac{0.095(V/T)}{(P_2 - P_1)}$$

式中，G 为系统内漏入空气的总量，kg/h；V 为真空系统总容积，m；P_1 为关闭阀门时系统内的绝对压力，kPa（或mmHg）；P_2 为定时间后系统内的绝对压力，kPa（或mmHg）；T 为系统内压力从 P_1 升至 P_2 所经过的时间，min。

8.4.6.4 保温层厚度检查

系统气密性试验合格后，应对工作蒸汽管道、蒸发器制冷保温层厚度进行检查，保温厚度和保温层材料应符合有关设备技术文件的规定。

8.4.6.5 蒸汽喷射式制冷设备的试运转

（1）试运转前

① 系统的安装应完整正确。

② 系统内的各种水泵、风机，其单机试运转应符合要求。

③ 各种调节阀门、电气设备和测量、控制仪表应正确可靠。

（2）启动运转

① 启动冷却水泵，向主冷却水泵、主冷凝器和辅助冷凝器供水，水量应符合有关设备技术文件的规定。采用蒸发式冷凝器时，冷却水应细密、均匀地喷淋在冷却盘上。

② 打开蒸汽管道上的总截止阀。如装有汽水分离器，应先利用排水器排除汽水分离器内的凝结水。

③ 启动第二辅助喷嘴，使系统剩余压力小于 21.328kPa。如采用蒸发式冷凝器，则应启动风机。

④ 启动第一辅助喷嘴，使系统剩余压力小于 5.332kPa。

⑤ 启动冷媒水泵，向蒸发器供水；

⑥ 陆续启动第一效、第二效、第三效主喷射器。

8.4.6.6　蒸汽喷射式附属设备及管道的安装

蒸汽喷射式附属设备及管道的安装应符合有关设备技术文件的规定。

8.5　制冷管道安装施工

8.5.1　依据标准

《建筑工程施工质量验收统一标准》（GB 50300—2013）
《通风与空调工程施工质量验收规范》（GB 50243—2016）

8.5.2　施工准备

8.5.2.1　材料及主要机具

① 所采用的管道和焊接材料应符合设计规定，并具有出厂合格证明或质量鉴定文件。

② 制冷系统的各类阀件必须采用专用产品，并有出厂合格证。

③ 无缝钢管内外表面应无显著腐蚀，无裂纹、重皮及凹凸不平等缺陷。

④ 铜管内外壁均应光洁，无疵孔、裂缝、结疤、层裂或气泡等缺陷。

⑤ 施工机具：卷扬机、空气压缩机、真空泵、砂轮切割机、手砂轮、压力工作台、倒链、台钻、电锤、坡口机、铜管扳边器、手锯、套丝板牙、管钳、套筒扳手、梅花扳手、活扳手、水平尺、铁锤、电气焊设备等。

⑥ 测量工具：钢直尺、钢卷尺、角尺、半导体测温计、压力计等。

8.5.2.2　作业条件

① 设计图纸、技术文件齐全，制冷工艺及施工程序清楚。

② 建筑结构工程施工完毕，室内装修基本完成，与管道连接的设备已安装找正完毕，管道穿过结构部位的孔洞已配合预留，尺寸正确。预埋件设置恰当，符合制冷管道施工要求。

③ 施工准备工作完成，材料送至现场。

8.5.3　操作工艺

8.5.3.1　工艺流程

预检→施工准备→管道等安装→系统吹污→系统气密性试验→系统抽真空→管道防腐→系统充制冷制→检验。

8.5.3.2　施工准备

① 认真熟悉图纸、技术资料，搞清工艺流程、施工程序及技术质量要求。

② 按施工图所示管道位置、标高测量放线，查找出支、吊架中预埋铁管件。

③ 制冷系统的阀门，安装前应按设计要求对型号、规格进行核对检查，并按照规范要求做好清洗和严密性试验。

④ 制冷剂和润滑油系统的管道、管件应将内外壁铁锈及污物清除干净，除完锈的管道应将管口封闭，并保持内外壁干燥。

⑤ 按照设计规定，预制加工支、吊管架，须保温的管道，支架与管道接触处应用经防腐处理的木垫隔垫。木垫厚度应与保温层厚度相同。支、吊架间距见表 8-17。

表 8-17　制冷管道支、吊架间距表

管径/mm	$<\phi38\times2.5$	$\phi45\times2.5$	$\phi57\times3.5$	$\phi76\times3.5$ $\phi89\times3.5$	$\phi108\times4$ $\phi133\times4$	$\phi159\times4.5$	$\phi129\times6$	$>\phi77\times7$
管道支、吊架最大间距/m	1.0	1.5	2.0	2.5	3	4	5	6.5

8.5.3.3　制冷系统管道、阀门、仪表安装

（1）管道安装

① 制冷系统管道的坡度及坡向，如设计无明确规定应满足表 8-18 要求。

表 8-18　制冷系统管道的坡度坡向

管道名称	坡向	坡度
分油器至冷凝器的排气管水平管段	坡向冷凝器	$(3\sim5)/1000$
冷凝器至贮液器的出液管水平管段	坡向贮液器	$(3\sim5)/1000$
液体分配站至蒸发器(排管)的供液管水平管段	坡向蒸发器	$(1\sim3)/1000$
蒸发器(排管)至气体分配站的回气管水平管段	坡向蒸发器	$(1\sim3)/1000$
氟利昂压缩机吸气水平管排气管	坡向压缩机 坡向油分离器	$(4\sim5)/1000$ $(1\sim2)/1000$
氨压缩机吸气水平管排气管	坡向低压桶 坡向氨油分离器	$\geqslant3/1000$
凝结水管的水平管	坡向排水器	$\geqslant8/1000$

② 制冷系统的液体管安装不应有局部向上凸起的弯曲现象，以免形成气囊。气体管不应有局部向下凹的弯曲现象，以免形成液囊。

③ 从液体干管引出支管，应从干管底部或侧面接出，从气体干管引出支管，应从干管上部或侧面接出。

④ 管道成三通连接时，应将支管按制冷剂流向弯成弧形再行焊接 [图 8-6 (a)]，当支

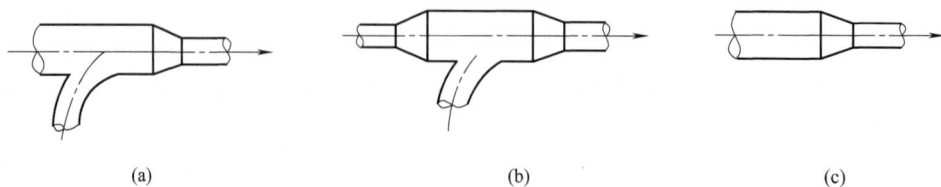

(a)　　　　　　　　(b)　　　　　　　　(c)

图 8-6　管道三通

管与干管直径相同且管道内径小于 50mm 时，则需在干管的连接部位换上大一号管径的管段，再按以上规定进行焊接 [图 8-6（b）]。

⑤ 不同管径的管道直线焊接时，应采用同心异径管 [图 8-6（c）]。

⑥ 紫铜管连接宜采用承插口焊接，或套管式焊接，承口的扩口深度不应小于管径，扩口方向应迎介质流向（图 8-7）。

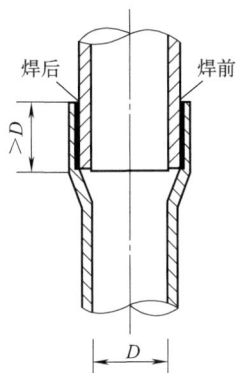

图 8-7　铜管焊接

⑦ 紫铜管切口表面应平齐，不得有毛刺、凹凸等缺陷。切口平面允许倾斜偏差为管道直径的 1%。

⑧ 紫铜管煨弯可用热弯或冷弯，椭圆率不应大于 8%。

（2）阀门安装

① 阀门安装位置、方向、高度应符合设计要求，不得反装。

② 安装带手柄的手动截止阀，手柄不得向下。电磁阀、调节阀、热力膨胀阀、升降式止回阀等，阀头均应向上竖直安装。

③ 热力膨胀阀的感温包，应装于蒸发器末端的回气管上，应接触良好，绑扎紧密，并用隔热材料密封包扎，其厚度与保温层相同。

④ 安全阀安装前，应检查铅封情况和出厂合格证书，不得随意拆启。

⑤ 安全阀与设备间若设关断阀门，在运转中必须处于全开位置，并加装铅封。

（3）仪表安装

① 所有测量仪表按设计要求均采用专用产品，压力测量仪表须用标准压力表进行校正，温度测量仪表须用标准温度计校正并做好记录。

② 所有仪表应安装在光线良好，便于观察，不妨碍操作检修的地方。

③ 压力继电器和温度继电器应装在不受震动的地方。

8.5.3.4　系统吹污、气密性试验及抽真空

（1）系统吹污

① 整个制冷系统是一个密封而又清洁的系统，不得有任何杂物存在，必须采用洁净干燥的空气对整个系统进行吹污，将残存在系统内部的铁屑、焊渣、泥砂等杂物吹净。

② 吹污前应选择在系统的最低点设排污口。用压力 0.5~0.6MPa 的干燥空气进行吹扫；如系统较长，可采用几个排污口进行分段排污。此项工作按次序连续反复地进行多次，当用白布检查吹出的气体无污垢时为合格。

（2）系统气密性试验

① 系统内污物吹净后，应对整个系统（包括设备、阀件）进行气密性试验。

② 制冷剂为氨的系统，采用压缩空气进行试压。制冷剂为氟利昂系统，采用瓶装压缩氮气进行试压。对于较大的制冷系统也可采用压缩空气，但须经干燥处理后再充入系统。

③ 检漏方法：用肥皂水对系统所有焊口、阀门、法兰等连接部件进行仔细涂抹检漏。

④ 在试验压力下，经稳压 24h 后观察压力值，不出现压力降为合格（温度影响除外）。

⑤ 试压过程中如发现泄漏，必须在泄压后进行检查，不得带压修补。

⑥ 系统气密性试验压力见表 8-19。

表 8-19　系统气密性试验压力　　　　　　　　　　　　　　　单位：MPa

系统压力	制冷剂			
	活塞式制冷机			离心式制冷机
	R717	R22	R12	R11
低压系统	1.176		0.98	0.196
高压系统	1.764		1.56	0.196

注：低压系统指自节流阀起经蒸发器到压缩机吸入口的试验压力；高压系统指自压缩机排出口起经冷凝器到节流阀止的试验压力。

（3）系统抽真空试验

在气密性试验合格后，采用真空泵将系统抽至剩余压力小于 5.332kPa（40mmHg），保持 24h 系统升压不应超过 0.667kPa。（5mmHg）。

8.5.3.5　系统充制冷剂

① 制冷系统充灌制冷剂时，应将装有质量合格制冷剂的钢瓶在磅秤上称好重量，做好记录，用连接管与机组注液阀接通，利用系统内的真空度，使制冷剂注入系统。

② 当系统内的压力升至 0.196～0.294MPa（2～3kgf/cm²）时，应对系统再次进行检漏。查明泄漏后应予以修复，再充灌制冷剂。

③ 当系统压力与钢瓶压力相同时，即可起动压缩机，加快充入速度，直至符合系统需要的制冷剂重量。

8.5.3.6　管道防腐

① 制冷管道、型钢、托吊架等金属制品必须做好除锈防腐处理，安装前可在现场集中进行。如采用手工除锈时，用钢针刷或砂布反复清刷，直至露出金属本色，再用棉丝擦净锈尘。

② 刷漆时，必须保持金属面干燥、洁净，漆膜附着良好，油漆厚度均匀、无遗漏。

③ 制冷管道刷调和漆，按设计规定。

④ 制冷系统管道油漆的种类、遍数、颜色和标记等应符合设计要求。如设计无要求，制冷管道（有色金属管道除外）油漆可参照表 8-20。

表 8-20　制冷剂管道油漆

管道类别		油漆类别	油漆遍数	颜色标记
低压系统	保温层以沥青为黏结剂	沥青漆	2	蓝色
高压系统	保温层不以沥青为黏结剂	防锈底漆	2	红色

8.5.4 质量标准

8.5.4.1 一般规定

① 本节适用于空调工程中工作压力不高于 2.5MPa，工作温度在 $-20 \sim 150℃$ 的整体式、组装式及单元式制冷设备（包括热泵）、制冷附属设备、其他配套设备和管路系统安装工程施工质量的检验和验收。

② 制冷设备、制冷附属设备、管道、管件及阀门的型号、规格、性能及技术参数等必须符合设计要求。设备机组的外表应无损伤，密封应良好，随机文件和配件应齐全。

③ 与制冷机组配套的蒸汽、燃油、燃气供应系统和蓄冷系统的安装，还应符合设计文件、有关消防规范与产品技术文件的规定。

④ 空调用制冷设备的搬运和吊装，应符合产品技术文件和本规范的规定。

⑤ 制冷机组本体的安装、试验、试运转及验收还应符合现行国家标准《制冷设备、空气分离设备安装工程施工及验收规范》（GB 50274—2010）有关条文的规定。

8.5.4.2 主控项目

① 制冷系统管道、管件和阀门的安装应符合下列规定：

a. 制冷系统的管道、管件和阀门的型号、材质及工作压力等必须符合设计要求，并应具有出厂合格证、质量证明书。

b. 法兰、螺纹等处的密封材料应与管内的介质性能相适应。

c. 制冷剂液体管不得向上装成"U"形。气体管道不得向下装成"Ω"形（特殊回油管除外）；液体支管引出时，必须从干管底部或侧面接出；气体支管引出时，必须从干管顶部或侧面接出；有两根以上的支管从干管引出时，连接部位应错开，间距不应小于 2 倍支管直径，且不小于 200mm。

d. 制冷机与附属设备之间制冷剂管道的连接，其坡度与坡向应符合设计及设备技术文件要求。当设计无规定时，应符合表 8-6 的规定；

e. 制冷系统投入运行前，应对安全阀进行调试校核，其开启和回座压力应符合设备技术文件的要求。

检查数量：按总数抽检 20%，且不得少于 5 件。

检查方法：核查合格证明文件、观察、测量、查阅调校记录。

② 燃油管道系统必须设置可靠的防静电接地装置，其管道法兰应采用镀锌螺栓连接或在法兰处用铜导线进行跨接，且结合良好。

检查数量：系统全数检查。

检查方法：观察检查、查阅试验记录。

③ 燃气系统管道与机组的连接不得使用非金属软管。燃气管道的吹扫和压力试验应为压缩空气或氮气，严禁用水。当燃气供气管道压力大于 0.005MPa 时，焊缝的无损检测的执行标准应按设计规定。当设计无规定，且采用超声波探伤时，应全数检测，以质量不低于 II 级为合格。

检查数量：系统全数检查。

检查方法：观察检查、查阅探伤报告和试验记录。

④ 氨制冷剂系统管道、附件、阀门及填料不得采用铜或铜合金材料（磷青铜除外），管内不得镀锌。氨系统的管道焊缝应进行射线照相检验，抽检率为 10%，以质量不低于 III 级为

合格。在不易进行射线照相检验操作的场合，可用超声波检验代替，以不低于Ⅱ级为合格。

检查数量：系统全数检查。

检查方法：观察检查、查阅探伤报告和试验记录。

⑤ 输送乙二醇溶液的管道系统，不得使用内镀锌管道及配件。

检查数量：按系统的管段抽查20%，且不得少于5件。

检查方法：观察检查、查阅安装记录。

⑥ 制冷管道系统应进行强度、气密性试验及真空试验，且必须合格。

检查数量：系统全数检查。

检查方法：旁站、观察检查和查阅试验记录。

8.5.4.3 一般项目

① 制冷系统管道、管件的安装应符合下列规定：

a. 管道、管件的内外壁应清洁、干燥；铜管管道支、吊架的型式、位置、间距及管道安装标高应符合设计要求，连接制冷机的吸、排气管道应设单独支架；管径≤20mm的铜管道，在阀门处应设置支架；管道上下平行敷设时，吸气管应在下方。

b. 制冷机管道弯管的弯曲半径不应小于3.5D（管道直径），其最大外径与最小外径之差不应大于0.08D，且不应使用焊接弯管及皱褶弯管。

c. 制冷机管道分支管应按介质流向弯成90°弧度与主管连接，不宜使用弯曲半径小于1.5D的压制弯管。

d. 铜管切口应平整、不得有毛刺、凹凸等缺陷，切口允许倾斜偏差为管径的1%，管口翻边后应保持同心，不得有开裂及皱褶，并应有良好的密封面。

e. 采用承插钎焊焊接连接的铜管，其插接深度应符合表8-7的规定，承插的扩口方向应迎介质流向。当采用套接钎焊焊接连接时，其插接深度应不小于承插连接的规定。

采用对接焊缝其管道的内壁应齐平，错边量不大于0.1倍壁厚，且不大于1mm。

f. 管道穿越墙体或楼板时，管道的支、吊架和钢管的焊接应按有关规定执行。

检查数量：按系统抽查20%，且不得少于5件。

检查方法：尺量、观察检查。

② 制冷系统阀门的安装应符合下列规定：

a. 制冷剂阀门安装前应进行强度和严密性试验。强度试验压力为阀门公称压力的1.5倍，时间不得少于5min；严密性试验压力为阀门公称压力的1.1倍，持续30s不漏为合格。合格后应保持阀体内干燥。如阀门进、出口封闭破损或阀体锈蚀的还应进行解体清洗。

b. 位置、方向和高度应符合设计要求。

c. 水平管道上的阀门手柄不应朝下；垂直管道上的阀门手柄应朝向便于操作的地方。

d. 自控阀门安装的位置应符合设计要求。电磁阀、调节阀、热力膨胀阀、升降式止回阀等的阀头均应向上；热力膨胀阀的安装位置应高于感温包，感温包应装在蒸发器末端的回气管上，与管道接触良好，绑扎紧密。

e. 安全阀应垂直安装在便于检修的位置，其排气管的出口应朝向安全地带，排液管应装在泄水管上。

检查数量：按系统抽查20%，且不得少于5件。

检查方法：尺量、观察检查、旁站或查阅试验记录。

③ 制冷系统的吹扫排污应采用压力为0.6MPa的干燥压缩空气或氮气，以浅色布检查

5min，无污物为合格。系统吹扫干净后，应将系统中阀门的阀芯拆下清洗干净。

检查数量：全数检查。

检查方法：观察、旁站或查阅试验记录。

8.5.5　成品保护

① 管道预制加工、防腐、安装、试压等工序应紧密衔接，如施工有间断，应及时将敞开的管口封闭，以免进入杂物堵塞管道。

② 吊装重物不得采用已安装好的管道做为吊点，也不得在管道上施放脚手板踩蹬。

③ 安装用的管洞修补工作，必须在面层粉饰之前全部完成。粉饰工作结束后，墙、地面建筑成品不得碰坏。

④ 粉饰工程期间，必要时应设专人监护已安装完的管道、阀部件、仪表等。防止其他施工工序插入时碰坏成品。

8.5.6　应注意的质量问题

应注意的质量问题见表 8-21。

表 8-21　应注意的质量问题

序号	常产生质量问题	防治措施
1	除锈不净,刷漆遗漏	操作人员按规程规范要求认真作业,加强自、互检,保证质量
2	阀门不严密	阀门安装前按设计规定做好检查、清洗、试压工作,施工班组要做好自、互检和验收记录
3	随意用汽焊切割型钢、螺栓孔及管道等	1. 直径 $\phi 50$mm 以下的管道切断和 $\phi 40$mm 以下的管道同径三通开口,均不得用气焊割口,可用砂轮锯或手锯割口 2. 支、吊架钢结构上的螺栓孔,$\phi \leqslant 13$mm 的不允许用气焊割孔,可用电钻打孔 3. 支、吊架金属材料均用砂轮锯或手锯断口
4	法兰接口渗漏	1. 工艺安装时应注意平眼(如水平管道最上面两眼须是水平状,垂直管道靠近墙两眼须与墙平行) 2. 螺栓均匀用力拧紧
5	法兰焊口渗漏	焊缝外型尺寸符合要求,对口选择适中,正确选择电流及焊条,严格焊接工艺

8.5.7　质量记录

① 阀门试验记录表。

② 制冷管道压力试验记录。

③ 管道系统吹洗（脱脂）记录。

④ 制冷系统气密性试验记录。

⑤ 冷冻机组试车记录。

⑥ 设备安装工程单机试运转记录。

⑦ 暖卫通风空调工程设备系统运转试验记录。

⑧ 制冷管道安装质量检验评定表。

⑨ 预检工程检查记录单。

⑩ 自检、互检记录。

8.6　螺杆式制冷机组安装

8.6.1　螺杆式制冷压缩机组的组成及工作原理

螺杆式制冷压缩机组包括：螺杆式制冷压缩机、气路系统、油路系统和控制系统，这些设备（除启动柜之外）装在同一公共底座上，构成机组。

气路系统包括：吸气截止阀、吸气过滤器、吸气止回阀、排气截止阀等。

油路系统包括：高效油分离器、油冷却器、油粗过滤器、油泵、油精过滤器、恒压阀、回油过滤器等。

控制系统包括：启动柜、控制台。

典型螺杆式制冷压缩机组流程见图8-8。

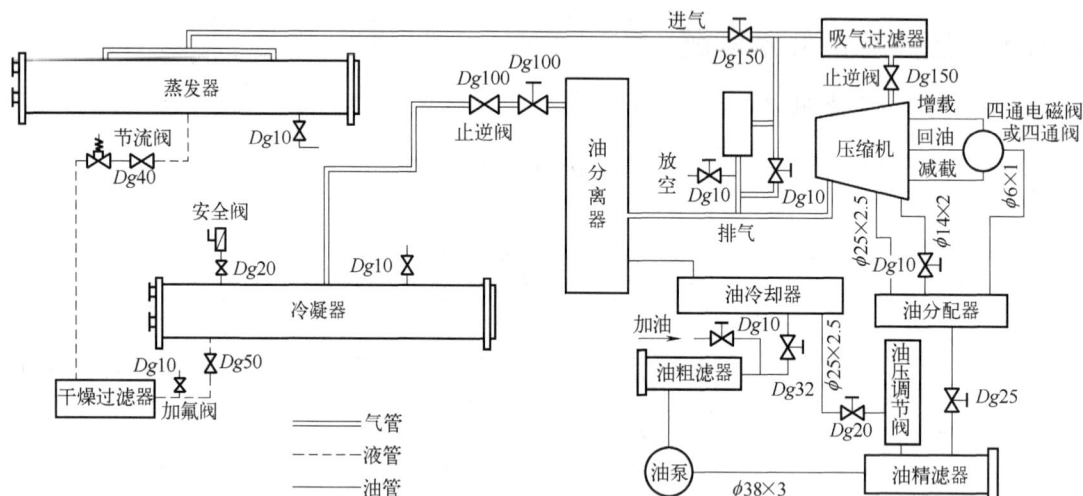

图8-8　典型螺杆式制冷压缩机组流程（单位：mm）

8.6.1.1　螺杆式制冷压缩机

螺杆式制冷压缩机是回转容积型压缩机，依靠气体进入机器后体积的缩小，使气体密度急剧增加，而使气态制冷剂压力升高。

螺杆式制冷压缩机的机体内装有两只互相啮合的平行转子——阳转子和阴转子。当两转子转动时，两转子的齿部相互插入到对方的齿槽内，随着转子的旋转，插入的长度越来越大，容纳气体槽的容积越来越小，从而达到压缩气体制冷剂的目的。

为使压缩机正常工作，需要向压缩机内喷油。喷向压缩机工作腔内，可以起到密封和冷却的作用；轴承、轴封、平衡活塞的工作也需要提供润滑油。

（1）螺杆式制冷压缩机的工作过程

螺杆式制冷压缩机的工作过程由吸气、压缩、排气三个过程组成，其具体工作过程见图8-9。

单级螺杆式制冷压缩机内装有一对转子，主动转子4个齿，从动转子6个齿。两个转子装入机体中，由主动转子带动从动转子相互啮合而转动。当转子转动时，一对相互啮合的齿槽相通。图8-9（a）表明转子进入吸气状态，当转子继续转动时，如图8-9（b）所示，一对相互啮合的齿槽容积逐渐减少，使压力升高，形成了压缩过程。当压缩的齿槽与排气口相通时［见图 8-9（c）］，压缩机开始进入排气状态，直到排气结束为止。

阳转子每旋转一圈，压缩机完成 4 个吸气、压缩、排气过程。

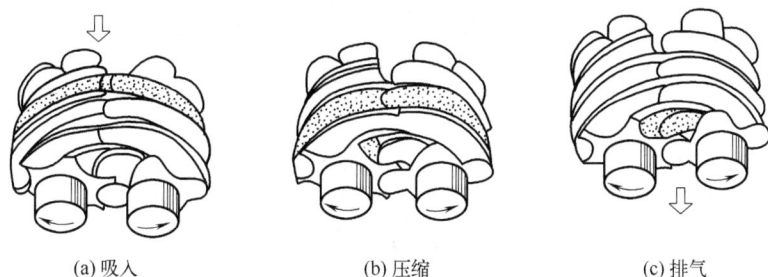

(a) 吸入　　　　　　　(b) 压缩　　　　　　　(c) 排气

图 8-9　螺杆式制冷压缩机工作过程

（2）螺杆式制冷压缩机的主要零部件

螺杆式制冷压缩机由机体、转子、滑阀、轴封和连轴器五个部分组成。见图 8-10。

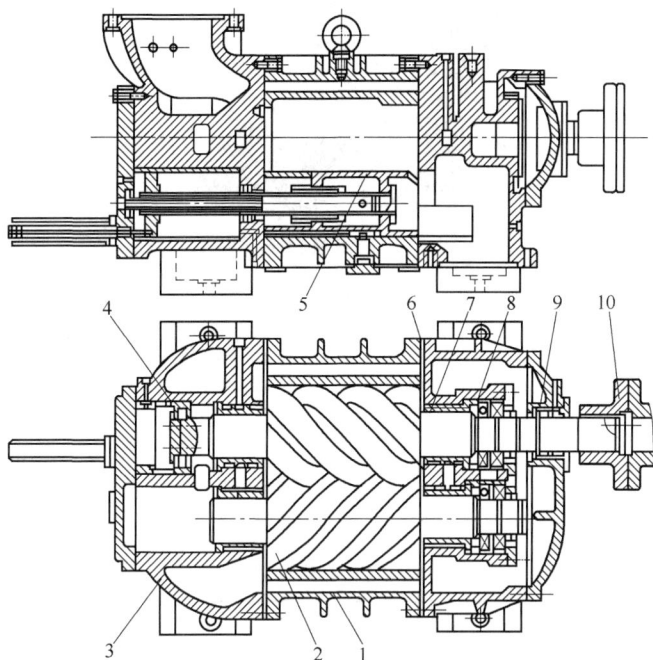

图 8-10　螺杆式制冷压缩机结构图

1—机体；2—阴、阳转子；3—吸气端座；4—平衡活塞；5—滑阀；6—排气端座；

7—主轴承；8—径向止推轴承；9—轴封；10—联轴器

① 机体部分。机体部分由吸气端座、机体、排气端座等组成，这些零件的材料为灰铸铁。吸气端座上设置有轴向吸气口；机体内与两转子配合的内孔加工成"∞"字形，并设置有径向吸气口；排气端座上设置有轴向排气口。压缩机机体部件见图 8-11。

② 转子部件。转子分为主动转子（一般为阳转子）与从动转子（一般为阴转子），均采用 QT600-3 材料铸造，利用专用设备加工而成。转子采用 QT600-3 材料有利于吸收噪声。主动转子直接与电动机相连，转速为 2960r/min，从动转子在主动转子的推动下转动，其转速为 1973r/min。转子部件见图 8-12。

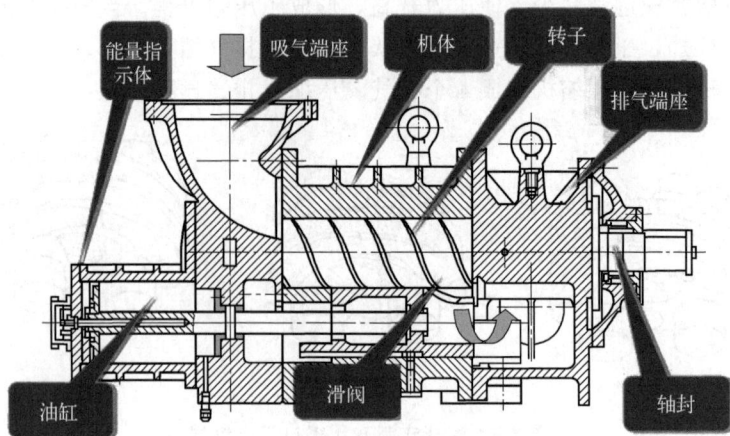

图 8-11 压缩机机体部件图

图 8-12 压缩机转子部件图

③ 滑阀部件。滑阀部件的功能是调节压缩机的输气量。滑阀两圆弧表面上加工出了压缩机径向排气口，滑阀向排气口方向移动可以减载，降低压缩机输气量；滑阀向吸气口方向移动可以增载，提高压缩机输气量。根据使用工况不同（即内容积比不同）分别设置机组滑阀，其上所开径向排气口与各工况的容积比相对应（即与各工况对应），根据用户使用工况将其中一组滑阀装在机器上即可。利用滑阀能够实现制冷量的无级调节，调节范围在10%～100%之间。滑阀分组见表8-22。

表 8-22 滑阀分组表

序号	内容积比	内压力比	所适应的工况
A	2.6	3.3	空调工况（+5℃/+40℃）
B	3.6	5	标准工况（−15℃/+30℃）
C	5	7.5	低温工况（−35℃/+35℃）

能量调节是由滑阀位置的不同来实现的，滑阀的移动由油活塞带动。滑阀部件及能量控制原理见图8-13。

④ 轴封部件。轴封为机械式密封，轴封的冷却及润滑均由高压油来完成，进入的润滑油压力比排气压力高0.15～0.30MPa。

由于轴封是在较高的压力区工作，所用摩擦材料应具有足够的刚性和强度，静环选用耐压强度较高的碳化硅，动环用石墨制成，它的弹性模数较大，其密封口经研磨及抛光加工，可达较高的光洁度。

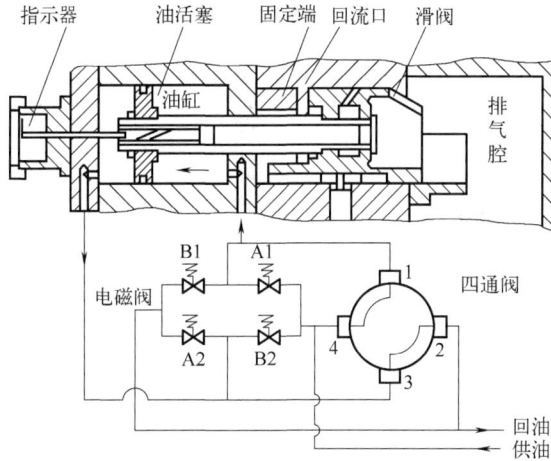

图 8-13　螺杆制冷压缩机的能量调节机构

密封圈为 O 形环，材料为丁腈耐油橡胶（用于氨机）或氯醇橡胶（用于氟机）。

⑤ 联轴器部件。压缩机联轴器分为柱销式联轴器和膜片式联轴器两种，两者均属于挠性联轴器。

柱销式联轴器由两个半联轴节和飞轮构成，材料为 45 号钢，传动芯子为耐油硬橡胶。膜片式联轴器的膜片由特制的高强度不锈钢薄片制成，具有特异的挠性和疲劳寿命，可吸收机组机械不对中、热变形、扭曲、高速、轴位移产生的复合应力。在设计中考虑了联轴器重心位置、转动惯量，制造中经过动平衡校正。联轴器装拆方便，无需移动机器，无需润滑，便于维护检修轴封。

8.6.1.2　油路系统

单级喷油螺杆式制冷压缩机，向压缩机内喷入的润滑油量为压缩机理论排气量的 0.5%～1%。润滑油在机器内起润滑、冷却、密封和消声的作用。

油路系统包括：油分离器、油冷却器、油粗过滤器、油精过滤器、油泵、恒压阀、平衡管及阀门等。

（1）油分离器

作用：分离出压缩机排气中所夹带的润滑油，使进入冷凝器的高压气体制冷剂纯净，减轻润滑油膜对传热的不良影响，降低润滑油的消耗，同时建立必需的油液位差，为油冷正常工作提供保证。

结构：卧式油分，压缩机所排出的高压气体经排气管转向，进入油分空间后进行减速、反向，分离大部分润滑油，这是第一次分离；制冷剂气体经过桶体流向高效油分滤芯时，润滑油微粒与桶壁吸附及重力沉降，完成第二次分离；制冷剂气体进入高效油分滤芯，经吸附、凝聚除去其多余的油，这是第三次分离。分离出润滑油的洁净制冷剂最后排出油分离器进入冷凝器。见图 8-14。

油分离器上设有电加热器、安全阀、视油镜、液位开关、防气阀、回油阀、旁通阀以及排污阀。在运行过程中，手动旁通阀应保持开启状态。

注意：电加热器的用途是在油温低时给油加热，当油分离器无油时不能给加热器通电，否则会损坏加热器。运行过程中应确保安全阀之前的截止阀处于开启状态。

回油阀应常开，在回油时利用视油镜之后的通阀开度控制回油量。

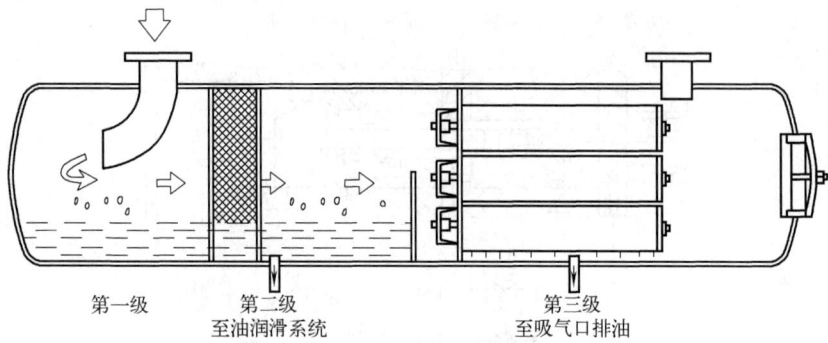

第一级　　　第二级　　　　　　第三级
　　　　至油润滑系统　　　　至吸气口排油

图 8-14　卧式油分离器

（2）油冷却器

作用：经油分离器分离出的润滑油，处于较高温度状态，无法直接喷入压缩机起冷却、润滑作用。油冷却器的作用就是使这些润滑油冷却下来，以便循环使用。

结构：卧式壳管式换热器，壳程为油，管程为水，见图 8-15。因折流板的作用，油在管壳之间转折，多次纵横掠过换热器。润滑油的流速约为 $0.5\sim0.8\text{m/s}$。冷却水自端盖下部入水口进入油冷却器，从上部出水口流出油冷却器，最高进水温度不应高于 32℃，传热管为无缝钢管。

油冷却器上分别设有排气口、排水口、排污口、平衡放气口。平衡放气口连接平衡管与油分离器相通，运行时应定期开启平衡放气阀，放出油冷却器上侧的气体，然后关闭该阀。

在冬季等气温较低的情况下，停用冷冻机时，应放出水侧的水，以防冻结，造成损坏。

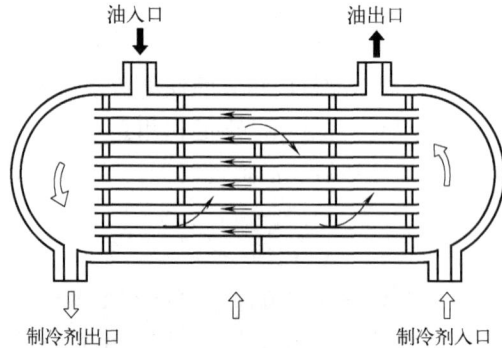

油入口　　　　　　　油出口

制冷剂出口　　　　　　制冷剂入口

图 8-15　制冷剂冷却型油冷却器

（3）油粗过滤器

作用：清除润滑油中的较大尺寸杂质颗粒，使进入油泵的润滑油相对清洁，同时减轻油精过滤器的负担，以保证油泵及压缩机润滑良好，工作正常，避免磨损。

结构：外壳一般为无缝钢管，过滤芯多为不锈钢丝网制成的圆筒形结构，端盖可拆卸，用于更换、清洗过滤芯。

过滤芯应定期清洗。清洗时，可用压缩空气吹过滤芯，使其上附着的杂质颗粒脱落，然后再浸入煤油中清洗，最后用压缩空气吹除干净即可。

清洗工作应在停机时进行。

油粗过滤器上设有放气阀、排污口，见图 8-16。其中，在机组形成真空后，可以利用此放气阀加油。

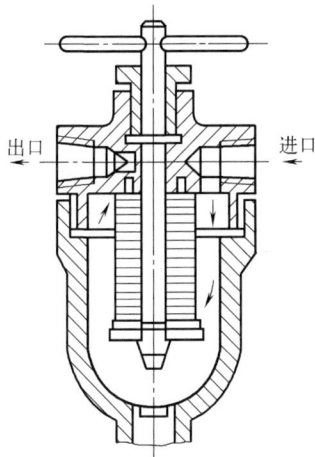

图 8-16　油粗过滤器

（4）油精过滤器

作用：进一步清除润滑油中小尺寸的杂质颗粒，最后确保进入压缩机的润滑油非常清洁，以保证压缩机轴承、转子轴封等摩擦点润滑良好，工作正常，减低磨损。

结构：与油粗过滤器相似，但构成过滤器的不锈钢丝网更细密。

过滤芯应定期更换，更换工作应在停机时进行。

（5）油泵

作用：供给各润滑点压力油，润滑各摩擦部件及驱动油压控制系统零部件动作。

结构：转子泵或齿轮泵，自带电动机驱动。

使用：初次启动前，应确保吸油管内充满润滑油，检查油泵旋转方向是否正确，可利用点动方法检验。正常工作时，油温最高不超过 65℃。运转中，若出现噪声过大现象及油压力表指针抖动或摆动过大的情况时，应检查油粗过滤器是否堵塞和吸油管是否有气体存在，如有上述情况应及时排除。

（6）恒压阀

作用：自动调节油泵的排油压力，使油压比压缩机排气压力高 0.15～0.3MPa。当油泵压力偏高时，该阀将自动增大流量，使压力降低；反之，当油泵排油压力偏低时，将自动减少流量，使压力升高。

结构：该阀的开关是由阀内部的活塞上下移动来实现的。活塞两端分别感受进口油压与出口油压，活塞在弹簧力的作用下移动，可以改变油的流量，从而保证油泵两端的压差。阀的进口端与油泵的出口相连，出口端与油泵进口相连。

注意：该阀的设定值出厂前已调好，如使用过程中需要另行设定应由专业人员操作。

8.6.1.3　气路系统

机组的气路系统包括：吸气截止阀、吸气过滤器、吸气止回阀、排气接管、排气止回阀、排气截止阀、旁通阀、电磁阀、安全阀等。

（1）吸气截止阀

吸排气截止阀有直角式和直通式两种，为钢制法兰截止阀，阀口处镶嵌了聚四氟乙烯密封圈，注意关闭阀门时不要以猛力冲击关闭。

（2）吸气过滤器

壳体由无缝钢管制成，过滤芯以不锈钢丝网制成，气体由网内流向网外，将脏物留在网内，使进入压缩机的气体干净。见图 8-17。

吸气过滤器上设有加油阀，用于在机器运转中加油，加油时应使吸气压力低于大气压力，并控制加油速度不能太快。

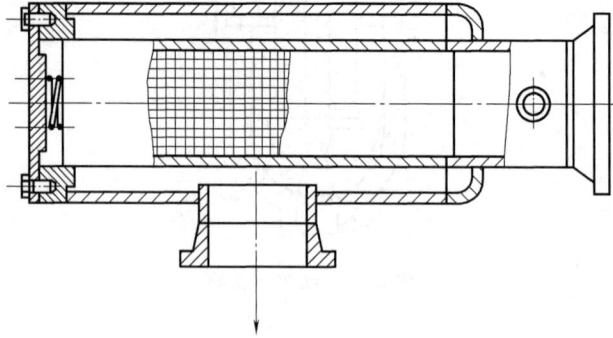

图 8-17 吸气过滤器

（3）吸气止回阀

止回阀为立式结构，作用是防止气体倒流。阀芯靠自身重力及软弹簧的弹力压在阀口上，阀口处镶嵌了聚四氟乙烯密封圈。

（4）排气止回阀和截止阀

机组中的排气止回阀和排气截止阀由止回截止阀代替。这是一种组合阀，集合了止回阀和截止阀的功能。当阀门开启时相当于止回阀；当阀门关闭时相当于截止阀。阀体用钢管焊接而成，外观呈角式结构。阀体内的阀口处镶嵌了聚四氟乙烯密封圈。气体流动方向为下进侧出。

（5）旁通管路

旁通管路的作用是在压缩机停机过程中，使压缩机吸气管和排气管短路，平衡吸排气压力，防止压缩机倒转。旁通管路包括压缩机上的手动旁通阀、油分离器上的手动旁通阀及电磁阀，三者之间串联连接，其中两个手动旁通阀常开，电磁阀常闭。在压缩机的停机过程中，是通过打开电磁阀来打开旁通管路的。在压缩机正常运转阶段，电磁阀关闭，即旁通管路关闭。

8.6.1.4 自动控制及自动保护系统

机组的自动控制及自动保护系统由压缩机启动控制柜和自动控制台组成，可以实现机组的自动启动、停机、能量调节、安全保护、声光报警、计数值显示等。

8.6.2 安装及开机前的准备

8.6.2.1 安装

在设备运抵现场后，应首先检查机器外观，不应有碰撞等损坏现象发生。在运输、吊运、安装过程中，都应注意，杜绝碰撞发生。

（1）基础

机组两端的最小维修空间不小于 900mm。

对基础的要求是：a. 能承受整个压缩机组的重量；b. 具有一定的质量，减弱压缩机的振动。

若机组安装在楼上时，应预防机组振动传给建筑物，为此需作减振处理。当然，机组水平振动会略有增加。机组安装在地面上时，基础采用混凝土浇灌。在设置好预留孔后，基础浇灌应连续进行，中间不要间断，浇灌完毕经 7～10d 后，方可安装机组。

（2）机组的吊装

机组可以用起重机或叉车通过钢丝绳吊住机组的吊耳，切勿硬吊油分离器及油冷却器的外壳或公共底座。起吊时不允许利用压缩机和电动机上的吊环螺栓。

（3）机组的安装

① 将地脚螺栓孔内的碎石泥土清理干净，不允许有积水存在。对基础进行外观检查，应无裂纹、蜂窝、空洞等缺陷。在基础检查合格后，方可吊装机组。

② 将机组起吊至基础之上。

③ 在预留的地脚螺栓孔两侧放置垫铁组，每组垫铁有两块斜铁和一块平铁，以便调节机组的水平。

④ 在找正及找水平工作完成以后，以混凝土浇灌，将地脚螺栓固定。应边浇注边搅拌，以使混凝土填实，防止气泡夹层。

⑤ 待混凝土凝固后，旋紧地脚螺栓，最后以垫铁再次找水平，当确认无误后固定垫铁（如电焊法）。

⑥ 填满机组公共底座与基础间空隙，抹光基础。

（4）管路连接

① 所需的吸气、排气管路等按所需长度准备好，内部的氧化皮等应彻底清理干净。

② 准备好必要的管路支架。

③ 连接吸气、排气系统管路，不可强制连接，以免造成连接件的变形和机器与电动机中心的偏移。

④ 油分离器上安全阀出口接至室外安全地方。

⑤ 连接油冷却器的进出水管路。

⑥ 在系统试压和真空实验合格后，吸气管路包扎绝热层，吸、排气管路涂上代表压力范围的颜色，将各管路紧固在管路支架或吊架上。

（5）电气接线

电气线路的连接和要求一般见电控使用说明书。

（6）联轴器找正

开机前，电动机与压缩机之间的联轴器必须重新找正，要求达到：中心线同心度误差不大于 $\phi0.075\text{mm}$，轴线斜度不大于 0.03。

8.6.2.2 开机前的准备

（1）系统排污

① 一般机组在出厂前已进行过排污。系统排污时，机组可不做此项工作。

② 每个设备在接入系统前应是密闭和洁净的，但在安装前仍应以压缩空气吹净其内所残存的污物。

③ 对于已经安装完毕的制冷系统，在试漏前应以 0.6MPa 的压缩空气吹净存在于设备及管路内的污物，污物由各设备的排污口排出，不得吹入压缩机内部。

④ 污物排净后，将各设备的排污口封闭。

（2）系统试漏检验

制冷设备在出厂前均做过气（水）压、气密试验，设备本身全部达到了强度及气密性的要求，在安装完毕后所进行的系统试验主要针对各设备的连接部分，如阀门、接头、接管等。试漏的实验压力见表 8-23。

表 8-23　试漏的试验压力

系统	试验压力/MPa
高压系统	1.8
低压系统	1.2

试漏过程的注意事项：

① 试压所需的压缩空气，一般应由其他压缩机提供，空气应洁净干燥。

② 试验时安全阀上的角式截止阀应关闭，试验完成后再打开截止阀。

③ 试验时系统中所有设备上的阀门，除通向大气的阀门外，均应全部开启。

④ 当系统达到底压系统试验压力后，应关闭机组的吸气截止阀和节流阀组，防止高压系统的气体渗入低压系统。

⑤ 用肥皂水涂抹各焊缝及连接部位，检查是否有渗漏现象。

⑥ 在试验压力下保持 24h，当外界气温没有大的变化时，试验压力在开始 6h 允许下降 0.03MPa，在以后的 18h 应保持不变。

⑦ 如必须用螺杆压缩机组加压时，运转应间断运行，使其排气压力不超过 1.8MPa，排气温度不超过 100℃，且应注意压缩机各部的温升不要过高。

（3）系统真空试验

系统做真空试验的目的是检查系统在真空下的密封性以及为充入制冷剂、润滑油作准备。采用真空泵抽真空，当系统被抽到绝对压力小于 5.3kPa 时，保持 24h，压力回升应不超过 0.67kPa。

（4）加油

首次加油，可以在系统形成真空的情况下，利用机组的加油阀（油过滤器上的放气阀）加油：关闭机组中吸气截止阀和油过滤器前的截止阀，油过滤器上的放气阀与加油管相连，开启油泵。机组的加油量，应保证油冷却器充满后，油分离器有约 1/3 高度的油位，可以从油分离器的视油镜观察。开启油泵一段时间，打开油分离器与油冷却器之间的平衡放气阀，进一步观察油面有无大波动，无波动即完成了首次加油，否则继续加油，直至合格。

8.6.2.3　充入制冷剂

制冷剂必须符合有关质量标准的规定，加制冷剂前应将制冷剂与瓶称重，以便计算所充入制冷剂的重量。

充入制冷剂是在系统真空试验完成后，利用真空充入，步骤如下：

① 关闭制冷机组的吸气截止阀、排气截止阀和与大气连通的阀门，开启系统中各设备的阀门，将制冷剂瓶连接在调节站的充液接头上，暂不拧紧，制冷剂瓶底朝上倾斜放置。

② 稍微开启一下制冷剂瓶上阀门，将连接管内的空气排出，然后拧紧充液接头。

③ 开启调节站的充液阀及制冷剂瓶的阀门，制冷剂在瓶内压力作用下自动进入系统。

④ 系统中压力上升，充入制冷剂的速度减慢，这时可以按开车过程开动压缩机使蒸发

系统压力降低，除储液器的出液阀应关闭外，系统中的阀门应与机器正常工作时一样开或关，向冷凝器供水，这时制冷剂大部分进入储液器，当充液量达到计算需求量或当液位达到3/4高度时，即可停止充液。充氟利昂工质时应接在干燥过滤器前。

根据各设备应充入的制冷剂重量，计算出总的充入量。各设备应充入的制冷剂充装量参照表 8-24。

表 8-24　不同设备的制冷剂充装量

设备名称	冷凝器	储液器	蒸发器	气液分离器	液体管路	横排管(库内)	立排管(库外)
制冷剂充装量	15%	70%	50%	20%	100%	90%	80%

8.6.3　操作

8.6.3.1　第一次开机

（1）开机前检查

以手动控制机组为例。第一次开机必须首先检查机组各部及电气元件的工作情况。检查项目如下：

① 拆下电动机与压缩机之间的联轴器，检查电动机旋转方向是否正确，从电机轴端看，电机为逆时针旋转；检查压缩机能否用手盘动（应盘动自如，无卡阻现象），然后重装联轴器。

② 检查油泵的旋转方向是否正确。

③ 合上电源开关，按报警试验钮，警铃响；按消音钮，报警解除。

④ 按电加热按钮，加热灯亮；确认电加热器工作后，按加热停止钮，加热停止灯亮。

⑤ 检查水泵的启动、停止按钮及指示灯是否正常。

⑥ 按油泵启动按钮，油泵灯亮，油压建立在 0.5～0.6MPa。能量调节柄扳向加载位置，吸气端能量调节指示表针向加载方向旋转，证明滑阀加载工作正常，然后能量调节柄扳向减载位置，指示表针向减载方向旋转，最后停在"0"的位置上。

注意：机组送电时，严禁接触压缩机联轴器。

⑦ 检查各自动安全保护断电器，各保护项目的调定值如下：

a. 排气压力高保护：1.57MPa。

b. 喷油温度高保护：70℃。

c. 油压与排气压力差低保护：0.1MPa。

d. 油精滤器前后压差高保护：0.05MPa。

（2）开机步骤

在对上述项目进行检查之后，可按以下步骤开车：

① 打开吸、排气截止阀。

② 滑阀指针在"0"的位置上，即 10% 负荷位置。

③ 氟利昂机组按电加热按钮，加热灯亮，油温升至 30℃后，按加热停止钮。

④ 按水泵启动钮，为油冷却器供水（油温低时可停止向油冷供水）。

⑤ 按油泵按钮启动油泵。

⑥ 5～10s 后，油压与排气压力压差可达 0.15～0.6MPa，按主机启动按钮，压缩机启动。

⑦ 调节压缩机能量在 50% 左右位置，油温达 40℃ 后，可增载至 100%。压缩机进入运转状态时，油压差应保持在 0.15～0.3MPa，如油压差偏离此范围，可以通过恒压阀进行调节。

⑧ 压缩机运转的压力、温差正常，可运转一段时间，这时应检查各运动部位，测温、测压点密封处，如有不正常情况，应停机检查。

⑨ 初次运转，时间不宜过长，30min 左右，然后可以停机。顺序为：能量调节柄打在减载位置，使滑阀退到"0"，按主机停机按钮，停主机，停油泵，停水泵，完成第一次开机过程。

8.6.3.2 正常开机

对于手动制冷机组，开机过程与第一次开机过程相同。

对于自动控制制冷机组，开机前需人工完成的工作如下：

① 检查油分离器中油位是否合适（应在上侧视油镜位置）；

② 打开吸排气截止阀、手动旁通阀；

③ 打开油路系统上除通向大气之外的所有阀门；

④ 向油冷却器供水（油温低时可停止向油冷供水）；

⑤ 在主电机开始启动运转时，应缓慢增载，调节压缩机能量在 50% 左右；当油温达 40℃ 后可增载至 100%。

8.6.3.3 正常停机

手动制冷机组的停机过程与第一次开机的停机过程相同。自动制冷机组的停机步骤请参照控制器操作与设置手册，停机后需人工完成的工作如下：

① 关闭排气截止阀；

② 关闭油冷却器进出水阀门；

③ 切断电源。

8.6.3.4 运转过程中注意事项

① 观察并记录吸气压力、吸气温度、排气压力、排气温度、油压力、油温度等数据。

② 如果由于某项安全保护动作自动停机，一定要在查明故障原因后方可开机，绝不能随意采用改变调定值的方法再次开机。

③ 突然停电造成主机停机时，由于旁通电磁阀没能开启，在排气与吸气的压差作用下，压缩机可能出现倒转现象，这时应迅速关闭吸气截止阀。

④ 如果在气温较低的季节开机，应首先开油分离器上的电加热，并启动油泵使油循环，然后才能开机。

⑤ 正常油位。油分离器内的正常油位在上侧视油镜与下侧视油镜之间，每次开机前应保证这一点。开机后油位可能下降，但低到一定程度时，液位开关能给出信号，自动停机。操作者应经常注意油位是否适合，必要时给予补油。

⑥ 运转中加油。压缩机正常运转过程中，调解吸气截止阀，使吸气压力略低于大气压力。加油管一端接吸气过滤器上的加油阀，另一端插入油桶中，缓慢开启压缩机吸气过滤器上的加油阀，即可进行加油。加油速度必须较慢，注意机器的声音变化，当压缩机出现异常声响或振动时，关小加油阀开启度。

8.6.3.5 停机期间保护措施

① 如果在气温较低的季节长时间停机，应将油冷却器等用水设备中的存水放净，防止

设备受冻损坏。

②　如果长时间停机，应每周开动油泵 10min，让润滑油遍布压缩机内部。

③　每周盘一次联轴器，这将有助于避免轴承的剥蚀。

④　如果停机超过 3 个月，除了上述措施外，还要每 3 个月开动机组一次，运转时间约 30min。

8.6.4　故障及其消除方法

螺杆式制冷压缩机组常见问题见表 8-25。

表 8-25　VLG 系列可调内容积螺杆式制冷压缩机组常见问题

现象	原因	处理方法
1. 启动负荷过大或根本不能启动	滑阀未停到"0"位	使滑阀停到"0"位
	压缩机内充满了润滑油或液体制冷剂	按转动方向盘动压缩机,排出积液或积油
	部分运动部件严重磨损或烧伤	拆卸检修及更换零部件
	电压不足	检查电网电压值
2. 机组发生不正常振动	机组地脚螺栓未紧固	旋紧地脚螺栓
	压缩机与电动机不同轴	重新找正
	因管道振动引起机组振动加剧	加支撑点或改变支撑点
	过量的液态制冷剂被吸入机体内	调整系统供液量,关小吸气截止阀
	滑阀不能定位而且振动	检查油活塞及增减载阀是否泄漏
	吸气腔真空度过高	开大吸气截止阀
3. 压缩机运转后自动停机	自动保护及自动控制元件调定值不能适应工况的要求	检查各调定值是否合理,适当调整
	控制电路内部存在故障	检查电路,消除故障
	过载	检查原因并消除
4. 制冷能力不足	滑阀的位置不合适或其他故障	检查指示器并调整位置,检修滑阀
	吸气过滤器堵塞	拆下吸气过滤器的过滤网清洗
	机器不正常磨损,造成间隙过大	调整或更换零件
	吸气管线阻力损失过大	检查阀门(如吸气截止阀或止回阀)
	高低压系统间泄漏	检查旁通管路
	喷油量不足,不能实现密封	检查油路系统
	排气压力远高于冷凝压力	检查排气系统管路及阀门,清除排气系统阻力
	吸气截止阀未全开	全开
5. 压缩机运转时能级无法定位	唇型密封损坏	更换
	O 形圈损坏	更换
	增载、减载电磁阀内漏	检查原因并消除
6. 运转中机器出现不正常响声	转子齿槽内有杂物	检修转子及吸气过滤器
	止推轴承损坏	更换轴承
	轴承磨损造成转子与机壳间的摩擦	更换轴承

现象	原因	处理方法
6. 运转中机器出现不正常响声	滑阀偏斜	检修滑阀导向块及导向柱
	运动部件连接处松动	拆开机器检修,加强防松措施
7. 排气温度或油温度过高	压缩比较大	降低排气压力和负荷
	油冷却器效率下降	清除油冷却器传热面上的污垢,降低水温或增大水量
	吸入严重过热的蒸气	向蒸发系统供液
	喷油量不足	提高喷油量
	空气渗入制冷系统	排出空气,检查空气渗入部件
8. 排气温度或油温度下降	吸入湿蒸气或液体制冷剂	减少向蒸发系统的供液量,关小吸气截止阀
	连续无负荷运转	检查滑阀
	排气压力异常低	降低冷凝器的冷凝能力、减小供水量
9. 滑阀动作太快	手动阀开启过大	适当关闭进油截止阀
10. 滑阀动作不灵活或不动作	电磁阀动作不灵	检修电磁阀
	油管路系统堵塞	检修
	手动阀关闭	打开进油截止阀
	油活塞卡住或漏油	检修
11. 压缩机机体温度过高	吸气严重过热	降低吸气过热度
	旁通管路泄漏	检修旁通管路及阀门
	摩擦部位严重磨损	检修及更换零部件
	压缩比过高	降低排气压力及负荷
12. 压缩机轴封泄漏	轴封供油不足造成损坏	检修
	装配不良	检修
	O形圈损坏	更换新件
	动环与静环接触不良	拆下重新研磨
	油少	增加油量
13. 油压低于排气压力太多	油粗过滤器脏堵	清洗油粗过滤芯
	油精过滤器脏堵	清洗油精过滤芯
	油路阀门开启度小	开大阀门
14. 回油速度低或不流动	回油阀堵塞	检修回油阀
	油路阀门开启度小	开大阀门
15. 油消耗量大	回油过滤器脏堵	清洗回油过滤器芯
	回油管脏堵	清除回油管内的污物
	油分离器效率下降	更换油分离芯
	二级油分离器内积油过多,油位高	放油、回油,控制油位
	排气温度过高,油分离效率下降	降低油温
16. 油面上升	过量的制冷剂进入油内	提高油温,加速油内制冷剂蒸发
	油分离器出油管路堵塞	检修、清理

现象	原因	处理方法
17. 停机时压缩机反转	吸气及排气管路上的止回阀关闭不严	检修,消除卡阻现象
	防倒转的旁通管路堵塞	检修旁通管路及电磁阀
18. 压缩机吸入气体温度高于应有温度	系统制冷剂不足,吸入气体过热度较高	向系统内充入制冷剂
	调节阀及供液管堵塞	检修及清理
	调节阀开度小	加大供液量
	吸气管路绝热不良	检修绝热层,必要时更换绝热材料
19. 压缩机吸入气体温度低于应有温度	系统液体制冷剂数量过多	停止或减少供液量
	调节阀开度大	减小开度
20. 冷凝压力过高	冷却水量不足	加大水量
	冷凝器结垢	清洗、除垢
	系统中不凝性气体含量过多	放空气

8.6.5 检修

8.6.5.1 检修期限

螺杆压缩机组的检修期限和很多因素有关,如使用条件、日常维护、操作等,不能作硬性规定,表 8-26 所列时间仅供使用单位检修参考。

表 8-26 检修项目及期限

项目	检修内容	期限	备注
压缩机	年度检验	1 年	
	大修	3 年	
电动机	拆卸检修及换件轴承加油	2 年	见电动机使用维护说明书
联轴器	检查电动机与压缩机同轴度	1 年	
油分离器	清洗内部	2 年	
油冷却器	清除水垢、油污	6 个月	视水质及污垢情况而定
油泵	试漏检验	1 年	
油过滤器及回油过滤器	清洗	6 个月	首次开机不在此限,首次开机 100～150h 即应清洗
吸气过滤器	清洗	6 个月	首次开机不在此限,首次开机 100～150h 即应清洗
滑阀	动作检查	3～6 个月	
安全阀	检验	1 年	
止回阀	检修	2 年	
吸排气截止阀	检修	2 年	
压力表阀	检修	2 年	
压力表	校验	1 年	
温度计	校验	1 年	
压力传感器	校验	6 个月	参见说明书
温度传感器	校验	6 个月	参见说明书
电气设备	动作检查	3 个月	参见说明书
自控系统	动作检查	3 个月	参见说明书

上述检修期限是指正常运转条件下的维修周期，这一维修周期不能视为机器运转的保险期，如运转中间发生事故，更不能受上述期限所约束。

压缩机进行年度检验的目的在于，如果发现滚动轴承、止推轴承、平衡活塞套、轴封出现严重磨损，应该及时更换，避免更大的损失，不能迁就。

压缩机运行3年需要大修，角接触推力轴承必须更换。

8.6.5.2　压缩机的检修

（1）注意事项

如果压缩机必须进行检修时，检修过程中注意以下几点：

① 滑阀卸载到"0"位。

② 转子部件上的零件有的外形相似，但不可混用，拆卸过程中应做好标记，分清阳转子与阴转子、吸气端与排气端。

③ 在重新装配时，更换损坏的O形圈、止动垫片、圆螺母。

④ 不同轴承之间零件不能互换。

⑤ 更换新的O形圈时，一定要涂油。

（2）拆卸前准备工作

① 切断电源。

② 关闭排气截止阀、吸气管路截止阀，然后将机组减压。

③ 确认所有起吊设备（包括钢索、吊耳、吊环等）都安全可用。

④ 准备一个洁净的场地进行维修工作。

（3）拆卸

① 从压缩机组上拆下联轴器防护罩、吸气过滤器、吸气止回阀、油管、联轴器、压缩机地脚螺栓之后，将压缩机吊运至维修工作场地。

② 拆下能量指示器外罩、电气元件，在油缸下放油槽。

③ 取下定位销后，平行取下吸气端盖，取出油活塞。

④ 取下定位销后，拆下吸气端座。

⑤ 拆下轴封盖，取出轴封静环、动环组。

⑥ 取出定位销后，拆下排气端盖。

⑦ 松开圆螺母，拆下止推轴承，特别注意做好装配记号。

⑧ 取出主动转子，利用专用吊环螺丝，将主动转子轻轻地平衡地取出，这时从动转子是附着转动的，需转动主转子。

⑨ 利用吊环螺丝取出从动转子。

⑩ 取出定位销后，拆下排气端座。

⑪ 取出滑阀。

（4）检查

① 凡属于不太严重的磨损及拉毛现象，均可由钳工用油石磨光，也可在机床上磨光。在机床上磨光时，必须把工件的位置校正正确，否则会造成工件报废的损失。

② 转子轴颈表面及轴封部件表面不得有任何锈蚀、裂纹等缺陷，主轴颈表面经磨光加工后应仔细测出其尺寸，以便据此尺寸修理主轴承。

③ 主轴承如磨损严重，超过了与轴配合的间隙限度，应更换。如果重新在主轴承上浇铸轴承合金，则必须保证内表面与主轴承孔的同轴度。

④ 止推轴承损坏或游隙增大，必须更换新件。

⑤ 垫片及 O 形圈如损坏必须更换新件。

⑥ 将机体两端面、吸排气端平面上原有的密封胶清洗干净。

（5）装配

装配应在对每个零件进行检查，并对损坏零部件进行修理及更换后进行，装配时一定要注意拆卸时记下的装配位置记号，切不可将位置搞错。

① 将所有零件清洗干净，并以压缩空气吹干。

② 将所需使用的工具准备齐全，清洗干净。

③ 将各主轴承按原位装入吸排气端座轴承孔内，并测量轴承内径，使内径符合与转子轴颈配合的间隙要求。

④ 在吸气端座与机体贴合的平面上涂密封胶。涂密封胶时应注意涂抹均匀。

⑤ 将吸气端座放在机体吸入端，压入定位销后，以螺栓固定。

⑥ 装滑阀及其导向托板，导向托板先以定位销定位后方可用螺栓将其固定。

⑦ 吸入端主轴承孔、机体内孔涂与正常开车时相同牌号的冷冻油后装入阳转子及阴转子，其中后装入的转子需慢慢旋入，不可强制向机体内压入。两转子的端面应靠紧吸气端座。

⑧ 在排气端座与机体贴合的平面上涂密封胶，注意涂抹均匀。

⑨ 将排气端座放在机体排出端，以定位销定位后，以螺栓固定。在装排气端座时应注意主轴承内孔，切勿擦伤主轴承。

⑩ 放入调整垫片、止推轴承，并以圆螺母将止推轴承内座圈坚固在转子轴颈上，要注意止推轴承方向。

⑪ 装上轴承压圈。

⑫ 装好后应按实际运转方向轻轻盘动主动转子，转动应灵活。如排气端间隙不合理，则应改变调整垫片厚度。

⑬ 将排气端盖装上定位销定位后，以螺栓固定。

⑭ 装入轴封动环等件，在动环摩擦面上涂冷冻油。

⑮ 装轴封盖及静环。

⑯ 装油活塞、吸气端盖。

⑰ 装能量指示器，注意指针与滑阀位置相对应。

⑱ 将装好的压缩机吊入机组，并与电动机找正，证明同轴后方安装联轴器。

（6）检修后试运转

检修后的压缩机需经过试运转，试运转正常后方可投入正式运转。空载试运行，在试运行调整各部件的安装状况。试运转内容包括：

① 机组试漏。

② 油泵油压试验。

③ 滑阀动作试验。

④ 在装联轴器之前检查电动机转向，连接联轴器后盘车应轻松无卡阻。

⑤ 滑阀调到"0"位，启动压缩机，注意检查振动、油温、油压、噪声等情况。

⑥ 滑阀调到"0"位停机，停机后盘动压缩机应轻松。

⑦ 真空试验，应能达到绝对压力在 5.332kPa 以下。

8.6.5.3　压缩机检修后更换润滑油

压缩机在试运转后、正式运转之前，应将机组内的润滑油全部更换，或放出后经滤清处理再次利用。

（1）放油

放油阀位于油分离器与油冷却器之间，放油时油管一端接在阀门上，另一端插入油桶中，使机组内压力稍高于大气压，慢慢开启放油阀，使油流入油桶中。

（2）加油

机组加油可以采用真空加油、利用机组本身油泵加油和外部油泵加油三种方法。

① 真空加油：压缩机正常运转时，略微调节吸气截止阀，使吸气压力略低于大气压力。缓慢开启压缩机吸气过滤器上的加油阀，加油时注意机器的声音变化，防止机器振动。

② 利用机组本身油泵加油的方法参见初次开机前使用的方法。

③ 外部油泵加油：用高于排气压力的油压加油。可在油分离器或油冷却器的外部接口上进行。

8.6.6　液氨冷却螺杆式制冷压缩机

液氨冷却螺杆式制冷压缩机组是如前所述普通压缩机的一种变形产品，采用液氨冷却油冷却器，因而简化了水路系统，避免了水垢对传热的不良影响。

8.6.6.1　结构特征与工作原理

该机组与前面所述的螺杆式制冷压缩机组的工作原理、压缩机结构、应用范围完全相同。主要区别在于从油分离器中分离出来的油，在油冷却器中不是通过水冷却而是靠由储液器出来的高压液体氨来冷却。供液方法一般采用重力供液，在没有液位差的地方也可采用氨泵直接供液。

该机组中的油冷却器也是壳管式换热器，壳程为油，管程为液氨。

液氨冷却螺杆式制冷压缩机组一般需要配置辅助储液器，用于分离从油冷却器回气中夹带的液态制冷剂，并可兼作储液器用，为油冷却器提供液态制冷剂。

制冷系统运转前，压缩机组油冷却器内充满液态制冷剂。当压缩机开始工作时，润滑油温度逐渐升高，油温超过系统冷凝温度后，油冷却器内制冷剂吸收润滑油的热量蒸发，低密度的制冷剂蒸汽从油冷却器上部管道进入辅助储液器。从油冷却器进入辅助储液器的气体中夹带液态工质，经过辅助储液器被分离，气体经过管道进入冷凝器入口端，从而将润滑油的热量转移至冷凝器。

在油冷却器中的制冷剂不断蒸发的同时，由于辅助储液器底部的出液管与油冷却器下部相连，在重力作用下，辅助储液器内的液态制冷剂源源不断进入油冷却器，补充蒸发的制冷剂。

润滑油的热负荷由于被蒸发的制冷剂所带走，油温稳定在一定的范围内，油温下限始终会高于冷凝温度，上限与该油冷却器的面积大小和压缩机运转工况有关，一般不超过冷凝温度20℃，所以，采用该冷却方式能够很好地将油温控制在高于冷凝温度10～20℃。

8.6.6.2　性能参数

液氨冷却机组的性能参数与如前所述螺杆制冷压缩机组的以 R717 为制冷剂的性能参数相同。

8.6.6.3 安装与使用

系统安装时，辅助储液器出液口必须比油冷却器高，两者的高度差应在1.8～4m之间，以保证其高度差产生的静压力大于油冷却器的阻力损失。氨气出口应设有截止阀，同时应在回气管路上设一支路，同压缩机吸气端相连，以便在试运行或维修时使用。

8.6.7 带经济器的螺杆式制冷压缩机组

8.6.7.1 概述

该机组是在一般螺杆式制冷压缩机组的基础上，通过增加一个经济器组合而成。一般的螺杆制冷压缩机在低温工况下，虽然也能保证正常运行，但经济性较差。通过把来自储液器的高温高压液体在经济器中过冷，使制冷能力增大，提高了制冷系数，节省了电能。

该机组的使用条件和应用范围与前述的螺杆制冷压缩机组相同。本机组一般推荐应用在低温工况，蒸发温度越低，节能效果越明显。

8.6.7.2 结构特征与工作原理

该机组是利用螺杆压缩机吸气、压缩、排气单向进行的特点，增加一个经济器，在其中间压力下对压缩机进行补气。

来自储液器或冷凝器中的液体在经济器中分成两路，一路经过节流阀节流后变成低温气液混合物，进入经济器后，吸收进入经济器的另一路高温液体的热量后变成气体，被压缩机中间压力的孔口吸入。另一路高温液体进入经济器经过热交换变成过冷液体后进入蒸发系统。这样使制冷能力得到了提高，弥补了单级螺杆制冷压缩机在高压力比的低温工况下效率不高的缺陷。

机组中的经济器是一壳管式换热器，壳程是液态制冷剂，管程是液态制冷剂在管内的蒸发。传热管是无缝钢管。

经济器放置于机组中的油冷却器上方，对整个机组的外形尺寸、基础等均无影响。

8.6.7.3 技术特性

该机组由于增加了经济器，在相同冷凝温度和蒸发压力下，制冷量和轴功率与螺杆式制冷压缩机组相比均有一定变化。

第9章

燃气管道安装

9.1 室内燃气管道安装施工工艺

9.1.1 工艺流程

室内燃气管道安装施工工艺流程为：安装准备→预制加工→干管安装→立管安装→支管安装→气表安装→管道试压→管道吹洗→防腐、刷油。

9.1.2 安装准备

认真熟悉图纸，根据施工方案决定的施工方法和技术交底的具体措施，做好准备工作。

参看有关专业设备图和装修建筑图，核对各种管道的坐标、标高是否有交叉，管道排列所用空间是否合理。有问题及时与设计和有关人员研究解决，办好变更洽商记录。配合土建施工进度，预留槽洞及安装预埋件和套管。

9.1.3 预制加工

按设计图纸画出管道分路、管径、变径、预留管口、阀门位置等施工草图，在实际安装的结构位置做上标记，按标记分段量出实际安装的准确尺寸，记录在施工草图上，然后按草图测得的尺寸预制加工（断管、套丝、上零件、调直、校对，按管段分组编号）。

9.1.4 干管安装

① 按施工草图，进行管段的加工预制，包括：断管、套丝、上零件、调直、核对好尺寸、按系统分组编号、码放整齐。

② 安装卡架，按设计要求或规范规定间距安装。吊卡安装时，先把吊棍按坡向、顺序依次穿在型钢支架上，吊环按间距位置套在管上，再把管抬起穿上螺栓拧上螺母，将管固

定。安装托架上的管道时，先把管就位在托架上，把第一节管装好 U 形卡，然后安装第二节管，以后各节管均照此进行，紧固好螺栓。

③ 燃气引入管安装：燃气引入管不得敷设在卧室、浴室、密闭地下室；严禁敷设在易燃、易爆品的仓库、有腐蚀性介质的房间、配电间、变电室、电缆沟、暖气沟、烟道和进风道等部位。并应符合下列要求。

a. 引入管的公称直径不得小于 40mm 的。引入管坡度不得小于 0.003，坡向干管。引入管穿过建筑物基础时，应设置在套管中，考虑建筑物沉降，套管应比引入管大两号。套管尺寸可按表 9-1 选用，套管与管道间的缝隙用沥青油麻堵严，热沥青封口。引入管应采用壁厚≥3.5mm 的无缝钢管。距建筑物外墙 1m 以内的地下管及套管内不许有接头，弯管处用煨弯处理。

表 9-1　穿墙套管尺寸　　　　　　　　　　　　　　单位：mm

燃气管公称直径	15	20	25	32	40	50	70
套管公称直径	32	40	50	50	70	80	100

b. 一般进气引入管遇暖气沟时，从室外地上引入室内，管中距室内地面高 500mm 管材采用无缝钢管整管煨弯，做加强防腐层，穿墙管加钢套管。室外管顶加焊一丝堵或做成三通丝堵，室外管砌砖台内外抹灰保护，内填充膨胀珍珠岩保温，顶上加盖板。

c. 引入管进气口如无暖沟或其他障碍时，由室外地下直接引入室内，管材采用无缝钢管整管煨弯，做加强防腐层，穿墙及穿地面时均加钢套管，穿墙套管出内外墙面 50mm。穿地面时，套管出地面 50mm，下面与结构底板平。

d. 高层建筑的燃气引入管穿建筑基础时，应考虑建筑物沉降的影响，入口管在穿墙时应预留管洞，上端按建筑物最大沉降量为准，两侧保留一定间隙进入室内后，在室内侧沿管道砌封闭管井。然后填以沥青油麻堵严，外加钢丝网抹灰。

e. 居民用户的引入管应尽量直接引入厨房内，也可以由楼梯间引入。公共设施的引入管位置，应尽量直接引至安装煤气设备或煤气表的房间内。

④ 干管安装应从进户引入管后或分支路管开始，装管前要检查管腔并清理干净。在丝头处涂好铅油缠好麻丝或缠好聚四氟乙烯填料带，一人在末端扶平管道，一人在接口处把管相对固定对准丝扣，慢慢转动入扣，用一把管钳咬住前节管件，用另一把管钳转动管至松紧适度，对准调直时的标记，要求丝扣外露 2～3 扣，并清掉麻头，依此方法装完为止（管道穿过伸缩缝或过沟处，必须先穿好钢套管）。

⑤ 室内水平管敷设在楼梯间或外走廊时，距室内地面不低于 2.2mm，距顶棚不小于 0.15m。水平管应保持 0.001～0.003 的坡度，其坡向要求：由煤气表分别坡向管道和燃具。

⑥ 室内燃气管道与其他室内管道、建筑设备的最小平行或交叉净距应符合表 9-2 和表 9-3 的规定。

表 9-2　室内燃气管与其他管道及设备间的平行净距　　　　单位：m

其他管道及设备	给排水管	蒸汽管	电缆引入管、进线箱	照明电缆		电表、保险器、闸刀开关
				明设	暗设	
距离	0.1	0.1	1.3	0.1	0.05	0.3

表 9-3　室内燃气管道与其他管道及设备间的交叉净距　　　　　单位：m

其他管道及设备	给排水管	蒸汽管	明敷照明线路	明敷动力线路	电表、保险器、刀开关
距离	0.01	0.01	0.015	0.15	0.3

当平行或交叉净距达不到上述要求时，应作防护或绝缘处理。

埋地燃气管与其他相邻的管道、电缆等的最小水平、垂直距离见表 9-4～表 9-6。

表 9-4　埋地燃气管与其他相邻管道及电缆间的最小水平净距　　　　　单位：m

序号	项目		水平净距
1	与给、排水管道		1
2	与供热管的管沟外壁		1
3	与电力电缆		1
4	与通信电缆	直埋	1
		敷设在导管内	

表 9-5　埋地燃气管与其他相邻管道及电缆间的最小垂直净距　　　　　单位：mm

序号	项目		垂直净距（当有套管时，以套管计）
1	与给、排水管道		150
2	与供热管的管沟外壁		150
3	与电缆	直埋	600
		敷设在导管内	150

表 9-6　煤气管与其他相邻管道及电线、电表箱、电气开关间的安全距离　　　　　单位：m

类别走向	煤气与给排水管采暖和热水供应管道的间距	煤气管与电气线路的间距	煤气管与配电盘的距离	煤气管与电气开关和接头的距离
同一平面	≥0.05	≥0.05	≥0.3	≥0.15
不同平面	≥0.01	≥0.02	≥0.03	≥0.15

⑦ 室内管道穿墙或楼板时，应置于套管中，套管内不得有接头。穿墙套管的长度应与墙的两侧平齐，穿楼板套管上部应高出楼板 30～50mm，下部与楼板平齐。

⑧ 管道固定一般用角钢 U 字卡，其间距应符合表 9-7 的规定。并每层楼的室内煤气立管上至少加设一个固定卡子，在灶前下垂管上至少设一个卡子，如下垂管有转心门时可设两个卡子。

表 9-7　气管卡间距　　　　　单位：m

煤气管管径	水平管道	垂直管道
$DN25$mm	2.0	3.0
$DN32$～50mm	3.0	4.0

⑨ 室内煤气管道上的阀门，当管径≥$DN65$mm 时，一般采用煤气用闸板阀，管径≤$DN50$mm 采用压兰式或拉紧式转心门。进气管总阀门一般安装在总立管上，距地面 1.5m，

楼梯间进气总立管阀门距地面 1.7m。当流量≤3m³/h 时，煤气表前应设置一个转心门，表后至燃具前，可不另设阀门；当流量≤20m³/h 时，煤气表前所设阀门，可作为食堂和其他公用福利设施的总进气阀门；当煤气用量≤57m³/h 时或不能中断供气的用户，煤气表应安装旁通阀门，同时加设煤气表的出口阀门；从室内煤气总干管至每个食堂的分支管上应安装一个分支阀门；高层建筑（凡十层和十层以上的住宅和建筑物高度超过 24m 的其他民用建筑）引入管在室外的起点应设置切断阀门，室内的煤气管道上除安装一个总阀门外，每隔六层在总立管上应再增设一个分段阀门，在室内终点宜设置紧急切断阀门；有两根以上的分段立管时，可在每根立管上加设一个阀门，若每个分段阀门所带的户数超过 30 户时，可酌情增设阀门。煤气管道上安装拉紧式转心门时，转心门轴线应和墙壁平行；安装压兰式转心门时，其轴线只准与墙面垂直。

⑩ 采用焊接钢管焊接，先把管道选好调直，清理好管腔，将管道运到安装地点，安装程序从第一节开始；把管道就位找正，对准管口使预留口方向准确，找直后用点焊固定（管径≤50mm 以下焊 2 点，管径≥70mm 以上焊 3 点），然后按照焊接要求施焊，焊完后应保证管道正直。

⑪ 管道安装完毕，检查坐标、标高、预留口位置和管道变径等是否正确，然后找直，用水平尺校对复核坡度，调整合格后再调整吊卡螺栓 U 形卡，使其松紧适度，平正一致。

⑫ 摆正或安装好管道穿结构处的套管，填堵管洞口，预留口处应加好临时管堵。

9.1.5 立管安装

① 核对各层预留孔洞位置是否垂直，然后吊线、别眼、栽卡子。将预制好的管道按编号顺序运到安装地点。

② 安装前先卸下阀门盖，有钢套管的先穿到管上，按编号从第一节开始安装。抹铅油缠麻丝将立管对准接口转动入扣，一把管钳咬住管件，一把管钳拧管，拧到松紧适度，对准调直标记要求，丝扣外露 2~3 扣，预留口平正为止，并清净麻头。

③ 检查立管的每个预留口标高、方向等是否准确、平正。将事先安装好的管卡子松开，把管放入卡内拧紧螺栓，用吊杆、线坠从第一节开始找好垂直度，扶正钢套管，最后配合土建填堵好孔洞，预留口必须加好临时丝堵。立管阀门安装朝向应便于操作和修理。

④ 燃气立管一般敷设在厨房内或楼梯间。当室内立管管径不大于 50mm 时，一般每隔一层楼装设一个活接头，位置距地面不小于 1.2m。遇有阀门时，必须装设活接头，活接头的位置应设在阀门后边。管径＞50mm 的管道上可不设活接头。

9.1.6 支管安装

① 检查煤气表安装位置及立管预留口是否准确。量出支管尺寸和灯叉弯的大小。

② 安装支管，按量出支管的尺寸进行断管、套丝、煨灯叉弯和调直。将灯叉弯或短管两头抹铅油缠麻，连接煤气表，把麻头清净。

③ 用钢尺、水平尺、线坠校对支管的坡度和平行距墙尺寸，并复查立管及煤气表有无移动，合格后用支管替换下煤气表。按设计或规范规定压力进行系统试压及吹洗，吹洗合格后在交工前拆下连接管，安装煤气表。合格后办理验收手续。

9.1.7 气表安装

① 居民家庭每户应装一只气表；集体、营业、事业用户，每个独立核算单位最少应装一只表。

② 煤气表必须具备以下条件方可安装：

a. 煤气表有出厂合格书，厂家有生产许可证，表经法定检测单位检测合格；

b. 距出厂日期不超过 4 个月，如超过，则需经法定检测单位检测；

c. 无任何明显损伤。气表安装过程中不准碰撞，下部应有支撑。气表与周围设施的水平净距按表 9-8 所列规定。

表 9-8 气表与周围设施水平净距   单位：m

设施名单	低压电器	家庭灶	食堂灶	开水灶	金属烟囱	砖烟囱
水平距离	1.0	0.3	0.7	1.5	0.6	0.3

③ 安装皮膜表时，应遵循以下规定：

a. 皮膜表安装高度可分为：

ⅰ. 高位表安装，表底距地高度不小于 1.8m；

ⅱ. 中位表安装，表底距地高度应在 1.4～1.7m 之间；

ⅲ. 低位表安装，表底距地高度不小于 0.15m。

b. 在走道上安装皮膜表时必须按高位表安装；室内皮膜表安装以中位表为主，低位表为辅。

c. 皮膜表背面距墙净距 10～50mm。

d. 多个皮膜表安装在墙面上时，表与表之间的净距不少于 150mm。

e. 安装一只皮膜表，一般只在表前安装一个旋塞。

④ 公共建筑用户煤气表安装要点如下：

a. 安装程序：安装引入管并固定，然后安装立管及总阀门，再作旁通管及煤气表两侧的配管。

b. 干式皮膜表安装方法：流量为 $20m^3/h$、$34m^3/h$ 的煤气表可安装在墙上，表下面用型钢（如 L 40×4 角钢）支架固定。流量大于 $57m^3/h$ 的煤气表可安装在地面的砖台上，砖台高 0.1～0.2m，应设旁通管。表两侧配管及旁通管的连接为丝接，也可采用焊接。

c. 罗茨表（腰鼓表）的安装方法：

ⅰ. 安装前，必须洗掉表计量室内的防锈油，其方法是用汽油从表的进口端倒进去，出口端用容器盛接，反复数次，直至除净为止。

ⅱ. 罗茨表必须垂直安装，高进低出。并应将过滤器与表直接连接。过滤器和罗茨表两端的防尘盖在安装前不应拆掉。

ⅲ. 罗茨表计量需进行压力和温度修正时，其取压和测温一般设置在仪表之前。

ⅳ. 安装完毕，先通气检查管道、阀门、仪表等安装连接部位有无渗漏现象，确认各处密封良好后，再拧下表上的加油螺塞，加入润滑油（油位不能超过指定窗口上的调节刻线），拧紧螺塞，然后慢慢地开启阀门，使表运转，同时观察表的指针是否均匀平稳地运转，如无异常现象就可正常工作。

9.1.8　室内煤气管道试压

室内煤气管道应进行耐压和严密度两种试验，试验介质为压缩空气或氮气。

9.1.8.1　住宅内煤气管道试验（试验温度应为常温）

① 试验范围：耐压试验为自进气管总阀门至每个接灶管转心门之间的管段。试验时不包括煤气表，装表处应用短管将管道暂时先连通。严密性试验，在上述范围内增加所有灶具设备。

② 耐压试验：管道系统打压 0.1MPa 后，用肥皂水检查焊缝和接头处，无渗漏，同时压力也未急剧下降为合格。

③ 严密度试验：管道系统内不装煤气表时，打压至 $700mmH_2O$ 后，观察 10min，压力降不超过 $20mmH_2O$ 为合格；管道系统内装有煤气表时，打压至 $300mmH_2O$，观察 5min，压降不超过 $20mmH_2O$ 为合格。

9.1.8.2　食堂、锅炉房的煤气管道试验

① 试验范围：自进气管总阀门至灶前（锅炉包括燃烧器）转心门之间的管道。

② 耐压试验：低压管道试验压力为 0.1MPa，中压管道试验压力为 0.15MPa，用肥皂水检查接口，无漏气，同时试验压力也无急剧下降，则为合格。

③ 管道严密度试验：低压管道系统试验压力为 $1000mmH_2O$，观察 1h，如压力降不超过 $60mmH_2O$ 则为合格。中压管道试验压力为 1.5 倍的工作压力，但不小于 0.1MPa（表压），试验应在管道充气后 3h 开始观测，如经 1h 压力降不超过 1.5%，则为合格。

④煤气表严密度试验：试验应在管道严密度合格后进行，试验压力为 $300mmH_2O$，观察 5min，压降不超过 $20mmH_2O$ 为合格。

9.1.8.3　液化石油气管道的试验

① 试验范围：全系统以减压器出口转心门为界，减压器、集气管一侧为高压段，另一侧为低压段。

② 耐压试验：高压段只做耐压试验，在关闭好减压器出口转心门后，打压到 1MPa，用肥皂水检查所有接口，无漏气为合格。

③ 严密度试验：试验压力打到 $700mmH_2O$ 后，观察 10min，压力降不超过 $20mmH_2O$ 为合格。

9.1.9　管道吹洗

吹洗应不带气表进行，管道在试压完毕后即可做吹洗，吹洗应用压缩空气或氮气连续进行，应保证有充足的流量。吹洗洁净后办理验收手续。

9.1.10　管道的除锈和防腐

9.1.10.1　室外管道的防腐处理

应根据管道敷设地点的土质对管道腐蚀的程度、管道使用的重要程度而选用不同的绝缘层。在管道穿过有杂散电流地区时，应采取措施，保证管道的良好使用。一般采用石油沥青防腐层，其结构见表 9-9，材料用量见表 9-10。石油沥青涂层等级分为加强防腐和特加强防腐。一般土壤采用加强防腐。在土壤腐蚀性较高的情况下，或对于穿越河道、重要道路、有顶管和加套管或过街沟时的煤气管道采用特加强防腐。

表 9-9　石油沥青涂层等级与结构

等级	结构	每层沥青玻璃布厚度/mm	总厚度/mm
加强防腐	沥青底漆—沥青—玻璃布—沥青—玻璃布—沥青—玻璃布沥青—外保护层	≈1.5	≈6
特加强防腐	沥青底漆—沥青—玻璃布—沥青—玻璃布—沥青—玻璃布—沥青—玻璃布—沥青—外保护层	≈1.5	≈9

表 9-10　防腐材料用量表

	管径/mm	DN40	DN50	DN80	DN100	DN150	DN200	DN250	DN300	DN350	DN400	DN450
加强防腐层	4♯石油沥青/kg	1.50	1.86	2.81	3.35	4.85	5.74	7.13	8.43	9.76	11.05	12.34
	高岭土(或滑石粉)/kg	0.25	0.32	0.48	0.57	0.83	0.97	1.21	1.43	1.65	1.87	2.09
	玻璃布/m²	0.23	0.29	0.43	0.57	0.68	0.88	1.14	1.35	1.57	1.77	1.98
	汽油/kg	0.128	0.155	0.230	0.281	0.375	0.485	0.624	0.741	0.862	0.974	1.080
特加强防腐层	4♯石油沥青/kg	2.34	2.76	4.11	5.12	7.44	8.80	10.92	12.72	14.96	16.82	18.83
	高岭土(或滑石粉)/kg	0.40	0.47	0.71	0.86	1.25	1.48	1.84	2.13	2.51	2.82	3.15
	玻璃布/m²	0.48	0.61	0.89	1.07	1.38	1.78	2.30	2.73	3.16	3.56	3.98
	汽油/kg	0.244	0.303	0.441	0.532	0.697	0.899	1.16	1.380	1.590	1.800	2.000

注：1. 沥青玛蹄脂配方为：常温下，4♯石油沥青：高岭土(或滑石粉)＝85：15(重量比)。

2. 冷底子油配方为：4♯石油沥青：汽油＝3：7(体积比)。

室外管道石油沥青涂层施工要求如下：

（1）除锈

必须除去铁锈及其他污垢，然后将表面清除干净，露出金属本色。

（2）涂底漆

经除锈后的管道表面应干燥、无尘后，方能涂刷底漆，底漆涂刷应均匀，无气泡、凝块、流痕、空白等缺陷。

（3）熔化沥青

脱净水、不含杂质，三项指标（针入度、延度、软化点）合格。熬制沥青温度一般在200℃左右，最高不超过240℃。

（4）浇涂沥青

底漆干后方可浇涂沥青。

（5）包扎玻璃布

包扎时，必须使用干燥的玻璃布。玻璃布压边为 10～15mm，搭接长度为 50～80mm。玻璃布浸透率应达 95％以上，严禁出现 50mm×50mm 以上面积的空白。

（6）涂层质量检查

① 外观：用目视逐根逐层检查，表面应平整，无气泡、麻面、皱纹、瘤子等缺陷。

② 厚度：按设计防腐等级要求检查。

检查时，每 20 根抽查一根，每根测三个截面，每个截面应测上、下、左、右四个点，并以最薄点为准。若不合格，再抽查两根。其中一根仍不合格时，全部为不合格。

③ 黏结力：在防腐层上切一夹角为 45°～60°的切口，从角尖端撕开面积为 30～50cm²，不易撕开而且撕开后黏附在钢管表面的第一层沥青占撕开面积的 100％为合格。

按上述方法每 20 根抽查一根，每根测一点。若不合格，再抽查两根，其中一根还不合格时，全部为不合格。

④ 涂层的绝缘性：用电火花检漏仪进行检测，以不打火花为合格，最低检漏电压按下列公式计算：

$$U = 7840\sqrt{\delta}$$

式中，U 为检漏电压，V；δ 为涂层厚度（取实测数字的算术平均值），mm。

a. 每 20 根抽查一根，从管道一端测至另一端。若不合格，再抽一根，其中有一根不合格时，则全部不合格。

b. 回填土前，对施工摆放好的防腐涂层管道再进行一次检查，从管道首端至末端，发现有打火点时，必须修补。

⑤ 补口、补伤：补口、补伤的防腐涂层结构及所用材料均应与原管道防腐涂层相同。补口时，每层玻璃布应将原管端沥青涂层接茬处搭接长 50mm 以上；补伤时对于损伤面直径大于 100mm 以上时，应按防腐层结构进行补伤，小于 100mm 时，可用沥青修补。

⑥ 对于石油沥青防腐绝缘涂层管道，回填土后必须用防腐层检漏仪进行一次涂层检漏，查出有损伤处，必须修补合格。

⑦ 对上述各项质量标准，必须列表记录，并保存备查。

9.1.10.2 室内管道的防腐处理

室内煤气管道和附件除锈处理后刷樟丹油一道，银粉或灰漆二道。

9.1.11 居民用灶具安装

① 居民生活用气应采用低压燃气。低压燃烧器的额定压力为：天然气 2kPa；人工煤气 1kPa。

② 安装燃气灶具的房间应满足以下条件：

a. 不应安装在卧室、地下室内。若利用卧室套间当厨房，应设门隔开。厨房应具有自然通风和自然采光，有直接通室外的门窗或排风口，房间高度不低于 2.2m。

b. 耐火等级不低于二级，当达不到此标准时，可在灶上 800mm 两侧及下方 100mm 范围内加贴不可燃材料。

③ 新建居民住宅内，厨房允许的容积热负荷指标一般取 $580W/m^3$。

④ 民用灶具安装应满足以下条件：

a. 灶具应水平放置在耐火台上，灶台高度一般为 650mm。

b. 当灶和气表之间硬接时，其连接管道的管径不小于 $DN15mm$，并应装有接头一个。

c. 灶具如为软连接时，连接软管长度不得超过 2m，软胶管与波纹管接头间应用卡箍固定，软管内径不得小于 8mm，并不应穿墙。

d. 公用厨房内当几个灶具并列安装时，灶与灶之间的净距不应小于 500mm。

e. 安装在有足够光线的地方，但应避免穿堂风直吹灶具。

9.1.12 公共建筑用户灶具安装

9.1.12.1 灶具结构分类

① 钢结构组合灶具：如爆炒灶、铁板台面灶、水管式蒸饭灶、火管式蒸饭灶、铁皮饭灶、三眼灶、六眼灶、开水炉、煎饼炉等，这类灶具大多由生产厂家将灶体及燃烧器组成整

体，安装时应根据设计位置现场就位，配管即可。

② 混合结构灶具：如大型西餐灶、外壳为钢（或不锈钢）及铸铁成品结构，灶的内部按设计要求现场砌筑砖体，并作隔热保温设施，安装燃烧器并配管。

③ 砖结构灶：主要有蒸锅（大锅灶）、高灶（炒蒸灶），这类炉灶的灶体需现场砌筑，然后根据需要配制不同规格的燃烧器。

9.1.12.2 燃烧器前配管

① 高灶燃烧器前的配管如图 9-1 所示，如选用 8 管（作次火用）、13 管（作主火用）的立管燃烧器，这两种燃烧器都是单进气管，口径分别为 $DN15$mm、$DN20$mm，螺纹连接。

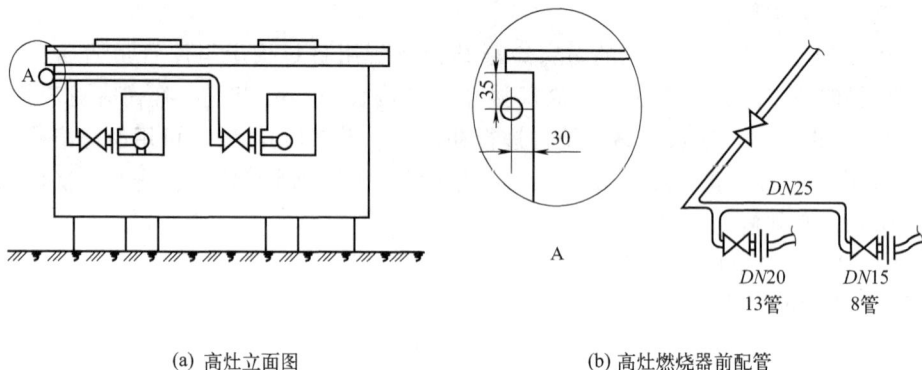

(a) 高灶立面图　　　　　　　　　　　(b) 高灶燃烧器前配管

图 9-1　高灶燃烧器前的配管（单位：mm）

安装时，应将活接头放在燃烧器进灶口的外侧，阀门与活接头之间应裁卡子，灶前管一般在高灶沿下方。

② 蒸锅燃烧器的配管，如选用 18 管、24 管燃烧器，头部内外圈隔开，双进气管，口径都是 $DN20$mm 螺纹连接。分别设阀门控制开关，其连接形式如图 9-2（a）所示。

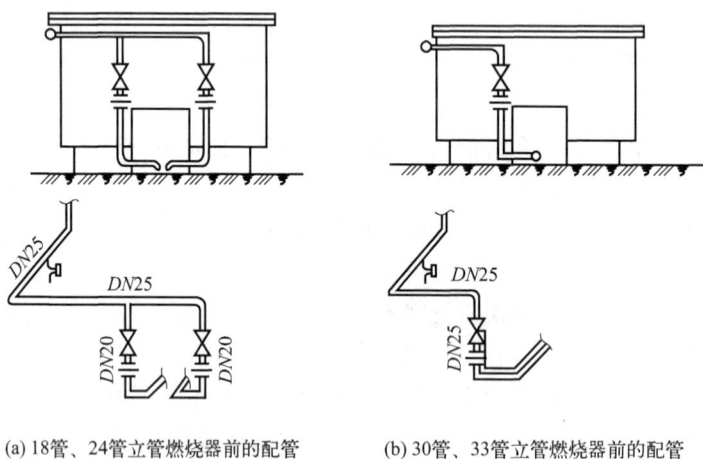

(a) 18管、24管立管燃烧器前的配管　　　　(b) 30管、33管立管燃烧器前的配管

图 9-2　蒸锅燃烧器前的配管（单位：mm）

30 管、33 管立管燃烧器为单进气管，口径为 $DN25$mm 螺纹连接，连接形式如图 9-2（b）所示。燃烧器的开关为联锁器式旋塞，分别控制燃烧器及燃烧器的长明小火。燃烧器的配管口径为 $DN25$mm，小火的配管口径为 $DN10$mm，引至燃烧器头部，并要求小火出

火孔高出燃烧器立管火孔1～2cm，使用时先开启长明小火开关，点燃长明小火，再开启联锁旋塞的大火开关，使燃烧器自动引燃。

9.1.12.3　立管燃烧器的安装要求

① 燃烧器头部中心应与锅的中心上下对中，误差一般不超过1cm，以保证不烧偏锅。

② 燃烧器头部应保持水平，以保证火焰垂直向上燃烧。

③ 控制好燃烧器出火孔表面距锅底距离。高灶的立管燃烧器一般距锅底距离为13～14cm；蒸锅的此距离值一般为17～19cm。总体应以火焰的外焰接触锅底为宜。

9.1.12.4　燃烧器安装注意事项

① 燃烧器的材质如为铸铁，配管时丝扣要符合要求，上管时用力要均匀，以防止进气管撑裂。

② 燃烧器前的旋塞一般选用拉紧式旋塞，安装时应使旋塞的轴线方向与灶体表面平行，便于松紧尾部螺母，以利维修。

③ 由于这类燃器本身进气管前不带阀门，而灶前燃烧器配管上的旋塞是管道系统的最后一道控制旋塞，旋塞至燃烧器的管段与丝扣无法试压检查，只有燃烧通气后方能检查是否烧漏气，因而这段安装时尤其应注意安装质量，以防止通气后发生事故。

9.1.12.5　灶具对排烟道的要求

① 带有排烟口的燃气灶具宜采用单独烟道，楼房多台设备合用一个竖烟道时，为防止排烟时相互干扰，应每隔一层楼接一台用具；用具接向水平烟道时，应顺烟道气流动方向设置导向装置。

② 连接燃气灶具的排烟管的设计与安装要求如下：

a. 排烟管的直径应进行计算，最小不得小于燃气灶具排烟口的直径；

b. 排烟管不得通过卧室；

c. 安装低于0℃房间内的金属排烟管应作保温；

d. 用具上的排烟管应有不小于0.5m的垂直烟道后，方可接向水平烟道；

e. 水平排烟道管段应具有不小于1%的坡度，坡向燃气灶具，长度一般不得超过3m，如经计算证明抽力确实可靠，水平烟道长度才可以大于3m；

f. 排烟管与难燃墙面的净距应不小于10cm，与抹灰天花板的净距不小于25cm，排烟管在房屋易燃物件和屋顶通过时，应根据防火要求妥善处理；

g. 排烟管的出口应另设风帽。

③ 砖砌烟道技术要点如下：

a. 新砌烟道必须经过计算，旧有烟道要经过核算；

b. 烟道应严密结实，内壁平滑；

c. 烟道要有足够的抽力，保证燃烧室的真空度不小于5Pa（$0.5mmH_2O$）；

d. 砌在墙内的烟道，不得有水平部分，必要时可以装一段与水平线至少成60°角的斜烟道，两垂直烟道的中心线距离不得小于2m。

e. 由炉膛至总烟道的每个单独水平烟道，在总烟道入口处应互相隔开，以免互相窜气，影响抽力。

④ 烟道高出屋顶1.0m以上，对于起脊房屋安装烟道时，应按烟囱的高度进行处理。

⑤ 若在烟道附近有更高的建筑物而影响排烟时，可考虑使用机械排烟措施。

⑥ 直径大于125mm的排烟管，当水平烟道长度大于3m或烟道上容易积聚燃气的部

位，应设置爆破点。

9.1.13　热水器安装

热水器不宜直接设置在浴室内，可装在厨房或其他房间内，也可以装在通风良好的过道里，但不宜装在室外。

① 安装热水器的房间应符合下列要求：

a. 房间高度应大于 2.5m。

b. 房间的容积应符合规定的要求。

c. 热水器的排烟应符合下列规定：

ⅰ. 安装直接排气式热水器的房间外墙或窗的上部应有排气孔，如图 9-3 所示。

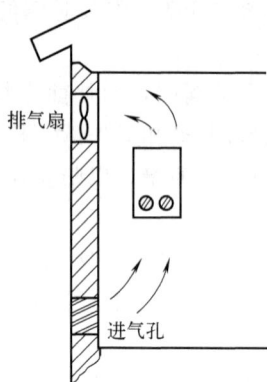

图 9-3　直接排气式热水器安装

ⅱ. 安装烟道排气式热水器的房间内烟道，如图 9-4 所示。

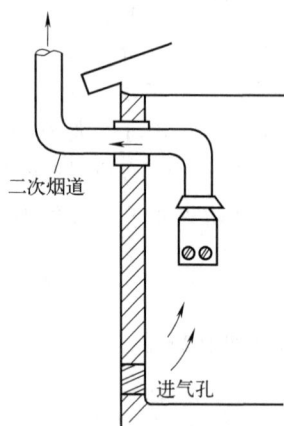

图 9-4　烟道排气式热水器安装

ⅲ. 安装平衡式热水器的房间外墙上，应有进排气筒接口，如图 9-5 所示。

d. 房间口或墙的下部应预留有断面积不小于 $0.2m^2$ 的百叶窗，或在门与地面之间留有高度不小于 30mm 的间隙。

② 直接排气式热水器严禁安装在浴室内，烟道排气式和平衡式热水器可安装在浴室内。安装烟道排气式热水器必须符合下列要求：

a. 浴室容积应大于 7.5m；

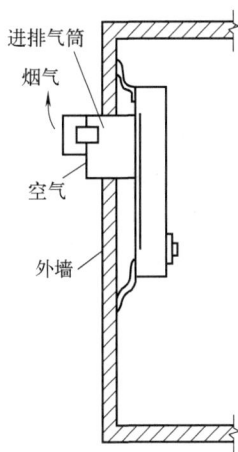

图 9-5 平衡式热水器安装

b. 浴室的烟道、送排气管接口和门应符合①中 c 和 d 项要求。

③ 热水器的安装位置应符合下列要求：

a. 热水器主要装在操作和检修方便、不易被碰撞的部位，热水器前的空间宽度应大于 0.8m。

b. 热水器的安装高度以热水器的观火孔与人眼高度相齐为宜，一般距地面 1.5m。

c. 热水器应安装在耐火的墙壁上，热水器外壳距墙的净距离不得小于 20mm，如果安装在非耐火的墙壁上时应垫以隔热板，隔热板每边应比热水器外壳尺寸大 100mm。

d. 热水器的供气、供水管道宜采用金属管道连接，也可采用软管连接。当采用软管连接时，燃气管应采用耐油管，水管应采用耐压管。软管长度不得超过 2m。软管与接头应用卡箍固定。

e. 直接排气式热水器的排烟口与房间顶棚的距离不得小于 600mm。

f. 热水器与煤气表、煤气灶的水平净距不得小于 300mm。

g. 热水器上部不得有电力明线、电气设备和易燃物，热水器与电气设备的水平净距应大于 300mm。

④ 烟道式热水器的自然排烟装置应符合下列要求：

a. 在民用建筑中，安装热水器的房间应有单独的烟道，当设置单独烟道有困难时，也可设共用烟道，但排烟能力和抽力应满足要求。

b. 热水器的安全排气罩的上部，应有不小于 0.25m 的垂直上升烟气导管，导管直径不得小于热水器排烟口的直径。

c. 烟道应有足够的抽力和排烟能力；热水器安全排气罩出口处的抽力（真空度）不得小于 3Pa（0.3mmH$_2$O）。

d. 热水器的烟道上不得设置闸板。

e. 水平烟道应有 1% 的坡度坡向热水器。水平烟道总长不得超过 3m。

f. 烟囱出口的排烟温度，不得低于露点温度。

g. 烟囱出口应设置风帽，其高度应高出建筑物的正压区。

h. 烟囱出口均高出屋面 0.5m，并应防止雨雪灌入。

9.2 室外燃气管道施工

施工准备包括熟悉和审查图纸，编制施工组织设计或施工方案、施工预算，计划材料和备件，组织施工人员、机械设备和工具，办理有关审批、配合等事宜。

经过审批的施工图纸，有关施工及验收的现行国家标准及有关规程、规定，是燃气管道施工的依据。设计交底领会设计意图，了解施工质量要求。图纸会审是设计、施工、监理对施工图纸要求达成一致认识。

9.2.1 施工顺序

室外燃气管道按工作压力区分有高、中、低压三种，但施工程序基本相同，燃气管道一般采用钢管和 PE 管埋地安装。施工顺序见图 9-6。

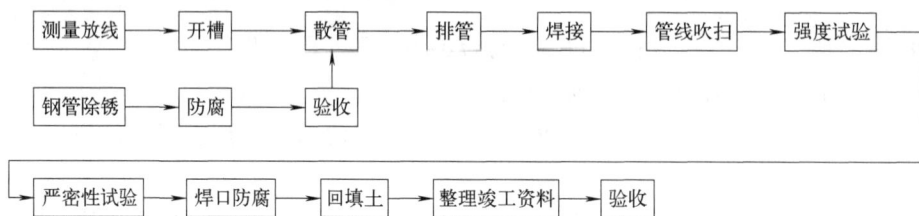

图 9-6 室外燃气管道施工顺序

9.2.2 沟槽土方的开挖

9.2.2.1 准备工作

① 熟悉图纸：进行外线施工之前，要仔细审图，弄清图纸中每一处细微的地方，有不清楚的，发现不合理处要与原设计人员沟通或更改。

② 现场交底：设计与施工人员共同到施工地点，由设计人员介绍工程有关情况，指明设计位置，介绍管道沿线有无障碍物，包括穿、跨越铁路或河流等；对电杆等物加固处理。

③ 编制施工计划：根据工程量、现场情况、施工人数等安排工程进度，上报材料、工具需用量，施工机械设备使用计划。

④ 办理有关施工审批手续，协调现场各种关系，确保施工顺利进行。

9.2.2.2 放线

（1）由施工队测量工负责测量放线

① 地下燃气管道位置应按照规划部门批准的管位进行定位；

② 确定管沟中心线；

③ 在地面上撒白灰线标明开挖边线；

④ 测量管沟深度；

⑤ 验槽，开挖管沟至设计管底标高，清沟后复验挖沟宽度和标高。

（2）沟槽的断面形式

常用沟槽断面有直槽、梯形槽、混合槽和联合槽四种形式，如图 9-7 所示。

选择沟槽断面的形式，通常应考虑土壤性质、地下水状况、施工作业面宽窄、施工方法和管材类别、管道直径和沟槽深度等因素。燃气管道通常采用开挖直槽或梯形槽施工。

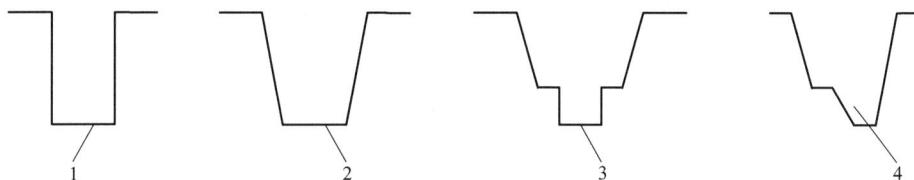

图 9-7　沟槽断面

1—直槽；2—梯形槽；3—混合槽；4—联合槽

（3）沟槽断面尺寸的确定

沟槽断面尺寸与沟槽断面形式有关。梯形槽是沟槽断面的基本形式，（见图 9-8）其他断面形式均为梯形槽演变而成。沟槽断面尺寸主要指沟槽深度 h、沟底宽度 a、沟槽上口宽度 b 和沟槽边坡率 n。

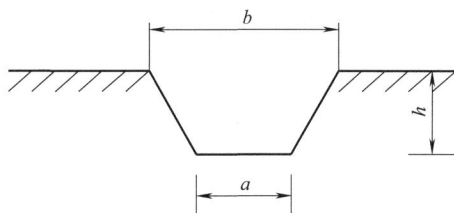

图 9-8　梯形槽横断面

$$b = a + 2nh$$

式中，a 为沟槽底宽度，m；b 为沟槽上宽度，m；n 为沟槽边坡坡度（边坡的水平投影和垂直投影的比值）；h 为沟槽深度，m。

① 挖深。一般应遵照断面设计图的规定，即挖深应等于规划设计地面标高与管底设计标高之差。若设计图纸与施工现状有较大差别时，应与设计人员协商后确定。

② 沟底宽度。沟底宽度主要取决于管径和管道安装方式。

a. 钢管单管沟底组装按表 9-11 确定。

表 9-11　沟底宽度尺寸表

管道公称直径/mm	50～80	100～200	250～350	400～450	500～600	700～800
沟底宽度/m	0.6	0.7	0.8	1.0	1.3	1.6

b. 单管沟边组装的钢管。

$$a = D + 0.3$$

c. 双管同沟敷设的钢管。

$$a = D_1 + D_2 + S + C$$

式中，a 为沟底宽度，m；D 为管外径，m；D_1 为第一条管外径，m；D_2 为第二条管外径，m；S 为两管之间的设计净距，m；C 为工作宽度，沟底组装时 $C = 0.6$m，沟边组装时 $C = 0.3$m。

③ 沟槽边坡坡度。为了保持沟边土壁稳定，必须有一定的边坡坡度，在工作中以 1∶n 表示，边坡率 n 为边坡水平投影 a 和挖深的比值，即 $n = a/h$。

当土质稳定，沟槽不深，施工周期较短的情况下，原则上可开挖直槽，即 $n = 0$。但施工时往往按 1∶0.05 的微小边坡开挖。在无地下水的天然湿度土壤中开挖沟槽时，如沟深不超过表 9-12 的规定，沟壁可不设边坡。

表 9-12 沟槽深度

土壤类型	沟深/m
填实的砂土和烁石土	1.00
亚砂土和亚黏土	1.25
黏土	1.50
特别密实的土	2.00

土壤具有天然的湿度、构造均匀、无地下水，水文地质条件良好，挖深小于 5m 且不加支撑的沟槽，其边坡坡度可按表 9-13 确定。

表 9-13 深度在 5m 以内的沟槽最大边坡坡度（不加支撑）

土壤名称	边坡坡度(1∶n)		
	人工开挖并将土抛于沟边上	机械开挖	
		在沟底挖土	在沟边上挖土
砂土	1∶100	1∶0.75	1∶1.00
亚砂土	1∶0.67	1∶0.50	1∶0.75
亚黏土	1∶0.50	1∶0.33	1∶0.75
黏土	1∶0.33	1∶0.25	1∶0.67
含砾石卵石土	1∶0.67	1∶0.50	1∶0.75
泥炭岩白垩土	1∶0.33	1∶0.25	1∶0.67
干黄土	1∶0.25	1∶0.10	1∶0.33

注：1. 如人工挖土不把土抛于沟槽上边而随时运走时，则可采用机械在沟底挖土的坡度。

2. 弃土堆高度不宜超过 1.50m。靠房屋墙壁堆土时，其高度要求不超过墙高的 1/3，弃土与沟边应有安全距离。

当雨季施工或遇上流砂、填杂土、地下水位较高时，应在采取降水、排水措施的同时，酌情加大边坡或用挡土板支撑。

9.2.2.3 沟槽土方的开挖

燃气管道工程施工中，沟槽土方开挖分为人工作业、机械作业或两者配合的施工方法。开挖时应按设计平面位置和标高，人工开挖时，槽底预留 50～100mm；机械开挖或有地下水时，槽底预留 150mm，管道入沟前用人工清底至设计标高。开挖沟槽时，槽底标高、宽度必须符合要求，槽底要平整不扰动、不泡槽、不受冻。沟槽内放置支撑是防止土壁坍塌的一种临时性安全措施，使用木材或钢材制成的挡土结构，施工时遇到地表水或雨水可采用明沟排水。把流入沟槽的地表水汇集到集水井，然后用水泵排出槽外。

9.2.2.4 管道地基处理

由于管道本身加给底层土壤的压力很小，天然土基的承载能力通常能满足要求。因此，燃气管道可以直接敷设在原土层上。当开槽超挖时，或土壤扰动后，或管道通过旧河床、旧池塘和洼池等松软土层时，必须对土层进行加固处理。方法如下：

① 当沟槽超挖在 0.15m 以内者，可用原土回填夯实。

② 当沟槽超挖在 0.15m 以上者，可用 3∶7 灰土处理。

③ 扰动深度在 $0.20\sim0.30m$ 时，可铺细砂处理。

④ 扰动深度在 $0.3m$ 以上时，可用天然级砂或砂石，填砂深度不应小于 $0.1m$。

⑤ 混凝土和钢筋混凝土：在流沙和涌土严重的松软土层，可采用混凝土或钢筋混凝土地基。也可构筑管座。

9.2.2.5　土方回填

管道试压合格，进行补口防腐完毕后，沟槽应及时进行回填。

土方回填质量主要与正确选择土料和控制填土方密实度有关。

（1）土料选择

管道两侧及管顶 $0.5m$ 内的回填土中，不要含有碎石、砖块、垃圾和冻土等杂物；距离管顶 $0.5m$ 以外的回填土内，允许有少量粒径不大于 $0.1m$ 的石块，否则回填土不易夯实，而且大颗粒石块在夯实时容易损伤防腐绝缘层。

回填土应分层夯实，每层厚度 $0.20\sim0.30m$，管道两侧及管顶以上 $0.5m$ 内的填土必须人工夯实；当填土超出管顶 $0.50m$ 时，可使用小型机械夯实，每层松土厚度为 $0.25\sim0.40m$。

（2）回填土密实度要求

回填土应分层检查密实度。如图 9-9 所示的沟槽各部位的密实度应符合下列要求：

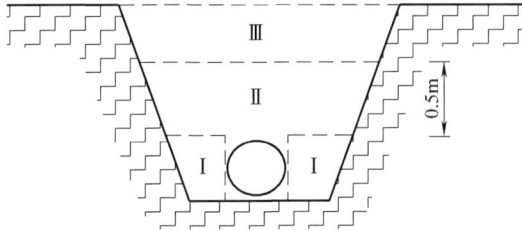

图 9-9　回填土横断面

① 对管道两侧（Ⅰ）、管顶以上 $0.5m$ 以内（Ⅱ）填土，密实度不应小于 90%。

② 对管顶 $0.5m$ 以上至地面（Ⅲ）的填土，密实度应符合相应地面的密度要求。

沟槽的支撑应在保证施工安全的情况下，按回填土进度依次拆除，拆除竖板桩后，应以砂土填实缝隙。

9.2.3　钢管敷设

9.2.3.1　管道组对

进入施工现场的管道最好顺沟边散开，放在离管沟中心线 $2\sim3m$ 的位置上。

（1）燃气管道的选配

管材及管件防腐前逐根进行外观检查和测量，并应符合下列规定：

① 钢管弯曲度小于钢管长度的 0.2%。

② 管口要圆，椭圆度误差不超过 $\pm2mm$ 或钢管外径的 0.2%。

③ 管材表面局部凹凸应小于 $2mm$。

④ 管道切口与钢管中心线不垂直度偏差（切斜）不得大于 $1\sim1.5mm$。

⑤ 管材的壁厚允许偏差为 $\pm1.25\%$。

⑥ 管材表面应无斑疤、重皮和严重锈蚀等缺陷。

不符合上述规定的管道应剔除，或采用再加工的方法使其符合要求后使用。

（2）管道组装时的注意事项

① 组装前必须进行清扫。管内不得有泥土、石块、焊条等杂物，且不应有积水。

② 管道管件组对时，应检查坡口的质量，坡口表面上不得有裂纹、夹层等缺陷。并应对坡口及其两侧 15mm 范围内的油漆、锈蚀、毛刺等污物进行清理，内外表面清刷到露出金属光泽，以保证焊接质量。

③ 或校正运输时造成的变形管口。

④ 等管厚对接焊件，应做到内壁齐平。内壁错边量不应超过管壁厚度的 10%，且不大于 1mm。

⑤ 不等壁厚时接口焊缝，不应超过薄壁管壁厚的 20%，且不应大于 2.0mm。

⑥ 管道、管件的坡口和尺寸，当设计无规定时，应符合表 9-14 的要求。

表 9-14 焊接常用的坡口

坡口名称	坡口形式	手工焊坡口尺寸		
V 形坡口		s/mm	3～9	9～26
		α/(°)	70±5	60±5
		p/mm	1^{+1}_{-0}	2±1
		c/mm	1^{+1}_{-0}	2±1

9.2.3.2 下管

管道入沟就是将管道准确地放置于平面位置和高程均符合设计要求的沟槽中，简称下管；下管时必须保证不破坏圆度与坡口，不损伤管道的防腐绝缘层，沟壁不产生塌方，以及不发生人身事故。

9.2.3.3 管道焊接

管道焊接连接一般有两种方式：沟槽边焊接和沟槽底焊接。

① 沟槽边焊接一般采用俯视焊接，效率高，质量有保证，加快施工进度。但需要有宽敞场地，管段长度视管径而定。

② 沟槽底焊接一般是固定口全位置焊接（包括仰视焊接），焊接技术要求高，不受场地限制。效率相对低一些，作业时需挖工作坑。

对口完毕即可进行点焊，固定成管段，并把管段全部施焊完毕，把下到沟底的各管段连接施焊成管路。或把下到沟底的管道在沟内对口和固定口全位置焊接连接成管路。

管道焊接要求如下：

① 参加燃气管道安装的焊工，应具有焊工基本知识，实际操作考核获得"特种设备作业人员证"，中断六个月以上焊工操作的，在复焊前，需重新参加考试，持证上岗。每名焊工都应编制焊工代号，施焊完毕，在焊口的两侧，距焊口 50mm，管道的正上方，打上作业的焊工的钢号或涂上不褪色油笔编号。

② 手工电弧焊使用焊条必须具有质量证明书。焊条应设专人负责保管和发放。当发现焊条受潮，气候潮湿，气温低于 5℃时，电焊条必须在干燥箱中烘干，烘干温度为 100～150℃，烘干时间为 1h。烘干后的焊条应保持在温度为 70～120℃ 的恒温箱中，药皮应无脱落和明显的裂纹。现场使用的焊条应备有性能良好的保温筒。焊条在保温筒内的时间不宜超过 4h。

③ 施工现场应有防风、防雨雪和防寒等设施。

④ 管道焊缝的设置要求为：

a. 钢板卷筒同一筒节上两相邻纵缝之间的距离应大于 300mm；

b. 钢板卷筒相邻筒节组对时，纵缝之间的距离应大于三倍壁厚，且不应小于 100mm；

c. 管道对接焊口的中心线距管道弯曲起点不应小于管道外径，且不小于 100mm（焊接及热压管件除外），与支、吊架边缘距离不应小于 50mm；

d. 管道两相邻对接焊口中心线间的距离，$DN \leqslant 150mm$ 时不应小于管道外径，$DN > 150mm$ 时不小于 150mm；

e. 螺旋焊管对接时，两管纵向焊口距离不应小于管道外径；

f. 不宜在焊缝及其边缘上开孔，如必须开孔时，则被开孔中心周围不小于 1.5 倍开孔直径范围内的焊缝应全部进行无损探伤。

⑤ 焊缝宽度：应焊出焊缝坡口边缘 1～2mm。

⑥ 焊缝高度要求。

a. 转动管道的焊接：焊缝高度为 1.5～2.0mm，不大于管道壁厚的 30%。

b. 固定管道的焊接：焊缝高度为 2.0～3.0mm，不大于管道壁厚的 40%。

⑦ 对容易产生焊接延滞裂纹的管材，为降低或消除焊接接头的残余应力，防止产生裂纹，改善焊缝和热影响区金属的组织与性能，焊条必须烘干，焊前必须对管材进行热处理，焊后应对管材进行热处理，并用石棉被包裹，保暖缓冷至常温。

⑧ 非标准角度弯管的加工，折转角度≤8°，不准将一段插入另一段焊接。

⑨ 焊缝表面质量检验应符合下列要求：

a. 焊缝表面质量应符合《现场设备、工业管道焊接工程施工规范》（GB 50236—2011）的Ⅲ级焊缝标准。

b. 焊缝表面光洁，宽窄均匀整齐，根部应焊透，不准有裂缝、气孔、夹渣和综合性飞溅。

c. 咬边深度≤0.5mm，咬边长度≤焊缝总长度 10%，而且小于 100mm。

d. 表面凹陷深度≤0.5mm，长度≤焊缝总长度 10%，而且小于 100mm。

e. 接口坡口错边小于 1mm。

⑩ 焊缝内部质量检验应符合下列要求：

a. 焊缝内部质量应符合 GB 50236—2011 的Ⅲ级焊缝标准。

b. 管道焊缝无损探伤的数量，应按设计规定执行。如设计无规定，抽查数量应不小于焊缝的 15%。每出现一道不合格焊缝，应再抽检一道该焊工所焊的同一批焊缝，按原探伤方法进行检验。如第二次抽检仍出现不合格焊缝，应加倍抽检该焊工的同一批焊缝，若再发现不合格，则应对该焊工所焊全部焊缝按原探伤方法进行检验。同一焊缝的返修次数不超过两次。

9.2.3.4 管道附件、附属设备安装

（1）法兰

① 应根据燃气管道压力等级选择相对应公称压力的法兰。法兰螺栓孔应对正，螺孔与螺栓直径应配套，螺栓长短应一致，螺母应在同一侧，并且应加装垫圈，螺栓拧紧后，宜伸出螺母 2～3 扣。

② 法兰接口不宜埋入土中，而宜设在检查井或地沟中。如必须将其埋入土中时，应采取防腐措施。

③ 燃气管道应采用平焊钢制法兰，采用耐油橡胶石棉垫片。

④ 平焊钢法兰与管道装配时，管道外径与法兰内孔的间隙不得大于 2.0mm。

⑤ 平焊钢法兰焊接时，管道应插入法兰厚度的 1/2～2/3，并在互为 90°的双向检查垂直度。法兰反面与管道间隙也应焊接。

（2）绝缘法兰

① 安装前，应对绝缘法兰进行绝缘试验检查，其绝缘电阻不应小于 1MΩ，当相对湿度大于 60％时，其绝缘电阻不应小于 500kΩ。

② 两对绝缘法兰的电缆线连接应符合设计要求，并应做好电源及接头的防雷，金属部分不应裸露于土中。

③ 绝缘法兰若外漏时，应有保护措施。

（3）阀门

① 燃气管道阀门的选用应符合国家现行标准，应选择适用于燃气介质的阀门，应根据燃气管道压力等级选择相应公称压力的阀门，并应附有产品质量检验合格证。

② 燃气管道阀门应有良好的密封性和耐腐蚀性能。阀门安装前应作严密性检验，不渗漏为合格，不合格者不能安装。

③ 安装时应使燃气流向与阀门箭头方向一致；启闭灵活，表面洁净。

④ 安装前检查阀芯的开启度和灵活度，并根据需要对阀体进行清洗、上油。

⑤ 严禁强力安装，安装过程中应保证受力均匀，阀门下部应根据设备要求设置承重支撑。

（4）凝水缸

① 安装前应将内部清理干净，确保芯管牢固完好。

② 应按设计要求进行组装和施工。

③ 安装前凝水缸应做强度试验，不变形为合格。凝水缸必须做好防腐。

④ 凝水缸必须按现场实际情况，安装在管段的最低处。

⑤ 凝水缸应安装在凝水缸井的中心位置，出水口阀门的安装位置应合理，并应有足够的操作和检修空间。

（5）补偿器

① 补偿器安装时，应按设计要求的补偿量进行预拉伸和预压缩。

② 补偿器内套有焊缝的一端，应安装在燃气流入的一端，并应采取防止补偿器积水的措施。

③ 补偿器应与管道保持同轴，不得偏斜。安装时不应用补偿器的变形（轴向、径向、扭转等）来调整管位的安装误差。

④ 安装时应设临时约束装置，待各管道安装固定后再拆除临时约束装置，并解除限位装置。

9.2.4 聚乙烯管敷设

9.2.4.1 PE 管材与管件

（1）PE 管材

① PE 管材外径、壁厚允许偏差见表 9-15。

表 9-15　PE 管材外径、壁厚及允许偏差　　　　　　　　　单位：mm

公称外径		壁厚			
		SDR11		SDR17.6	
基本尺寸	允许偏差	工作压力≤0.4MPa		工作压力≤0.2MPa	
		基本尺寸	允许偏差	基本尺寸	允许偏差
32	0.30	3.0	0.40	2.3	0.40
40	0.40	3.7	0.50	2.3	0.40
63	0.40	5.8	0.70	3.6	0.50
90	0.60	8.2	1.00	5.2	0.70
110	0.60	10.0	1.10	6.3	0.80
160	1.00	14.6	1.60	9.1	1.10
180	1.00	16.4	1.80	10.3	1.20
200	1.20	18.2	2.00	11.4	1.30
225	1.40	20.5	2.20	12.8	1.40
250	1.50	22.7	2.40	14.2	1.60
315	2.90	28.6	3.00	17.9	1.90

② 管材的内外表面应清洁、光滑，不允许有气泡、沟槽、划伤、凹陷、杂质和颜色不均匀缺陷。伤痕深度不应超过管材壁厚的 10%。管材两端应切割平整，并与管材轴线垂直。

③ 管材的不圆度应符合《燃气用埋地聚乙烯（PE）管道系统　第 1 部分：总则》（GB/T 15558.1—2023）中平均外径和不圆度的要求。

④ 管材装卸时，必须用尼龙带吊装，并应小心轻放，排列整齐，不得抛摔和拖拽，严禁剧烈撞击。

⑤ 管材运输时，不得受到划伤、抛摔、剧烈的撞击，不得暴晒、雨淋，也不得与油类、酸、碱、盐、活性剂等化学物质接触。

（2）管件

① 管件的规格尺寸及偏差应符合表 9-16 规定。

表 9-16　插口管件尺寸和偏差　　　　　　　　　单位：mm

公称直径 DN	管件的平均外径		最大不圆度	最小管径 D_{3min}	最小圆切长度 C_{1min}	管状部分的最小长度 D_{2min}
	D_{1min}	D_{1max}				
32	32	32.3	0.5	25	25	44
40	40	40.4	0.6	31	25	49
63	63	63.4	0.9	49	25	63
90	90	90.6	1.4	71	28	79
110	110	110.7	1.7	87	32	82
160	160	161.0	2.4	127	42	98
180	180	181.1	2.7	143	46	105
200	200	201.2	3.0	159	50	112
225	225	226.4	3.4	179	55	120
250	250	251.5	3.8	199	60	129
315	315	316.9	4.8	251	75	150

② 电熔管件承口端的尺寸见表 9-17。

表 9-17　电熔管件承口尺寸　　　　　　　　　单位：mm

管件的公称直径 DN	插入深度 L_1			熔区最小长度 L_{2min}
	最小		最大	
	电流调节	电压调节		
32	20	25	44	10
40	20	25	49	10
63	23	31	63	11
90	28	40	79	13
110	32	53	82	15
160	42	68	98	20
180	46	74	105	21
200	50	80	112	23
225	55	88	120	26
250	73	95	129	33
315	89	115	150	39

③ 管件运输时，不得受到剧烈撞击、划伤、抛摔、暴晒、雨淋和污染。

④ 管件应储存在远离热源、地面平整、通风良好的库房内，储存温度不超过40℃。

9.2.4.2　PE管安装一般规定

① PE管道输送不同种类燃气的最大允许工作压力见表 9-18。

表 9-18　不同种类燃气的最大允许工作压力

燃气种类	最大允许工作压力/MPa	
	SDR11	SDR17.6
天然气	0.4	0.2
液化石油气	0.1	—

② PE燃气管道埋设的最小管顶覆土厚度（路面至管顶）宜按下列规定。

a. 埋设在车行道下时，不宜小于1m；

b. 埋设在非车行道（含人行道）下时，不宜小于1m；

c. 埋设在庭院（小区）内时，不宜小于0.6m。

③ PE燃气管道与供热管道的水平净距见表 9-19。

表 9-19　PE燃气管道与供热管道的水平净距

项目			水平净距/m			备注
			低压	中压		
			$P<0.01$MPa	0.01MPa$<P\leqslant0.2$MPa	0.2MPa$<P\leqslant0.4$MPa	
供热管道	$T<150$℃ 直埋供热管道	供热管	3.0	3.0	3.0	PE管埋深<2m
		回水管	2.0	2.0	2.0	
	$T<150$℃	热水供热管沟	1.0	1.0	1.0	
		蒸汽供热管沟	1.5	1.5	1.5	
	$T<280$℃蒸汽热力管沟		3.0	3.0	3.0	工作压力$\leqslant0.1$MPa 埋深<2m

④ PE 燃气管道与各类地下管道或设施的垂直净距见表 9-20。

表 9-20　PE 燃气管道与各类地下管道或设施的垂直净距

<table>
<tr><td rowspan="2" colspan="2">项目</td><td colspan="2">垂直净距/m</td></tr>
<tr><td>PE 管道在该设施的上方</td><td>PE 管道在该设施的下方</td></tr>
<tr><td colspan="2">给水管、其他燃气管</td><td>0.15</td><td>0.15</td></tr>
<tr><td colspan="2">排水管</td><td>0.15</td><td>0.20 加套管</td></tr>
<tr><td rowspan="2">电缆</td><td>直埋</td><td>0.50</td><td>0.50</td></tr>
<tr><td>在导管内</td><td>0.15</td><td>0.15</td></tr>
<tr><td rowspan="3">热力管道</td><td>T＜150℃直埋供热管</td><td>0.50 加套管</td><td>1.30 加套管</td></tr>
<tr><td>T＜150℃热水、蒸汽供热管沟</td><td>0.20 加套管或 0.4</td><td>0.30 加套管</td></tr>
<tr><td>T＜280℃蒸汽供热管沟</td><td>1.0 加套管,套管有降温措施可缩小</td><td>不允许</td></tr>
<tr><td colspan="2">铁路轨底</td><td>—</td><td>1.20 加套管</td></tr>
</table>

注：PE 燃气管道与直埋供热管之间的净距，在难以执行以上规定时，可按 PE 管铺设处土壤及供热管实际情况，作出温度场分布分析，在确定切实可行的水平距离或采取行之有效的防护措施后，可适当缩小，原则是必须保证管道周围土壤年平均温度不高于 20℃。

⑤ 管道连接应采用电熔连接（电熔承插连接、电熔鞍型连接）或热熔对接连接。不得采用螺纹连接和黏结。PE 管道与金属管道连接，必须采用钢塑过渡接头连接。从经济上考虑，当 PE 管材公称外径 De＜110mm 时宜采用电熔连接，当 De≥110mm 时宜采用热熔对接连接。

⑥ 管道连接的操作工上岗前，应经过专门培训，经考试和技术评定合格后，持操作合格证方可上岗操作。操作时，应严格遵守操作规程。

⑦ 应避免恶劣天气对连接操作的影响（如−5℃以下，雨雪、大风天气等），如无法避免时，应采取保护措施（如保暖、设置防护装置）或调整连接工艺。

⑧ PE 管材、管件存放处与施工现场温差较大时，连接前，应将管材和管件在施工现场设置一定时间，使其温度接近施工现场温度。

⑨ 电熔连接是通过预埋于电熔套管内表面的电热丝通电，使电熔套管内表面与管材的外表面熔化，达到连接的目的。将控制器的导线插头与电熔套管插座接通，正确设置熔接电压、电流和熔接时间等参数，打开控制器的电源按钮，通电熔接，熔接时间进入倒计时。熔接完成后，按规定的冷却时间使其冷却到环境温度，拆卸夹具和电熔导线，电熔连接冷却期间，不得移动连接件或在连接件上施加任何外力。

⑩ 热熔对接连接是将加热板插入两管材接口之间，对管材的连接面加热，当两管材的连接面加热到熔融状态时，抽出加热板，施加一定压力，使之形成均匀一致的凸缘，待冷却后熔接牢固。热熔对接是通过热熔对接焊机进行操作的。

a. 热熔对接连接一般分为五个阶段：预热阶段、吸热阶段、加热板取出阶段、对接阶段、冷却阶段。加热温度和各个阶段所需要的压力及时间应符合热熔对接焊机生产厂和管材、管件生产厂的规定。

b. 管道连接时，其熔融、对接、加压、冷却等工艺所需要的时间，必须按工艺参数规定，用秒表计时。

c. 两管端粘压在一起后，会形成均匀的凸缘，保持粘压的压力不变，至规定时间，待接口冷却到 40℃左右时，卸掉压力；冷却到环境温度后，松开机架夹具，取出热熔焊机。在保压、冷却期间不得移动连接件或在连接件上施加任何外力。

⑪ 钢塑过渡接头连接。

a. 钢塑过渡接头的 PE 管道连接应符合相应的电熔承插连接或热熔对接连接的规定。

b. 钢塑过渡接头钢管端与金属管道连接应符合相应的钢管焊接、法兰连接或螺纹连接的规定。

c. 钢塑过渡接头钢管端与钢管焊接时，应采取降温措施。

⑫ PE 燃气管道焊接的质量外观检验规定。

a. 热熔对接焊接接口质量检验项目及要求见表 9-21。

表 9-21　热熔对接焊接接口质量检验项目及要求　　　　单位：mm

外径/mm		90	110	160	200	250	315
缝隙高度		两翻边之间的缝隙根部高于所焊管表面 1mm					
错边		≤壁厚的 10%					
翻边高度	SDR11	1.5	1.5	2.0	2.5	2.5	2.5
	SDR17.6	1.2	1.2	1.5	2.0	2.0	2.5
翻边宽度		2≤△≤6	4≤△≤8	6≤△≤10	8≤△≤12	10≤△≤14	12≤△≤16
单边宽度		1≤△≤3	2≤△≤4	3≤△≤5	4≤△≤6	5≤△≤7	6≤△≤8
外观		焊口部位严禁使用有划伤、撞击的管材；两翻边翻卷到管外圆周上，其形状、大小均匀一致，无气孔、鼓泡和裂纹，无破坏性划伤、撞伤					

b. 电熔焊接完毕后，检查观察孔内物料是否顶起，焊接处是否有物料挤出，合格的焊口应是在电熔焊接过程中，无冒烟（着火）、过早停机等现象，电熔管件的观察孔有物料顶出。

9.2.5　钢管道的防腐

管道外包扎防腐绝缘层可以将管道与作为电解质的土壤隔开，并增大管道与土壤间的电阻，从而减少腐蚀电流，达到防腐目的。

目前，国内埋地钢管所采用的防腐绝缘种类很多，可根据土壤的腐蚀性能决定防腐绝缘层等级，选用石油沥青、环氧煤沥青、冷缠带防腐、热缠带防腐、挤压法包覆聚乙烯管、环氧粉末涂层及阴极保护法等。

9.2.5.1　环氧煤沥青防腐绝缘涂层

环氧煤沥青是以煤沥青和环氧树脂为主要基料，再适量加入其他颜料组分所构成的防腐涂料。它综合了环氧树脂膜层机械强度大，附着力强、化学稳定性良好和煤沥青的耐水、防霉等优点。涂料分底漆和面漆两种，使用时应根据环境温度和涂刷方法加入适当的稀释剂（如正丁醇）和固化剂（如聚酰胺），充分搅拌均匀并熟化后即可涂刷。每次配料一般在 8h 内完成，否则施工黏度增加影响涂层质量。

（1）防腐等级与结构

防腐等级分加强和特加强二种等级。涂层等级及结构应符合表 9-22 的要求。

表 9-22　环氧煤沥青涂层等级及结构

等级	结构	总厚度/mm
加强	底漆—面漆—玻璃布—面漆—玻璃布—两层面漆	≥0.6
特加强	底漆—面漆—玻璃布—面漆—玻璃布—面漆—玻璃布—两层面漆	≥0.8

（2）材料的要求

① 环氧煤沥青涂料

a. 底漆、面漆、固化剂和稀释剂四种配套材料应由同一生产厂供应。

b. 施工环境温度在 15℃以上时，宜选用常温固化型环氧煤沥青涂料。

c. 由专人按产品说明书所规定的比例在涂料中加入固化剂，并搅拌均匀。使用前应静置熟化 15～30min，熟化时间视温度的高低而缩短或延长。底漆和面漆在使用前应搅拌均匀，不均匀的涂料不得使用。

d. 刚开桶的底漆和面漆，不应加稀释剂。配好的涂料，在必要时加入小于 5% 的稀释剂。超过使用期的涂料严禁使用。

② 玻璃布

a. 采用玻璃布作防腐层加强基布时，宜选用经纬密度为 10×10 根/cm^2，厚度为 0.10～0.12mm，中碱（碱量不超过 12%），无捻、平纹、两边封边、带芯轴的玻璃布卷。

b. 不同管径适宜的玻璃布宽度见表 9-23。

表 9-23　玻璃布宽度　　　　　　　　　　　　　单位：mm

管径 DN	<250	250～500	>500
布宽	100～250	400	500

c. 玻璃布的包装应有防潮措施，存放时注意防潮。受潮的玻璃布应烘干后使用。

（3）施工技术要求

① 施工时钢管表面温度应高于露点 3℃以上，空气相对湿度应低于 80%。雨、雪、雾、风沙等气候条件下应停止防腐的露天操作。

② 为了提高防腐层的附着力和防腐效果对钢管表面进行除锈处理，除去浮鳞屑、铁锈及其他污垢，然后将表面清除干净，露出金属本色。除锈要达到《涂覆涂料前钢材表面处理表面清洁度的目视评定　第 1 部分：未涂覆过的钢材表面和全面清除原有涂层后的钢材表面的锈蚀等级和处理等级》（GB/T 8923.1—2011）规定的 St3 级或 Sa2 级。常用防腐方法有手工、机械和化学三种方法。燃气管道一般采用前两种。

a. 手工除锈。一般使用钢丝刷、砂布或废砂轮等在金属表面打磨，直至露出金属光泽。手工清除劳动强度大、效率低、质量差。

b. 机械除锈。对于大面积除锈，大多采用干喷砂法。硬质砂粒借助压缩空气的隐射从喷枪中以粒流状高速喷出，射到金属表面除去铁锈，钢管表面洁净粗糙，可增加漆的附着力。喷射的砂粒粒径，石英砂为 1～3mm。石英砂强度低，易产生渣尘。空压机的工作压力不小于 0.5MPa。干喷砂法操作设备简单，质量好，效率高，但噪声和尘埃大，恶化环境。

③ 钢管表面除锈去污后，应尽快涂底漆。底漆要求涂敷均匀，无漏涂，无气泡，无凝块，干膜厚度不应小于 25μm。钢管两端各留 100～150mm 不涂底漆。

④ 底漆表干后，固化前涂第一道面漆。要求涂刷均匀，不得漏刷。

⑤ 加强级防腐层第一道面漆实干后，固化前涂第二道面漆，随后即缠绕玻璃布。玻璃布要拉紧，表面平整，无皱褶和鼓泡，压边宽度为 20～25mm，布头搭接长度为 50～100mm。玻璃布缠绕后即涂第三道面漆，要求漆量饱满，玻璃布所有网眼应灌满涂料。第三道面漆实干后，涂第四道面漆，并立即缠第二层玻璃布，涂第五道面漆，待其实干后，涂第六道面漆。

⑥ 对特加强防腐层，涂第六道面漆，并立即缠第三层玻璃布，涂第七道面漆，待其实干后，涂最后一道面漆。

⑦ 管道的补口：采用环氧煤沥青补口时，工艺程序与钢管防腐程序相同。

⑧ 防腐层的干性检查。

a. 表干：手指轻触防腐层不粘手或虽发黏但无漆粘在手指上。

b. 实干：手指用力推防腐层不移动。

c. 固化：手指甲用力刻划防腐层不留痕迹。

⑨ 涂敷好的防腐层，宜静置自然固化。固化时间一般为 25℃时 16h，低于 5℃时不固化。

（4）涂层的质量检查

① 外观检查：用目视逐根逐层进行检查，表面应呈平整光滑的漆膜状；无气泡、麻面，无凝块，无空鼓、皱纹、瘤子等缺陷。压边和搭边黏结紧密，玻璃布网眼应灌满面漆；包扎应紧密适度，无褶皱、脱壳等现象。

② 厚度检查：检查防腐管 20 根为一组，每组抽查 1 根。不足 20 根也抽查 1 根。防腐管两端和中间共取 3 个截面，每个截面测上、下、左、右共 4 点，用磁性测厚仪检查，符合厚度标准为合格。若不合格者，在该组内随机抽 2 根，如其中仍有不合格者，则全部为不合格。

③ 黏附力检查：检查防腐管 20 根为一组，每组抽查 1 根。不足 20 根也抽查 1 根。在防腐漆层上切一夹角为 $45°\sim60°$ 的切口，从角尖端撕开涂层，撕开面积 $30\sim50cm^2$，实干后防腐层不易撕开而且撕开处应不露铁，底漆与面漆普遍黏结；固化后防腐层只能撕裂，且破坏处不露铁，底漆与面漆普遍黏结。符合要求者为合格；若不合格，再在该组内随机抽查两根，如其中仍有不合格者，则全部为不合格。

④ 绝缘性：应用电火花检漏仪对防腐管道逐根进行检测，以不打火花为合格，最低检漏电压按下列公式计算：

$$U=3294\sqrt{\delta}$$

式中，U 为检漏电压，V；δ 为涂层厚度，mm。

现场测试加强级为 3000V，特加强级 5000V。

检查时，探头接触防腐层的表面，以约 0.3m/s 的速度移动。应对漏点补涂，将漏点周围约 50mm 范围内的防腐层用砂轮和砂纸打毛，然后涂刷面漆至符合要求。

9.2.5.2 聚乙烯防腐管

聚乙烯防腐管起源于 20 世纪 70 年代，美欧等发达国家采用一种新型钢管道防腐。80 年代我国任丘油田等处试制应用。防腐过程在工厂生产流水线上完成，省略了现场防腐之劳杂，而且防腐效能极大提高，缩短了工期，虽然施工成本略有增加，综合考虑仍然选用防腐材料。

（1）防腐层结构

防腐层采用挤压法包覆。聚乙烯防腐层分二层结构、三层结构。二层结构的底层为胶黏剂，面层为聚乙烯；三层结构的底层为环氧粉末涂料，中间层为胶黏剂，面层为聚乙烯。

城镇燃气管道工程一般采用二层结构的聚乙烯防腐层，在穿、跨越管道工程及有特殊技术要求时，应采用三层的聚乙烯防腐层。

（2）防腐层厚度

聚乙烯防腐层最小厚度见表9-24。

表9-24　聚乙烯防腐层厚度

钢管公称直径 DN/mm	环氧粉末涂层/μm	胶黏剂层/μm	防腐层最小厚度/mm	
			普通型	加强型
DN≤100			1.8	2.5
100<DN≤250	≥80	170~250	2.0	2.7
250<DN≤500			2.2	2.9
500<DN≤800			2.5	3.2

对于城镇燃气管道工程，一般腐蚀性土壤宜采用普通型厚度，强腐蚀性土壤宜采用加强型厚度。

焊接部位的防腐层最小厚度应符合表9-25。

表9-25　焊接部位的防腐层厚度

钢管公称直径 DN/mm	焊缝部位的防腐层厚度/mm	
	普通型	加强型
DN≤100	1.26	1.75
100<DN≤250	1.40	1.90
250<DN≤500	1.54	2.03
500<DN≤800	1.75	2.24

（3）聚乙烯防腐层性能指标

聚乙烯防腐层性能应符合表9-26的规定。

表9-26　聚乙烯防腐层性能指标

序号	项目		性能指标	
			二层	三层
1	漏点检验/kV		15	
2	剥离强度/(N/cm)	20℃±5℃	≥70	≥100
		50℃±5℃	≥35	≥70
3	阴极剥离/mm	65℃　8h	不做	≤8
4	冲击强度/(J/mm)		≥8	
5	抗弯曲	2.5°	聚乙烯无开裂	
6	拉伸强度	轴向	≥20MPa	
		周向	偏差≤15%	
7	断裂伸长率/%		≥600	

注：1. 偏差为轴向和周向拉伸强度的差值与两者中较低者之比。

2. 拉伸强度与断裂伸长率要从防腐管上割取聚乙烯防腐层进行检测，其他各项均要从防腐管上截取试验管段，随防腐层整体性能进行检测。

（4）聚乙烯防腐管道施工

开挖沟底应平整，无碎石、砖块等硬物；防腐管下沟时，应采用尼龙吊带，并防止管道撞击沟壁及硬物。

（5）聚乙烯防腐管的检验

防腐管进货时，应进行外观检验，防腐管表面应平整，无破坏性撞伤、损伤等。如发现有磕碰性损伤时，必须进行漏点检验，检漏电压为 15kV。检验不合格的防腐管应进行补伤。补伤检验合格后，方准许安装。

（6）补口

① 补口材料宜采用辐射交联聚乙烯热收缩套（带），也可采用补口质量不低于热缩套（带）的其他补口材料。

② 热收缩套（带）的厚度见表 9-27。

表 9-27　热收缩套（带）的厚度　　　　　　　　　　单位：mm

使用管径	基材	胶层
≤400	≥1.2	≥0.8
>400	≥1.5	

③ 卡扣式热收缩套的卡扣材料，也应是辐射交联聚乙烯，但卡扣部位允许不收缩。

④ 热收缩套（带）应选用与管径配套的规格，产品的基材边缘应平直，表面应平整、清洁，无气泡、疵点、裂口及分解变色。周向收缩率不应小于 15％；基材在（200±5）℃下经 5min 自由收缩后，其性能应符合表 9-28 规定。

表 9-28　热收缩套（带）的性能指标

序号	项目		指标
1	拉伸强度/MPa		≥17
2	断裂伸长率/％		≥400
3	维卡软化点/℃		≥90
4	脆化温度/℃		<-65
5	电气强度/(MV/m)		≥25
6	体积电阻率/Ω·m		>1000
7	耐环境应力开裂(F50)/h		≥1000
8	耐化学介质腐蚀(浸泡 7d)/％	10％HCl	≥85
		10％NaOH	≥85
		10％NaCl	≥85
9	耐热老化(150℃,168h)	拉伸强度/MPa	≥14
		断裂伸长率/％	≥300
10	剥离强度/(N/cm)	收缩套(带)/钢	≥70
		收缩套(带)/环氧底漆钢	≥70
		收缩套(带)/聚乙烯层	≥70

注：1. 耐化学介质腐蚀指标为试验后的拉伸强度和断裂伸长率的保持率。

2. 除剥离强度外，其他应采用收缩后不带胶层聚乙烯基材进行各项性能试验。

（7）补伤

① 聚乙烯防腐层的补伤范围包括：防腐层划伤、碰伤、气泡、剥离强度检验后的切口等。

② 对≤30mm 的损伤，宜采用辐射交联聚乙烯补伤片进行修补。补伤片的性能应达到

对收缩套（带）的规定，补伤套对聚乙烯的剥离强度应不低于 35N/cm；对大于 30mm 的损伤，按上述要求贴补补伤片，再在修补处包覆一条热缩带，包覆宽度应比补伤片的两边至少各宽出 50mm。

9.2.5.3 冷缠带防腐

① 冷缠带防腐层的等级及结构见表 9-29。

表 9-29　冷缠带防腐层等级及结构

防腐层等级	总厚度/mm	防腐层结构
加强级	≥1.00	一层底漆→一层胶黏带
特加强级	≥1.40	一层底漆→一层胶黏带（加厚型）

② 胶黏带宜在 0℃ 以上施工，当大气相对湿度大于 75% 或在有风沙的天气时不宜施工。

③ 在涂好底漆的管道上按搭接要求缠胶黏带。胶黏带始端与末端搭接长度不小于 1/4 管周长，且不小于 100mm。缠绕时，各圈间应平行，不得扭曲皱折，带端应压贴，使其不翘起。

④ 外观检查，沿管线目视检查，表面应平整，搭接均匀，无皱褶，无凸起，无破损，无开裂。

⑤ 黏结力（剥离强度）。用刀沿环划开 10mm 宽的条带，然后用弹簧秤与管壁成 90° 角拉开。拉开速度应不大于 300mm/min，剥离强度应大于 15N/cm。该测试应在缠好胶黏带 2h 以后进行。每千米防腐管线应测试 3 处，补口处的抽查数量为 1%，若有一个不合格，应加倍抽查，再不合格，全部返修。

⑥ 电火花检漏。对管道进行全线检查，检漏探头移动速度为 0.3m/s，以不打火花为合格。检漏电压根据下列公式确定：

当厚度 <1mm 时：

$$U = 3294\sqrt{\delta}$$

当厚度 ≥1mm 时：

$$U = 7843\sqrt{\delta}$$

式中，U 为检漏电压，V；δ 为防腐层厚度，mm。

9.2.6　燃气管道的架空敷设

居民用户和商业用户管道埋地敷设确有困难时，可采用明管架空敷设，除应符合管道架空敷设的有关要求外，还应符合以下要求：

① 室外架空明管可采用无缝钢管、镀锌钢管等，但应尽可能采用无缝钢管焊接连接，≤DN50mm 的根据实际情况可采用镀锌钢管丝扣连接。

② 室外架空明管水平安装，中压和低压燃气管道可沿建筑耐火等级不低于二级的住宅或公共建筑的外墙敷设，也可以固定支架敷设，支架的间距以不使管道造成下弯曲为准，以免影响供气。

③ 沿建筑物外墙的燃气管道距住宅或商业建筑物门、窗及洞口的净距：中压管道不应小于 0.5m，低压管道不应小于 0.3m。

④ 架空燃气管道敷设时，不能影响车辆通行，沿墙装置不可影响门窗开启；管底至人行道路面的垂直净距不应小于 2.2m；管底至车行道路路面的垂直净距不应小于 4.5m。

⑤ 燃气管道与其相邻管道的水平间距，必须满足安装和检修的要求。

⑥ 在统一平行的管线上，架空明管与电线和电气设备间距不应小于300mm，间距达不到要求时，应采取相应措施。

⑦ 水平管道安装应横平竖直。水平安装的管道，需要升高回低时，在系统低处宜装丁字管，加丝堵或法兰，不得安装弯头；竖直安装的管道应与地面垂直，不垂直度应小于2mm/m。

⑧ 架空管道固定，一般采用沿墙托架形式。其水平管道支架最大间距见表9-30。

表9-30　水平管道支架最大间距

公称直径 DN/mm	15	20	25	32	40	50	65	80	100	125	150	200
管道内径 d/mm	12	19	25	31	38	50	65	82	100	125	150	207
管道外径 DN/mm	18	25	32	38	45	57	76	89	108	133	159	219
支架间距/m	2.5	3.0	4.0	4.5	5.0	5.0	6.0	6.0	6.5	7.0	8.0	9.0

⑨ 架空管道及支、托架应刷防锈底漆二遍，刷黄色调合漆二遍。视涂膜脱落情况或每3～5年再涂刷一遍。

⑩ 架空燃气管道应采取温度补偿措施。

⑪ 位于防雷保护区外的架空燃气管道及放散管应有接地措施，其接地电阻不应大于10Ω。

9.2.7　燃气管道跨越工程

① 当条件许可可利用道路桥梁跨越河流，并符合下列要求：

a. 利用管道桥梁跨越河流的燃气管道，其管道的输送压力不应小于0.4MPa。

b. 必须采取如下安全措施：

ⅰ. 敷设于桥梁上的燃气管道应采用加厚的无缝钢管或焊接钢管，尽量减少焊缝，对焊缝进行100%无损探伤；

ⅱ. 跨越通航河流的燃气管道管底标高，应符合通航净空的要求，管架外侧应设置护桩。

ⅲ. 在确定管道位置时，应与随桥敷设的其他可燃的管道保持一定间距；

ⅳ. 管道应设置必须的补偿和减振措施；

ⅴ. 过河架空的燃气管道向下弯曲时，向下弯曲部分与水平管夹角宜采用45°形式；

ⅵ. 对管道应做特加强级防腐；

ⅶ. 对于采用阴极保护的埋地钢管与随桥管道之间应设置绝缘装置。

② 管道需跨越的小型河流，其宽度在管道允许跨度范围之内时，应首先采用直管支架结构；若宽度超出管道允许跨度范围但相差不大时，可采用"Π"型钢架结构，充分利用管道自身支承。

③ 跨度较小，河床较浅，河床工程地质状况较为良好，常年水位与洪水位相差较大的河流可采用吊架式管架。

④ 跨度较小且常年水位变化不大的中型河流一般可选用托架、桁架或支架等几种跨越结构。

⑤ 跨度较大的中型河流其两岸基岩埋深较浅，河谷狭窄的可采用拱型跨越。管拱跨越结构有单管拱及组合拱两大类。

⑥ 大型河流、深谷等不易砌筑礅台基础，可选用柔性悬索管桥、悬缆管桥、悬链管桥和斜拉索管桥等跨越结构。

⑦ 跨越管道支撑点宜做成滑动支座或弹性支座。

9.2.8 燃气管道穿越工程

9.2.8.1 管道穿越铁路、高速公路、公路、城镇主要干道

① 管道穿越铁路、高速公路、公路、城镇主要干道的穿越方式以及采用的套管、涵洞、管沟的结构形式（包括套管直径、壁厚、涵洞与管沟的结构尺寸等）应符合设计规定。

② 管道穿越铁路、高速公路、公路、城镇主要干道的敷设期限、程序以及施工组织设计方案须征得铁路、公路、道路等管理部门的同意。

③ 穿越铁路的燃气管道应加套管，套管的设置应符合以下要求：

a. 套管内径应比燃气管道外径大 100mm 以上或按铁路部门的规定，套管与燃气管道之间应设滑轮支撑。

b. 套管的埋设深度：铁路轨底至套管顶不应小于 1.2m，并应符合铁路管理部门的要求。

c. 套管应采用钢管或钢筋混凝土管。采用钢管时，必须采用加强级防腐层。

d. 套管两端与燃气管的间隙应采用柔性防腐、防水材料密封，其高端应装检漏管。

e. 套管端部距路堤坡脚外距离不应小于 2.0m；距铁路边轨不应小于 2.5m。

f. 燃气管道应垂直穿越铁路。

④ 燃气管道穿越高速公路应加套管；穿越城镇主干道时应敷设在套管或地沟内，但可根据道路轮压等具体情况由设计决定加或不加套管；非主干道可不加套管。穿越高速公路的燃气管道的套管、穿越城镇主干道的燃气管道的套管或地沟，应符合以下要求：

a. 套管内径应比燃气管道外径大 100mm 以上，套管或地沟两端应密封；

b. 套管端部距道路边缘不应小于 1.0m；

c. 燃气管道应垂直穿越高速公路、公路、城镇主干道；

d. 重要地段的套管或地沟端部宜安装检漏管。

9.2.8.2 管道穿越河流

① 管道穿越河流敷设时，施工期限、程序及组织方案应征得河流管理部门的同意。

② 管道通过通航河流和常年排水河道时，不得断航断流，必须断航断流时，应征得管理部门同意，并预先告示与警戒。

③ 穿越河流管道的长度、位置、埋设深度、稳管措施以及过河管道的结构形式等，应按设计规定执行。

④ 穿越河流的管道宜采用钢管，必须采用特加强级防腐。管段敷设后，不得产生漂浮和移位，如有可能发生漂浮和移位时，必须采用稳管措施。

⑤ 过河管段的焊口应减少到最低限度，环焊缝应进行 100% 无损探伤。

⑥ 管道至规划河底的覆土厚度，应根据水流冲刷条件确定，对不通航河流不应小于 0.5m；对通航的河流不应小于 1.0m，还应考虑疏浚和投锚深度，并应检查管道与管底接触的均匀与紧密程度，管下如有冲刷，应有砾石填塞，并测量管底标高和位置，使其符合设计要求。

⑦ 沿岸沟槽回填时，应按河道管理部门的要求恢复原貌，如遇较陡的河岸，应加护坡

防止冲刷。

⑧ 水下管道施工完成后，应按国家现行河道管理的有关规定，设立标志，注明水下管道的位置及注意事项。

⑨ 管道对接安装引起的误差不得大于 3°，否则应设置弯管，次高压燃气管道的弯管应考虑盲板力。

9.2.8.3　其他要求

① 管道穿越工程采用暗沟施工时，应保证穿越段上下左右的建筑物、构筑物不发生沉陷、位移与破坏。

② 管道穿越时，就位方法由施工组织设计确定，但管段防腐层不应受到破坏和损伤。

③ 穿越管道的焊口应减少到最低限度，下管前应做好试压工作，环焊缝应进行 100% 无损探伤和检查。

④ 采取顶管施工时套管应逆坡推进，穿越管段坡向与两侧管段同坡向，不得反坡。

⑤ 检漏管或检查井应设在套管、涵洞、管沟的坡向标高高的一侧。

9.2.9　定向钻施工

① 应收集施工现场资料，制定施工方案，并应符合下列要求：

a. 现场交通、水源、电源、施工运输道路、施工场地等资料的收集。

b. 各类地上设施（铁路、房屋等）的位置、用途、产权单位等的查询。

c. 与其他部门（通信、电力电缆、供水、排水等）核对地下管线，并用管道探测仪或局部开挖的方法确定定向钻施工的位置，以及其他管线的种类、结构、位置走向和埋深。

② 定向钻施工穿越铁路等重要设施处，必须征求相关主管部门的意见。当与其他地下设施的净距不能满足设计规范要求时，应报设计单位，采取防护措施，并应取得相关单位的同意。

③ 钢管的焊缝应进行 100% 的射线照相检查。

④ 在目标井工作坑应按要求放置燃气钢管，用导向钻回拖敷设，回拖过程中应根据需要不停注入配置的泥浆。

⑤ 燃气钢管的防腐应为特加强级。

⑥ 燃气钢管敷设的曲率半径应满足管道强度要求，且不得小于钢管外径的 1500 倍。

9.2.10　燃气管道吹扫

输气管线在施工过程中积存下来的污杂物（如水、泥、石、砂、焊渣等）会影响气质，降低输气能力，堵塞仪表，故应在管线安装完毕后进行吹扫，吹扫介质应采用压缩空气。

燃气吹扫应满足下列要求：

① 吹扫口设在开阔地段并加固；

② 介质在管内实际流速不低于 20m/s；

③ 每次吹扫管道的长度不宜超过 500m；当管道长度超过 500m 时，宜分段吹扫；

④ 吹扫时的最高压力不得超过管道的设计压力，且不得大于 0.3MPa；

⑤ 吹扫管段内的调压器、阀门、孔板、过滤网、燃气表等设备不应参与吹扫，待吹扫合格后再安装复位；

⑥ 吹扫介质宜采用压缩空气，严禁采用氧气和可燃性气体；

⑦ 吹扫应反复进行数次，直到管道内无杂质的碰撞声和水流声，连续 5min 白色标记上显示无铁锈、尘土、水分及其他污物，确认吹净为止，同时做好记录。

9.2.11 试压与验收

试压包括强度试验和严密性试验。

9.2.11.1 室外燃气管道强度试验

强度试验的目的是检查管材、焊缝和接头处有无变形等明显缺陷及泄漏点。

① 强度试验前应具备下列条件：

a. 实验用的压力表应在校验有效期内；

b. 管道焊接检验、吹扫合格；

c. 埋地管道回填土宜回填至管上方 0.5m 以上，并留出焊接口。

② 管道应分段进行压力试验，试验管道分段最大长度宜按表 9-31 执行。

表 9-31 管道试压分段最大长度

设计压力 PN/MPa	试验管段最大长度/m
$PN \leqslant 0.4$	1000
$0.4 < PN \leqslant 1.6$	5000
$1.6 < PN \leqslant 4.0$	10000

③ 管道试验用压力表不应少于两块，并应分别安装在试验管道的两端。

④ 试验用压力表的量程应为试验压力的 1.5～2 倍，其精度不得低于 1.5 等级。

⑤ 强度试验压力和介质应符合表 9-32 的规定。

表 9-32 强度试验压力和介质

管道类型	设计压力 PN/MPa	试验介质	试验压力/MPa
钢管	$PN > 0.8$	清洁水	$1.5PN$
	$PN \leqslant 0.8$		$1.5PN$ 且 $\geqslant 0.4$
球墨铸铁管	PN		$1.5PN$ 且 $\geqslant 0.4$
钢管架聚乙烯复合管	PN	压缩空气	$1.5PN$ 且 $\geqslant 0.4$
聚乙烯管	PN(SDR11)		$1.5PN$ 且 $\geqslant 0.4$
	PN(SDR17.6)		$1.5PN$ 且 $\geqslant 0.2$

⑥ 进行强度试验时，压力应逐步缓升，首先升至试验压力的 50%，应进行初检，如无泄漏、异常，继续升压至试验压力，然后宜稳压 1h 后，观察压力表不应少于 30min，无压力降为合格。

9.2.11.2 室外燃气管道严密性试验

严密性试验的目的是检查焊缝和接头处的微量泄漏。

① 严密性试验的介质宜采用空气，试验压力应满足下列要求：

a. 设计压力 < 10kPa 时，试验压力应为 20kPa。

b. 设计压力 ≥ 10kPa 时，试验压力应为设计压力的 1.15 倍，且不得 < 0.1MPa。

② 试压时的升压速度不宜过快。对设计压力 > 0.8MPa 的管道试压，压力缓慢上升至 30% 和 60% 试验压力时，应分别停止升压，稳压 30min，并检查系统无异常情况后再继续升压。管内压力升至严密性试验压力，待温度、压力稳定后开始记录。

③ 严密性试验稳压的持续时间应为 24h，每小时记录不应少于 1 次，当修正压力降小于 133Pa 为合格。修正压力降应按下式确定。

$$\Delta P' = (H_1 + B_1) - (H_2 + B_2)\frac{273 + t_1}{273 + t_2}$$

式中，$\Delta P'$ 为修正压力降，Pa；H_1、H_2 分别为试验开始和结束时的压力表读数，Pa；B_1、B_2 分别为试验开始和结束时的气压计读数，Pa；t_1、t_2 分别为试验开始和结束时的管内介质温度，℃。

④ 试验用的压力计应在校验有效期内，其量程应为试验压力的 1.5～2 倍，其精度等级、最小表盘直径及分格值应满足表 9-33 的要求。

表 9-33　试压用压力表选择要求

量程/MPa	精度等级	最小表盘直径/mm	最小分格值/MPa
0～0.1	0.4	150	0.0005
0～1.0	0.4	150	0.005
0～1.6	0.4	150	0.01
0～2.5	0.25	200	0.01
0～4.0	0.25	200	0.01
0～6.0	0.16	250	0.01
0～10	0.16	250	0.02

压力表应不少于 2 块，分别安装于管道两端。当严密性试验压力为 20kPa 时，采用 U 形水银压力计，最小刻度应不大于 1.0mm；试验压力＞0.1MPa，可采用智能数字压力表，最小显示压力值应不大于 10Pa。

⑤ 试验中发现管道有缺陷，需将压力降至大气压后，方可进行修补。补修后应进行复试，直至合格为止。

⑥ 压力试验后，如半年未使用管道，须再行试验方可投入使用。

9.2.11.3　工程竣工验收

① 整体工程竣工资料宜包括下列内容：

a. 建设工程规划许可证、竣工许可证及工程质量评估报告；

b. 施工资质证书；

c. 图纸会审记录、技术交底记录、工程变更单（图）、施工组织设计等；

d. 开工报告、工程竣工报告、工程保修书等；

e. 重大质量事故分析、处理报告；

f. 材料、设备、仪表等的出厂合格证明、材质书或检验报告；

g. 施工检验合格记录，包括管位测量记录、隐藏工程验收记录、沟槽及回填合格记录、防腐绝缘合格记录、焊接外观检查记录和无损探伤检查记录（包括焊工操作证）、管道吹扫合格记录、强度和严密性试验合格记录、设备安装合格记录、电气仪表安装测试合格记录；

h. 分项工程质量检查评定表；

i. 单位工程质量综合评定表；

j. 竣工图纸，竣工图应反映隐藏工程及工程变更图。

② 建设单位组织设计单位、施工单位、运营单位、监理等对工程进行验收。

③ 验收不合格应提出书面意见和整改内容，签发整改通知，限期完成。整改完成后重新验收。整改书面意见、整改内容和整改通知编入竣工资料文件中。

参考文献

[1] 李兴刚. 如何识读暖通空调施工图 [M]. 北京：机械工业出版社，2019.

[2] 本书编委会. 建筑工程节能施工手册 [M]. 北京：中国计划出版社，2007.

[3] 住房和城乡建设部标准定额研究所. 城市轨道交通工程投资估算指标 [M]. 北京：中国计划出版社，2009.

[4] 中国化工集团公司，中国化学工程集团公司. 化工建筑安装工程预算定额 [M]. 北京：中国计划出版社，2012.

[5] 李松. 探析室外给水管道安装注意要点 [J]. 四川水泥，2017 (6)：352.

[6] 赵衍美，梁艳杰. 室外给水管道施工技术与质量控制 [J]. 科技创新导报，2013 (13)：116.

[7] 王胜英，靳辉. 小区室外给水工程设计中的体会 [J]. 山西建筑，2006，32 (2)：175.

[8] 杨冬荣. 浅谈室外给水管道工程设计 [J]. 黑龙江科技信息，2011 (36)：333.

[9] 蔡杏山. 全彩视频图解家装水电工快速入门与提高 [M]. 北京：电子工业出版社，2017.

[10] 蔡杏山. 全彩家装水电工自学一本通 [M]. 北京：电子工业出版社，2021.

[11] 陈彬彬，鲜义龙. 热力管网工程的施工管理和质量控制 [J]. 广东科技，2019，28 (1)：62-65.

[12] 唐顺强. 波纹管补偿器在热力管网中的应用及常见问题分析 [J]. 住宅与房地产，2017 (5)：209-210.

[13] 李文杰. 消防工程制图与识图 [M]. 重庆：重庆大学出版社，2023.

[14] 张军. 室内供暖系统调节对集中供热管网的影响 [J]. 中国新技术新产品，2016 (8)：136-137.

[15] 楚春风. 室内供暖系统管道的布置与支架的安装 [J]. 科技与企业，2012 (23)：217.

[16] 刘兴荣. 室内供暖系统的安装及注意要点 [J]. 化工矿物与加工，2003，32 (4)：32＋36.

[17] 江煜，杨广，李靖，等. 供热工程 [M]. 北京：中国水利水电出版社，2019.

[18] 韩雪涛，吴瑛，韩广兴. 微视频全图讲解水电暖工 [M]. 北京：电子工业出版社，2018.

[19] 吴宗泽，高志. 机械设计师手册 [M]. 北京：机械工业出版社，2019.

[20] 刘灿学，徐广涛，李红春. 水电站机电安装工程基础知识 [M]. 北京：中国水利水电出版社，2018.

[21] 许昕. BIM 技术在优化 H 项目建筑设备运维管理中的应用研究 [D]. 沈阳：沈阳化工大学，2019.

[22] 周静. "BIM＋VR" 技术在建筑设备运维管理中的应用研究 [D]. 长春：长春工程学院，2020.

[23] 都恬汝. 基于 BIM 的建筑设备运行维护管理研究 [D]. 北京：中国矿业大学，2019.